建物疎開と都市防空

「非戦災都市」京都の戦中・戦後

川口朋子

Premiere Collection

京都大学学術出版会

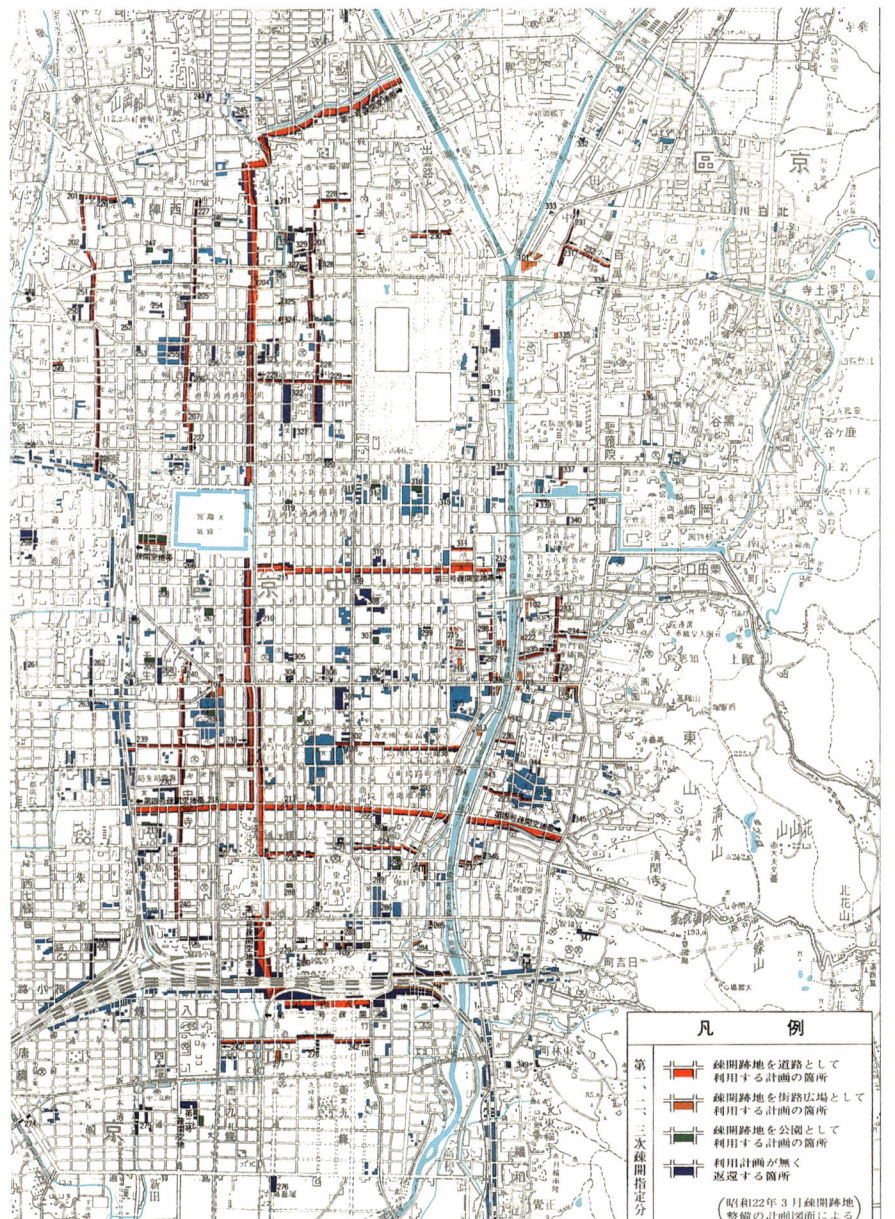

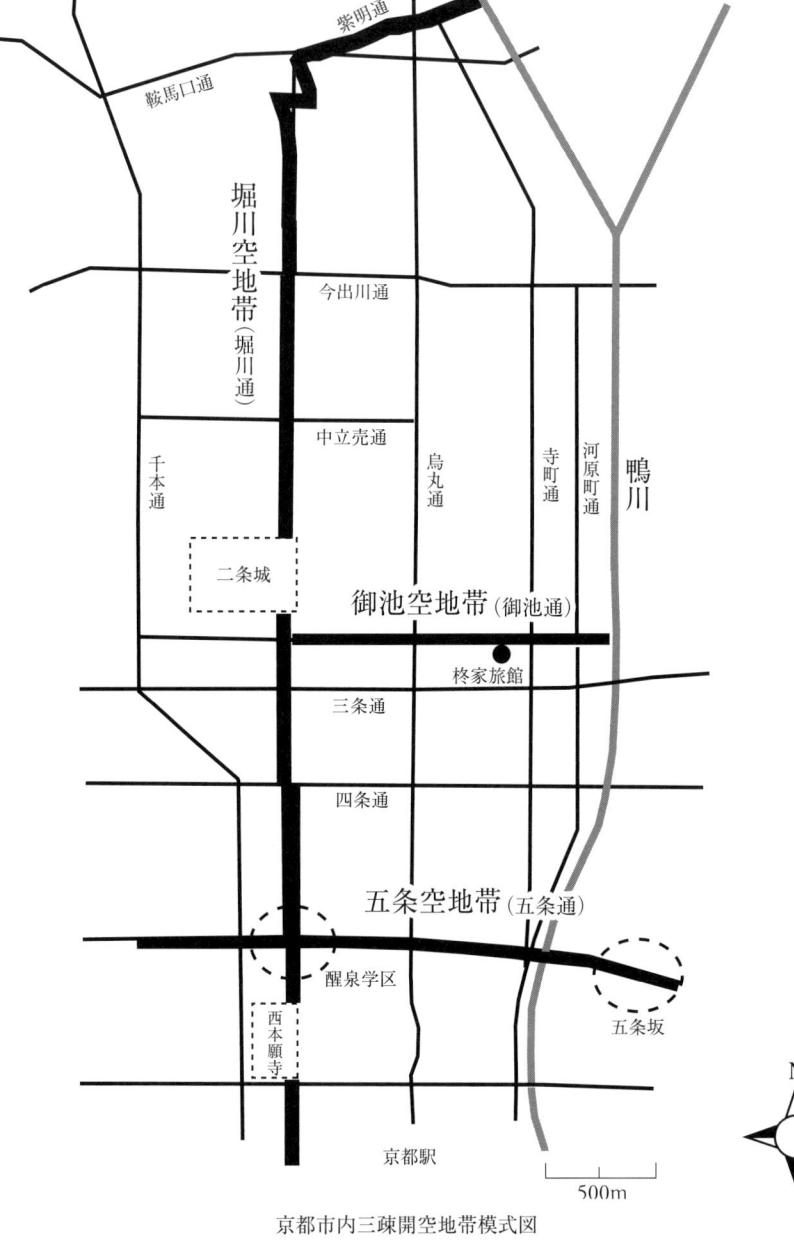

京都市内三疎開空地帯模式図

プリミエ・コレクションの創刊にあたって

　「プリミエ」とは，初演を意味するフランス語の「première」に由来した「初めて主役を演じる」を意味する英語です．本コレクションのタイトルには，初々しい若い知性のデビュー作という意味が込められています．

　いわゆる大学院重点化によって博士学位取得者を増強する計画が始まってから十数年になります．学界，産業界，政界，官界さらには国際機関等に博士学位取得者が歓迎される時代がやがて到来するという当初の見通しは，国内外の諸状況もあって未だ実現せず，そのため，長期の研鑽を積みながら厳しい日々を送っている若手研究者も少なくありません．

　しかしながら，多くの優秀な人材を学界に迎えたことで学術研究は新しい活況を呈し，領域によっては，既存の研究には見られなかった溌剌とした視点や方法が，若い人々によってもたらされています．そうした優れた業績を広く公開することは，学界のみならず，歴史の転換点にある 21 世紀の社会全体にとっても，未来を拓く大きな資産になることは間違いありません．

　このたび，京都大学では，常にフロンティアに挑戦することで我が国の教育・研究において誉れある幾多の成果をもたらしてきた百有余年の歴史の上に，若手研究者の優れた業績を世に出すための支援制度を設けることに致しました．本コレクションの各巻は，いずれもこの制度のもとに刊行されるモノグラフです．ここでデビューした研究者は，我が国のみならず，国際的な学界において，将来につながる学術研究のリーダーとして活躍が期待される人たちです．関係者，読者の方々ともども，このコレクションが健やかに成長していくことを見守っていきたいと祈念します．

　　　　　　　　　　　　　　第 25 代　京都大学総長　松本　紘

目　次

序章 ── 建物疎開（強制疎開）と近現代史研究　　1
 1　わが国の民防空と建物疎開　1
 2　戦争体験の記録・歴史化のなかで等閑視された建物疎開　2
 3　建物疎開研究の本質的意義と学際的アプローチの必要性　4
 4　京都の建物疎開を研究する意義　7
 5　本書の目的と意義　10

第1部　民防空と建物疎開

第1章　近代戦における航空機の発達と民防空　　15
 1　世界の民防空の歴史とその概念　17
  1-1　欧州の民防空　18
  1-2　ドイツ・イタリアの民防空　20
   1）ドイツ　21
   2）イタリア　28
  1-3　建築物の防空　29
 2　日本の民防空　32
  2-1　アジア・太平洋戦争下の日本の都市空襲　32
  2-2　民防空の発展と防空法　34
  2-3　防空法の改正と防空計画　40

 コラム1　日本の大都市の人口集中率と地形的特徴　44

第2章　京都の民防空　　47
 1　「近畿防空演習」（1934年）の実態　50

2 防空計画の設定 ── 防空法第 1 期（1937 年 4 月～1941 年 11 月）　56
  2-1　監視・通信　58
  2-2　消防　61
  2-3　防空訓練　64
  2-4　木造家屋の防火改修　65
3 国際情勢の変化と防空計画の対応　68
  3-1　京都府の防空計画　69
  3-2　京都市の防空計画　71
4 防火・消防の重視とその現実
　　── 防空法第 2 期（1941 年 11 月～1943 年 10 月）　74
  4-1　防空のための予算措置　74
  4-2　物資不足による防空計画と現実の乖離　75
5 民防空への「疎開」の導入と空襲の現実化
　　── 防空法第 3 期（1943 年 10 月～1945 年 8 月）　78
  5-1　待避　78
  5-2　防空資材の窮乏と防空の強化　81
  5-3　燃料不足　84
  5-4　防火改修　85
  5-5　京都空襲と市民の防空意識　85
  5-6　敗戦直前の市内の防空　88

第 3 章　建物疎開と民防空　91

1 内務行政としての民防空　93
2 建物疎開の法制　95
  2-1　建築物の疎開と空地　95
  2-2　防空法第 2 次改正と建物疎開　100
  2-3　建物疎開の事業遂行過程　103
3 帝都東京の建物疎開　106
  3-1　東京の建物疎開執行機関　106
  3-2　建物疎開の変化　111
  3-3　映画『破壊消防』　121
  3-4　建物疎開と軍　125

目 次

第 2 部　建物疎開と京都

第 4 章　京都における建物疎開の実施　　129
　1　京都の建物疎開執行機関　131
　2　大都市空襲以前の建物疎開　135
　　2-1　第 1 次建物疎開　135
　　2-2　軍需工場の移転　141
　　2-3　第 2 次建物疎開と京都市内の消防　143
　3　大都市空襲以後の建物疎開　151
　　3-1　第 3 次建物疎開　151
　　3-2　第 3 次建物疎開地区選定の特徴　168
　　3-3　第 4 次建物疎開と疎開跡地　171

第 5 章　建物疎開を生き抜いた住民たち　　179
　1　除却および移転の実態　182
　　1-1　五条坂の除却　182
　　1-2　五条坂の住民の記憶　190
　　1-3　御池通の老舗旅館の建物疎開　198
　　1-4　移転時の状況とその特徴　207
　2　疎開者への補償　215
　　2-1　補償制度と組織　215
　　2-2　実際の支払方法や受領額　218
　　2-3　建物疎開に対する住民の評価　225

　コラム 2　両側町　228
　コラム 3　学区　230

第 6 章　建物疎開の戦後処理
　　　　　── 都市空間・都市意識への影響　　233
　1　京都における建物疎開の戦後　235
　　1-1　疎開跡地の都市計画決定　235

1-2　長引く残務処理　242
    2　疎開者に対する戦後法的補償　245
            2-1　罹災都市借地借家臨時処理法の改正と争点　245
            2-2　戦時補償特別措置法の改正と争点　252
            2-3　建物疎開に対する訴訟と国の規定概念　256
    3　現代京都に見られる建物疎開のひずみ ―― 3地域の事例　258
            3-1　陶器の町の激変 ―― 五条坂地区　259
            3-2　伝統的市街とコミュニティーの分断 ―― 下京区醒泉学区　263
            3-3　市内随一の繁華街の衰退 ―― 寺町通　266
    4　いまも残る，建物疎開の物質的・空間的・精神的影響　267

京都の戦中・戦後を論じるもう一つの意味
―― まとめに代えて ――　271

引用および参考文献　277

資　料　289

あとがき　303

索　引　307

序章 ── 建物疎開（強制疎開）と近現代史研究

1 わが国の民防空と建物疎開

　航空機が兵器として本格的に使用された第 1 次世界大戦は，史上はじめての総力戦であった。高性能爆弾や焼夷弾を積んだ爆撃機は，昼夜を問わず敵地奥深くへ飛行し，前線の後方を攻撃することが可能になった。この空襲という新しい戦い方が生まれた結果，第 2 次世界大戦では前線と銃後の区別が無意味になり，非戦闘員である民間人も常に命を落とす危険に晒された。そして銃後の国民には，前線を後方支援するという役割だけでなく，空襲から都市を守ること，すなわち防空が国民の義務として課されたのである。
　1937（昭和 12）年，日本で初めての防空法が制定されると，民間人の防空は法的に義務付けられた。この民間人が行う防空は特に民防空（以下，特に断らない限り，単に「防空」と記す）と呼ばれ，兵士が行う軍防空とは区別されていた。空襲へ備えるため，防空壕を掘ったり灯火管制を敷くなど戦時下の生活イメージとして真っ先に出てくる防空は，第 2 次世界大戦下のヨーロッパでも一般的に普及していたものである。我が国の防空は，第 1 次世界大戦で既に空襲を経験していた欧州各国の防空研究の成果を取り入れながら進められたのである。
　このように，防空という概念自体はヨーロッパ由来のものであったが，実際の問題として，日本の近代都市が欧米諸国よりもはるかに空襲に脆弱だったことは広く知られている。木造建築を主とする日本の家屋は，煉瓦や石造の建物と比べて爆破や火災には極めて弱い。さらに，国土が狭隘で都市部に木造建築が混在し密集しているため，焼夷弾が投下された場合，

たちまち火災が延焼する危険も極めて高い。当時の技術では高高度から爆弾が投下された場合も、爆撃精度の問題ゆえに、目標地点の周辺建物も被害を受けることになる。このような特徴を持つ日本では、ヨーロッパの防空を学ぶだけでなく、日本の都市事情に応じた独自の防空を行わなければならなかった。

日本独自の防空と言うべき【建物疎開】は、こうした歴史的背景のもと、アジア・太平洋戦争末期の1944年以降、実施されたのである。後述するように、建物疎開の「疎開」という概念はドイツから取り入れたものだが、建物疎開は強制疎開とも呼ばれ、空襲を受ける前に民間人の力で、建物を強制的に解体したり引き倒して破壊する防空である。

2 戦争体験の記録・歴史化のなかで等閑視された建物疎開

戦後、建設省（当時）が行った調査によると、戦時下の建物疎開によって国内279都市で61万戸以上が破壊された[1]。多くの民間人が、家屋を引き倒したり引き倒されたりして建物疎開を体験したことになる。しかし、建物疎開は、戦後、民衆の戦争体験として記録の対象になることはほとんどなかった。

空襲被災や原子爆弾による被爆、沖縄戦、学童疎開や勤労動員など、民衆の戦争体験を記録化する様々な取り組みは、主に市民運動や平和運動のなかで行われてきた。そのなかでも特に空襲体験を記録する運動は、歴史学や社会学の分野を中心に、空襲体験を歴史化する作業として熱心に進められてきた。

1970年代、ベトナム戦争でのアメリカ軍による空爆が国際的に大きく取り上げられたことを契機に、日本の空襲の実態解明が改めて注目を浴びると、全国各地に空襲を記録する会が発足し、空襲記録運動が活発化した。

---

1) 建設省編『戦災復興誌』第1巻計画事業編、大空社、1991年、p. 23

その成果は,『東京大空襲・戦災誌』(全5巻) や『日本の空襲』(全10巻)など,空襲の研究に不可欠な多くの資料を生んでいる。小山仁示が,空襲・戦災史研究を都市史のなかに位置づけようとその重要性を提起したのは,1990 (平成2) 年のことであった[2]。

さらに「戦略爆撃調査団」をはじめ,米国が所蔵していた米軍資料が公開されたことで,1990年代以降空襲の研究は進展する。近年は,戦争の歴史を扱う概念として記憶の概念が大きな影響力を持つようになり[3],いわゆる「戦争の記憶論」の展開とともに,オーラル・ヒストリーなど新しい方法の有効性も論じられるようになった[4]。このようにして,記録運動に始まった空襲の記憶の収集は,戦争の実相を改めて探るための歴史研究として,新たな位置を確立したと言える。

空襲以外の戦争体験についても,民間人の無数の戦争体験は一人一人の生活史そのものであるという思想に基づき,自治体史や平和博物館,市民運動による記憶の収集作業が細々とながら行われてきた。それらの作業からは,戦争に協力したり抵抗を示したりそれぞれの立場で戦争に巻き込まれた結果,一人一人に直接・間接に及んだ戦争被害の多様性と根深さが窺える。

それでも戦後70年が迫り,戦争の悲惨な現実が時の経過につれて次第にそのリアリティを喪失し,そのことに関心を持たない,あるいは戦争を知らない者が国民の大半を占めつつある戦後社会の変貌を受け,近年改めて民衆の戦争体験の問い直しを試みる研究も行われている[5]。

しかし,これらの一連の記憶の収集作業や戦争史研究において,建物疎開の記憶は戦争体験としてほとんど取り上げられてこなかったのである。

---

2) 小山示仁「大阪における空襲と都市」『歴史学研究』612, 1990年
3) 成田龍一「「証言」の時代の歴史学」(冨山一郎編『記憶が語りはじめる』東京大学出版会,2006年) 参照。
4) 山本唯人による一連の研究(「学知の生まれる場所 東京大空襲・戦災資料センターの試みから」『オーラルヒストリー研究』第8号, 2012年9月など) 参照。
5) 三谷孝編『戦争と民衆 戦争体験を問い直す』(一橋大学大学院社会学研究科先端課題研究叢書3, 旬報社, 2008年) 参照。

なぜだろうか。

一つには、建物疎開が、国民が戦時下にあって広く経験した出来事であるために、ある種当然の出来事と見なされてきたためであろう。建物疎開が当然視される理由は、建物疎開の実施時期に注目すると容易に推測できる。建物疎開は1944年以降全国で行われたが、その際に大都市ほど早い段階から積極的に行われていた。これは軍事上重要な都市ほど建物疎開を推し進めたためであり、以後空襲被害の増大とともに建物疎開も激化していく。

つまり建物疎開と空襲は、同時期に同じ人間が経験した戦争体験であった。直接的に人命が脅かされた空襲体験のほうが、建物疎開よりも凄惨を極めたため、個人的にも強烈な経験として記憶に刻まれ、戦後社会も空襲被災者の悲痛な思いを記録してきた。一方、こうした凄惨な空襲下にあって、建物疎開は、防空上必要であると多くの国民が納得していた。このようにして、建物疎開は空襲体験の影に埋もれてきたと考えられる。

また、空襲によって灰燼に帰した都市にあっては、建物疎開の資料や実施の痕跡そのものが消失する場合もある。後述するように、建物疎開は「軍防空」と並ぶ「民防空」という戦争遂行の重要施策の一環であったから、敗戦後多くの資料が焼却され隠滅されたことも考えられる。こうした資料的制約も、理由の一つとしては挙げられよう。

3 建物疎開研究の本質的意義と学際的アプローチの必要性

だが、本質的には、建物疎開研究の歴史学的な、あるいは関係の学問領域における意義が過小評価されていたのではないだろうか。

従来、総力戦体制における国民動員（民衆動員）は、歴史学や社会学において戦前日本の社会構造を理解するための重要なテーマとして注目されてきた。戦時体制下の政治過程を論じる際には、民衆動員や国民統合の実相とその効果を視野に入れておかねばならないためであり、自治体史のほ

かにも，政府レベルや地域レベルで民衆動員の実相を明らかにした研究は決して少なくない[6]。

防空も国家総動員体制を支えるために重要な働きを果たしたが，従来国民防空研究は不振が続いていた。最近はじめての本格的な実証研究として土田宏成著『近代日本の「国民防空」体制』[7]が発表され，民防空の誕生から展開まで，東京の事例を中心に詳細な解明がなされた。土田は防空研究が進展しない理由について，実際の空襲に対してあまりに無力であった日本の防空体制に対して，戦後の日本社会が「そもそも戦前の日本にまともな防空などはじめから存在しなかった」と極めて否定的な評価を持っているためではないかと指摘する。その上で，「存在しないものをわざわざ研究する必要はなく，不存在の証明にはその惨憺たる結果を示すだけで事足りる」と評価されてきたのではないか，と分析する[8]。

建物疎開についても，防空に対する否定的評価の延長に位置づけられてきたと言える[9]。空襲で日本の国土は焦土と化したのであるから，建物疎開は無意味な防空だったのだ，という評価が一元的に付与され，研究対象から外されてきたのではないか。

だが，都市部を中心に61万戸もの建物が引き倒されたのである。壊されたものは，民家や商店，旅館，工場，寺，歓楽場など都市を形成するあらゆる施設にとどまらず，当時の人々の生活や地域のコミュニティ，個人のアイデンティティまで含まれる。家を失った人々はその後どこでどのような生活を送ったのだろうか，地域の産業や地域社会の在り方が受けた影

---

6) 古屋哲夫「民衆動員政策の形成と展開」『季刊現代史』第6号，1975年，功刀俊洋「地域における戦争準備体制の形成―満州事変期の新潟県」『地域社会の発展に関する比較研究―新潟県三条市を中心として』一橋大学社会学部編・発行，1983年など。鈴木栄樹「防空動員と戦時国内態勢の再編―防空態勢から本土決戦態勢へ―」(『立命館大学人文科学研究所紀要』52, 1991年)は，防空動員の編成過程が戦時下における都市計画や地方・国土計画の展開と密接に関係していたことを論じている。
7) 土田宏成『近代日本の「国民防空」体制』神田外語大学出版局，2010年
8) 同上書，p.18
9) 氏家康裕「国民保護の視点からの有事法制の史的考察―民防空を中心として」『戦史研究年報』第8号，2005年

響や破壊された街の戦後復興など、不明点は未だ多い。

「防空が有用であったか」「建物疎開は防空上無意味であった」というレベルの問題ではなく、むしろ戦時末期に起こった社会構造の激変という側面にこそ、防空や建物疎開研究の重要性があるのではないだろうか。本書で明らかにするように、都市は建物疎開による「歪み」を強いられた状態で戦後を迎えた。建物疎開が戦後社会に及ぼした影響も小さくはないはずである。

一方、日本近代史における建物疎開研究の評価とは逆に、建築や都市計画の分野では、建物疎開跡地と戦後復興事業の関連性が注目されてきた。空襲被災地・建物疎開跡地を活用した戦災復興事業は、国内の日本都市計画史においてはじめての大規模な都市プランニングであり、その関連性を分析することで戦後の都市構造を解明しようとするものである[10]。建物疎開を統括した内務省は戦後、「建物疎開事業は、その大部分が都市改造の役割を果しており、戦後における幹線街路・公園等・都市計画事業執行上に大きな効果をもたらした」と、建物疎開を高く評価している[11]。石丸紀興は、原爆で破壊された広島・長崎の市街地を対象に、建物疎開が執行された場所を抽出し戦災復興計画との関係を検討する。その上で「防空対策として極めて強引な手段を取り、それでいて本来の役割を十分果たさなかった」建物疎開を美化してはならないと警告を発する[12]。

都市プランニングという観点から建物疎開を見ると、都市は戦争や災害によって破壊と再生を繰り返す。建物疎開もまたそのうちの一つ、と位置づけられる。しかし、戦争という非常時に行われた都市破壊であればこそ、なぜそのような事態に至ったのか、建物疎開が執行に至る経緯や破壊の実態を解明する必要があるだろう。

---

10) 東京都内の建物疎開については、越沢明の一連の研究がある(越澤明『東京の都市計画』岩波新書、1991年、『復興計画』中公新書、2005年など)。
11) 大霞会『内務省史』第3巻、原書房、1980年、p. 204
12) 石丸紀興「建物疎開事業と跡地の戦災復興計画に及ぼした影響に関する研究―広島市の場合―」『第24回日本建築学会学術研究論文集』1989年、「長崎市における建物疎開とその跡地に関する研究」『日本建築学会中国支部研究報告集』10巻(1)、1983年

つまり，建物疎開の実態解明は，その執行時期や事業の性格により，特定の学問分野の方法論のみでは分析し難い研究課題なのである。総力戦体制における国民動員という歴史学的観点から，同時に都市空間の変容という建築や都市計画の観点から，学際的アプローチが求められる課題と言える。

4 京都の建物疎開を研究する意義

このように建物疎開研究は，歴史学における近現代史のみならず，都市史，建築史，社会史，移民や開拓の歴史といった様々な分野で，新しい地平を開く可能性を持つが，そのための研究の場として，京都は最適の都市である。

建物疎開研究の場合，実証研究にとって致命的な要素である「資料の欠損」という問題を避けては通れない。現在，全国の歴史系の資料館や公文書館，図書館で建物疎開関係のまとまった資料を所蔵・公開している施設はほとんどない[13]。欠損した理由は，官公庁施設が空襲で攻撃を受けて書類が焼失した場合や，戦後米軍が進駐してくる前に日本側が重要な機密情報を意図的に焼却処分したが，そのなかに建物疎開関係資料が含まれていた場合などがある。第2章で述べるように，防空計画資料は当時最高の機密文書の一つであり，焼却された書類のなかに建物疎開執行当時の資料が含まれていた可能性は十分にある。

しかし，著者は後者の事情については，果たしてそうであろうかという疑問を持っている。確かに当時建物疎開に関する計画書等は防空に関わる最重要書類の一つであった。けれども，建物疎開を行った際，住民に関する情報，たとえば世帯主の名前や職業，家屋の形態，地籍などを記した公文書は，戦後になって各府県が本格的に補償金の支払いを始めた際に必要

---

13) なお，大阪の建物疎開については大阪府公文書館が建物疎開関係資料を所蔵している（石原佳子「大阪の建物疎開―展開と地区指定―」『戦争と平和』2005年　参照）。

となる。どの地域の誰にいくら補償金を支払わねばならないのか，分からないまま補償することはできない。戦後，疎開跡地を整備し戦後復興事業を進める際にも，疎開跡地の所有権を持つ者は誰か，土地の境界線はどこか，地積はいくらか，これらの調査を行う際に建物疎開事業執行時に作成した公文書が必要になる。

　事業計画の立案過程や立案者に関する部分については，焼却などの何らかの方法で隠蔽するとしても，空襲等で焼失しない限り，建物疎開資料とは自ら焼却することはできない資料だったはずである。事実，空襲に加えて激しい地上戦が行われた沖縄では，大部分の公文書が焼失した結果，戦後土地の所有者を確定し，境界線を決定する際に非常な困難を極めた。離島を含む沖縄県内では，所有者が公的に特定できない所有者不明土地が現在でも多数存在し，本来の土地所有者が所有権を取り戻せない労苦を背負っているのである。

　こうした事実から明らかなように，建物疎開が与えた社会構造の変化を知るには，空襲や戦闘，原爆による影響の少ない都市のほうが適している。それらの要素は，建物疎開による破壊の形跡を消し去るほどの破壊力を持つからである。

　本書で取り上げる京都市は，常に空襲の危険性と隣り合わせのまま，実際には大規模な空襲を受けずに敗戦を迎えたため[14]，建物疎開によって自ら都市破壊を進めた全国的に例のない都市である。資料面では，京都府の行政文書も1945（昭和20）年9月に進駐軍が京都へ到着する前，軍事や警察，消防関係の簿冊を中心にした文書，約1万2,000冊が焼却されており[15]，このなかに防空計画や建物疎開に関する資料も一部含まれていた。このように資料の一部欠損は避けられないものの，大部分の建物疎開関係資料は京都府行政文書（重要文化財）として残存し，京都府立総合資料館に

14）京都市内が大規模な空襲を免れた背景には，米軍が京都市を原爆投下候補都市にリストアップしていたという事実があったことが，吉田守男の研究によって明らかにされている（吉田守男『京都に原爆を投下せよ：ウォーナー伝説の真実』角川書店，1995年）。
15）「残された文書・失われた文書　「京都府行政文書」アーカイブズの歩み」『総合資料館だより』No. 163, 2010年

所蔵されている。

戦時下の京都市の特殊性について、もう少し詳細に見てみよう。戦後、復興都市計画を実現させるため、国会では特別都市計画法を制定し、1946年9月公布、即日施行した。同法では、特別都市計画を行う都市は全国の215の罹災都市のうちから内閣総理大臣が指定するとしており（第1条）、同年10月9日内閣告示（第30号）により115の都市が指定された。

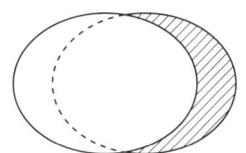

図0-1　特別都市計画法による戦災都市・罹災都市と、建物疎開を行った都市の概念図
◯　空襲を受けた都市（115戦災都市・100罹災都市）
⦙　建物疎開を行った都市（279）

これにより、比較的大規模な戦災を受けた115の都市を戦災都市、戦災都市に指定しなかったが空襲を受けた100の都市が罹災都市とされた。建物疎開を実施した都市は国内279の都市であったから、その数は空襲を受けた都市より多い。戦災都市、罹災都市、建物疎開を実施した都市は、図0-1の概念図で示すように一部重複している。

空襲を受けてなおかつ建物疎開を実施した都市は、二つの円が重なる部分に該当する。具体的には東京、大阪、名古屋、神戸などの大都市をはじめ、ほとんどの中規模都市があてはまる。他方、建物疎開を行ったが空襲の被害が認められなかった都市は右側斜線部に該当する。ここに該当する都市は非常に少なく、京都市、奈良市、金沢市だけである。

3市の中で当時6大都市に数えられた京都市では、1万世帯以上を対象にした大規模な建物疎開が実施された。奈良県（288戸）や石川県（2888戸）の実施戸数と比較すると、京都市内の建物疎開の規模は他の5大都市並みである[16]。他の大都市と同様に、戦況の悪化に応じて建物疎開を何度も実

---

16) 敗戦までの建物疎開の実施総戸数が1万戸以上の府県を順に挙げる。東京都区部（207,370戸）、大阪府（82,508戸）、福岡県（41,627戸）、神奈川県（35,349戸）、愛知県（29,232戸）、兵庫県（31,173戸）、広島県（21,381戸）、京都府（20,906戸）、長崎県（14,357戸）、北海道（11,868戸）。なお、建物疎開は府県単位で執行されるため、市レベルでの実施戸数は不明な自治体がほとんどである。

施しながら，京都市内では，その形跡が空襲等の他の要因で消え失せることはなかった．これが本書で京都の建物疎開を取り上げる理由である．

また，市内の空襲被害が微少だったため，京都市内では建物疎開を経験した者が，多く戦争を生き抜いた．彼らは自らの経験を子へ，孫へと語り継いできた．太田嘉三のように個人的に自宅周辺の戦前の住宅地図を作成することで，建物疎開の記録を残した者もいる[17]．

京都では1970年代の空襲記録運動期以降，京都にも空襲があったという事実が高い関心を呼び，『かくされていた空襲』[18]，『京都の「戦争遺跡」をめぐる』[19]，『かくされた空襲と原爆』[20]，『京都空襲』[21]など戦争史関連の書籍が刊行された．それでも，建物疎開の実態については不明なまま，自治体史でも十分に扱われることはなく社会の片隅に記憶されるにとどまってきた[22]．

5　本書の目的と意義

京都では2002（平成4）年になり，京都府行政文書を使用した「京都における建物強制疎開について」（入山洋子『京都市政史編さん通信』12，2002年）が，建物疎開の概要をはじめて明らかにした．本書は，入山論文を手掛かりに京都府行政文書を改めて精査するとともに，今まで試みられなかった建物疎開経験者への聞き取り調査を行い，その実態を掘り下げて解明したものである．

もう一つ，本書は，建物疎開経験者の記憶を戦時下の集合的経験として

---

17) 太田嘉三『醒泉学区強制疎開の記録』太田嘉三，1987年（京都府立総合資料館蔵）
18) 京都空襲を記録する会編『かくされていた空襲』汐文社，1974年
19) 池田一郎，鈴木哲也『京都の「戦争遺跡」をめぐる』機関紙共同出版，1991年
20) 小林啓治，鈴木哲也『かくされた空襲と原爆』機関紙共同出版，1993年
21) 久津間保治『京都空襲』かもがわ出版，1996年
22)『京都府警察史』第3巻（京都府警察史編集委員会編，京都府警察本部，1971年）では建物疎開に関する若干の記述がみられる．そのほか，山形県の場合も『山形県警察史』下巻（山形県警察史編さん委員会編，山形県警察本部，1971年）で取り上げられている．

収集し，記録する役割も負っている。著者は，2006年から聞き取り調査を続けているが，近年経験者の高齢化が加速度的に進んでいることを強く感じる。その他の戦争体験に関する聞き書きと同様に，建物疎開経験者に対する聞き取り調査も時間的余裕はないのである。

　上述したように，本書の目的は，戦時下の京都で行われた建物疎開を実証し，建物疎開が戦後京都へ与えた影響を明らかにすることである。その際，文字資料と非文字資料を突き合わせ，執行者と住民の両視点からこの目的にアプローチすることが本書の最大の特徴である。すなわち文字資料とそれを支える語りを用意することで，資料的欠損を補い建物疎開の実証を試みた。その際，他都市の建物疎開状況も見渡すことで，戦時下の京都の都市的特性や戦後社会が建物疎開をどのように処理したのか，現代に持ち越された諸問題を検討することも課題としたい。そこでは，単に景観や制度といった問題だけでない，人々の心の問題も垣間見ることになる。

　戦時下，圧倒的に多くの人間が経験した出来事を，既存の学問分野の枠を超えてどのように捉え直すことができるのか。本書が，様々な学問領域における近現代史研究に新しい視点を持ち込むことができれば幸いである。

第 *1* 部
民防空と建物疎開

第1章

近代戦における航空機の発達と民防空

第 1 章　近代戦における航空機の発達と民防空

1　世界の民防空の歴史とその概念

　序章でも述べたように，航空機を活用した新しい戦法は第 1 次世界大戦で生まれ，第 2 次世界大戦では大規模な戦略爆撃という戦法へ発展した。第 1 次世界大戦では毒ガスや戦車，航空機などの新兵器が投入されたが，はじめて組織的計画的に航空機による空襲が行われた。つまり，航空機を効果的に活用すれば，地上戦を行っている味方の軍隊を支援するため敵軍隊を攻撃するだけでなく，戦線を超えて遠くの敵地に侵入して空襲を行うことができる，という新しい戦法が，第 1 次世界大戦の進行中に生まれたのである[1]。

　1917 年からドイツ軍による度重なる空襲を被っていたイギリスは，空襲の威力にすぐに着目した国である。第 1 次世界大戦直後のイギリス空軍内では，「航空機を使った次の戦争では，ヨーロッパ本土上空などを敵の妨害を受けずに飛行機で移動し，無防備の都市に高性能爆薬弾を投下すれば勝利がつかめる」という戦略爆撃思想が支持されていた[2]。物資が集まる都市には，戦闘に必要な兵器や武器を生産している工場が存在する。そのような軍事的な工場，さらに工場で働く労働者を殺傷することで，敵国の戦争遂行能力を低下させようとしたのである。

　航空機を使った近代戦は，それまで面的な広がりを帯びていた戦場に，一気に空間的な広がりを持たせ，戦闘地域と非戦闘地域の区別が無意味となることを意味した。

　他方，第 1 次世界大戦を契機に生まれた空襲という新しい戦法に対し，その防御方法はまだ模索段階にあった。具体的に言えば，戦地から遠く離れた場所で，軍隊を後方から支援するための物資を生産している軍事施設や軍需工場，そこで働く民間人を空襲の戦火から保護することが課題となった。空襲には都市を破壊するだけでなく敵国の国民を脅かし恐怖を与

---

1)　田岡良一『空襲と国際法』巌松堂書店，1937 年，pp. 36～37
2)　ピーター・ヤング編『第 2 次大戦事典　兵器・人名』原書房，1985 年，p. 167

えるという心理的効果も大きい。戦争を継続することを諦めさせ厭戦感を抱かせ，士気を低下させることも空襲という戦法が持つ攻撃能力の一つである。したがって，戦地での戦争遂行能力を維持するためには，空襲から都市と都市住民を守ることも，必要となる。

こうして空襲から都市を守る，すなわち防空を遂行するため，第2次世界大戦では軍隊だけでなく非戦闘員（民間人）にも国民の義務として防空が課された。民間人に求められた防空であるため，このことを特に民防空という。戦闘員も非戦闘員も区別無く戦禍に晒される近代戦では，民間人も民防空に従事することで総力戦体制を支えなければならなかった。

近代戦において民防空が国土防空上重要な部門の一つであるという認識は，第1次世界大戦後の政情不安定なヨーロッパで急速に普及した。非戦闘員の防空に関する準備は世界各国で公然と行われるようになり，新聞や専門雑誌は民防空の必要性や方法論をめぐって様々な議論を展開した。その際，第1次世界大戦時に空襲を受けた経験を持つ国は，空襲の破壊力や非予測性を体験しており民防空の方法をより現実的に検討することができる。とは言え，第1次世界大戦で多少の教訓を得ることができても，それ以外に民防空の参考となる経験はどの国も持ち得ていなかったのである[3]。民防空は第1次世界大戦後の世界にとって新しい軍事上の研究課題であり，政府や軍だけでなく学会や経済界も巻き込みながら模索されていく。

1-1　欧州の民防空

第2次世界大戦下の欧州では，どのような民防空体制が築かれていたのだろうか。

第1次世界大戦下の欧州諸国は自国の民防空を機密情報と位置づけ，その方法や技術の研究を進めた。1930年代後半の欧州は，戦争がいつ起こ

3）　クニツファー他『独逸民間防空』陸軍航空本部他訳，陸軍省，1937年，p. 237

るかわからないという危機感が強く，外国の民防空は機密情報の探り合いでもあった。当然ながら，公表された調査報告書や論文が，自国民の民防空への関心や士気を高めることを狙って情報が操作されている場合も多い[4]。海外の民防空の状況を詳らかにすることは本書の主旨を外れるが，後の議論で必要になる範囲で，その概要を見てみたい。

　その際，注目すべきことは，第1次世界大戦で空襲の経験を有する国とそうでない国とでは，民防空を構築する方法に異なる傾向があるということである。オランダやデンマーク，スイスのように空襲経験を有しない国は，空襲経験のある国が発表する成果や書物を参照して自国の防空計画を作ろうとするため，民防空研究は理論のみに傾倒しやすい。空襲の非予測性や破壊力の大きさを過小評価する可能性も高い。自国の風土や国民の生活様式を考慮せずに他国の防空政策を真似るだけでは，自国の民防空にそぐわないまま非実用的な政策に終わる危険性があった。

　例えば1930年代後半のスイスでは，非戦闘員を防護する最良の方法は自国の空軍に無敵の飛行隊を作り地上に防空機材を設置すること，という理論が主流だった。軍隊と軍防空の充実こそが非戦闘員の生命や財産を保護するという論調には，第1次世界大戦以前の，前近代的な戦争観が踏襲されていることがわかる。

　アメリカのように仮想敵国から遠く離れた場所に位置する国も，本土防衛をあまり重視せずに，戦闘機の開発に傾倒した。1930年代末のアメリカ陸軍航空隊では，敵の爆撃機大編隊が本土に侵入するのを防ぐためには，それを迎撃する戦闘機部隊を育成することが重要だという考えが根強かっ

4）　例えば，1937年のドイツの書物は同時期のイギリスの民防空について「英国ハ民間防空ノ最モ表ハレサル国ニシテ，官憲ハ先ツ強力ナル空軍並ニ装備優良ニシテ訓練卓越セル地上防空隊ノ建設ニ全力ヲ注カレアルコト明瞭ナリ。(中略)民間防空ニ於ケル他ノ総ユル部門ニ於テハ今日迄殆ト官憲ヨリ考慮セラレアラサルモノノ如シ。吾人ノ知レル範囲ニ於テハ先ツ如何ナル法律ノ基礎モ官衙的ノ根拠モ欠如セリ」と述べている（前掲，クニッファー他『独逸民間防空』，pp. 253～253）。他方，1938年に日本軍が作成した対英調査報告書では「英国は大戦中最も多く空襲の惨害を蒙りたる国家として，軍部の施設民間防空施設，共に世界第一を称せられている」とする（中澤宇三郎『防空大鑑』皇国報恩会他，1938年，p. 589）。

た[5]。侵入を想定した民防空体制の構築は，軽視されたのである。

では，第1次世界大戦で空襲経験のある国はどのような民防空体制を築いていったのだろうか。

1-2 ドイツ・イタリアの民防空

第1次世界大戦の敗戦国であるドイツは，イギリスと並び民防空研究に注力した国の一つである。ここで，1940（昭和15）年に日本政府がドイツで実施した民防空調査の報告書をもとに，当時のドイツの民防空体制を見てみよう。

1940年8月，日本政府はドイツを主とする欧州各国の民防空を調査研究させるために，調査団を結成する。調査団は，駐独武官木原中佐を団長とし，浜田稔（東京帝国大学第一工学部建築学教室教授），田辺平学（東京工業大学建築学教室教授），伊東五郎（内務省計画局技師）ら建築学や都市計画の専門家と，久下勝次（内務省計画局事務官）の5名であった。満州事変勃発後，自国の貨幣が海外へ流出するのを防ぐために，一般の海外旅行はほとんど禁止され官吏の外国出張も取りやめになっていたなかで，この時期に政府公式の海外出張の命が下るのは異例の事態であった。

それでも調査団を派遣したのは，日本とアメリカの関係も懸念されるようになり，実際の空襲に耐えうる民防空をより具体的，本格的に検討する必要があったためである。後述するように，日本での民防空は防火第一主義を掲げており，燃えにくい町，火災に強い都市を作ることを最重要課題としていた。建築学の専門家を含んだ調査団は，既に第2次世界大戦の激しい戦禍のなかにある欧州を建築学的立場から調査し我が国の民防空に活用させるという任務を負った。

1941年1月（浜田・伊東・久下）と4月（田辺）の二回に分けて団員らは東京を出発し，それぞれシベリア鉄道でユーラシア大陸を横断，モスクワ，

---

5) 前掲，ピーター・ヤング編『第2次大戦事典 兵器・人名』p. 167

ドイツ領ポーランドを経て1か月ほどでベルリンに到着した。ベルリンを中心にドイツの防空を視察し，イタリア，スペインへも調査に赴いている。調査団員は，ベルリン滞在中，日本ではまだ始まっていなかった空襲を実際に何度も経験することになった。なお，6月には独ソ戦が勃発したため，往路のロシア経由で帰国することができなくなり，残された大西洋・北米航路を経由しやっとのことで10月に日本へ帰国している。12月には日本は米英との間でも戦争を開始することになるから，まさにその直前の帰国であった。

帰国後，調査結果はいくつかの報告書にまとめられ，雑誌『都市問題』や『防空事情』，浜田や田辺の著書で発表された。これらの報告書は言うまでも無く，調査した事実全てが公表されることはなく厳しい検閲を受けており，内容を鵜呑みにすることはできない。だが，欧州の民防空を日本政府が公式に視察した数少ない報告書であるという点において，他に類がない。公表された調査書に従うと，ドイツ民防空中心の記述になることは否めないが，当時の世界の民防空の一端を示すことはできるだろう。

以下，これらの報告書に基づき日本の同盟国であり友好関係にあったドイツ（特にベルリン）・イタリアの2国の防空事情についてその特徴を明らかにしたい。

1）ドイツ

第1次世界大戦で敗戦国となったドイツでは，空軍は廃止され海軍も削減されるなど，連合国の厳しい監視体制下で徹底的な兵力削減が行われていた。しかし，ドイツ国防軍はすでに第1次世界大戦直後から航空機や潜水艦，戦車をソ連，スウェーデン，オランダとの共同事業で密かに開発するとともに，民防空研究を進めていく。

当初，これらの研究成果は公表されなかったが，1930年代に入りナチ党が躍進すると，防空関係の図書も盛んに出版されるようになってきた。ドイツの防空が真に軌道に乗り始めたのは，1933年にナチ党が政権を握り，ヒトラーがヘルマン・ゲーリングを空軍大臣に任命してからであ

る[6]。空軍大臣に就任したゲーリングは直ちに民防空の重要性を唱え，民防空の基盤は国民の自衛防空だとして，1933年4月にドイツ防空協会を設立した。こうして，ヴェルサイユ条約で再軍備化することを阻止されたドイツは，早くも1930年代には再軍備を進めるとともに防空体制も次々と整備していった。

ドイツ防空協会は，空軍省を援助するため全国民に対して自衛防空を徹底させることを目的にした組織である。本部はベルリンに設置されたが，全国に17の支部を設けるとともに防空上の重要度合に応じて国内地域を細かく分割し，末端の隣組までドイツ防空協会に編成された。

隣組は通常，1軒の建物の居住者が一つの隣組に所属し，郊外や田舎では数戸の住宅が連携して隣組を構成する。隣組が編成されると，居住者のなかから「ブロック」（ドイツ防空協会の最下部の単位）の事務所長が組長や副組長を選任し，居住者名簿を警察署長に提出した。空襲時は隣組の組長が指揮を取り，隣接する隣組で損害を軽減させるために協力しなければならない。隣組では対応できないような損害が生じた場合は，組長は所轄警察署に報告し，後述する保安救護隊の助力を要求した。

ドイツ防空協会は防空に関する宣伝や教育も担当しており，防空の重要性や防空の具体的な方法を国民に教育するため，中央防空学校と防空学校も備えていた。防空学校の数は1940年代初めには400〜500にのぼる。さらに，啓蒙用に様々なポスターも作成し国民の防空意識向上に貢献した。1940年5月14日には，総統令であるドイツ防空協会令が公布され，ドイツ防空協会は公法上の団体となり，任務や権限等も法的に明確にされた（図1-1, 1-2）。

ドイツ防空協会が誕生した同じ年，防空研究を統制するために空軍省直属の国立防空研究所も設立された。国立防空研究所には教育，研究，機材の検定と販売許可という三つの任務があった。教育は，防空機関の主任や指導的立場にある者を全国から官費で招集し，研究所に宿泊させながら必

---

6) 久下勝次「独逸国民防空の組織」『防空事情』第3巻12号, 1941年, p. 45

第1章　近代戦における航空機の発達と民防空

図1-1　ドイツ防空協会が国民に防空の必要を訴えるために使用した写真
第1次世界大戦時で空襲を受けて破壊された建物である。撮影場所は不明。

図1-2　隣家への非常口
ドイツでは空襲を受けて建物の上部が崩壊した場合に備えて，1940年5月から隣家との境の壁に開口部を作ることが規定された。漫画はドイツ防空協会の技師の指導のもと，隣家との境の壁に非常口を作っている様子。この画はドイツ防空協会が各家庭で非常口を作るよう指導するために用いられた。漫画であるため誰にでも分かりやすい反面，国民に防空の必要性を真剣に受け取られない可能性が懸念され細心の注意で描かれたものである。
(図1-1，1-2出典:『ナチス独逸の防空』p. 5, p. 128)

要な技術指導を行うものである。研究は，防毒及び消毒，防火，建築防空，警報通信，衛生，獣医（動物，食糧品に関する防空）の6部門で進められた。防空機材を検定し販売許可を与えるという任務は，戦争に役に立つ機材を普及させ資材を無駄にしないという狙いもあり，防空法の規定に基づいて検定された[7]。検査に合格すると申請者へ許可書が与えられ，合格を示すマークがついている機材のみを販売することができた。

1935年6月26日，防空の基本法規であるドイツ防空法が公布されると，ドイツの防空ははじめて法的効力を持つことになった。軍防空と民防空は区別されず空軍省の所管となり，空軍大臣が軍民すべての防空の指揮をとった。このように防空がすべて空軍に一元化されたことは，ドイツ防空の特徴の一つである。防空を統括し監督指導するため，空軍省内には防空局が設けられ，外局には防空監督局が設けられた。防空監督局には，防空の専門家（軍人，技師，事務官等）からなる各種技術部門が設けられた。

なお，ドイツでは防空法が公布される以前は，軍防空を「積極防空」と呼ぶのに対し民防空を「消極防空」と呼んでいた。これは，軍防空が高射砲で敵機を撃墜するように攻撃的であるのに対し，民防空が空襲に対してもっぱら受動的でしかないためである。ドイツ防空法では，民防空のことを軍防空と一括して単に「防空」と定めたため，防空法公布後は消極防空という言葉は見られなくなった。

ドイツでは防空の実施責任者は警察である。ドイツ警察長官のもと，各地に秩序警察長官がありその下に地区警察庁長がいる。この地区警察庁長がその地区の防空指揮官として，防空を指揮統制し実施の責任を負った[8]。警察の管轄内には，消防隊や赤十字の救護班，民間から召集した人員で編成された部隊など，保安救護隊と呼ばれる活動部隊がある。保安救護隊は空襲警報を伝達したり，交通制限，防護監視，消防，救護，被害物件の修理，防毒処置など空襲時の活動が任務であり，兵役義務者以外の中年男女が警察から指名されて従事した。保安救護隊は日頃から空襲に備え

---

[7] 田辺平學『ドイツ　防空・科学・国民生活』相模書房，1942年，p. 80
[8] 前掲，久下勝次「独逸国民防空の組織」『防空事情』p. 47

た教育訓練を受け，保安救護隊員としての給与を与えられる。

次に，実際の空襲に備えた具体的な防空の方法を簡単に述べる。

敵機を発見するための見張りである防空監視哨は，第2次世界大戦前から警察の所管で民間が担当していたが，1937年4月からは空軍が所管し監視員には軍人が充てられた。防空監視哨は，敵機が都心部に近づく距離に応じて中心部を取り巻くように環状に配置されており，建物はバラック建てが主流であったが，煉瓦造りや保温材を挟んだ二重壁の木造建築もあった。監視哨からの敵機情報は防衛総司令部に集まり，全国各地の主要な防空機関に伝達され，市民に警報を発したり該当地域の高射砲隊や防衛総司令部に必要な命令が下された。

空襲警報はサイレンで知らされるが，昼間はラジオも使用された。ドイツ独特の警報として，敵機が都市部に達する30分前になると発せられる準備警報というものがある。準備警報は一般市民へは知らされず，特別の準備が必要と思われる施設だけに伝えられた。例えば病院や軍需工場である。準備警報を受けて，病院では患者を地下室へ避難させたり，工場では鎔鉱炉の火を消すなどして空襲に備えた。

重要施設を敵の航空機から発見されないように秘匿するために，稀に偽装と呼ばれる防空も行われた。第2次世界大戦の開戦当初から空襲が繰り返されていたハンブルクの場合，街のなかの大きな池にかかる橋が近くの停車場を攻撃する際の目印となっていた。そこで，池の半分の水面を遮蔽して周辺の街並みが続いているかのように偽装し，別の場所に偽の橋を架けて爆弾目標地を誤解させようとしている[9]。

爆弾の破壊作用に抵抗できる構造にする防空として，防弾もある。官公庁など重要施設の屋根を頑丈な厚い鉄筋コンクリートにしたり，記念物や記念碑の周囲を厳重に囲み，破壊を防ごうとした（図1-3）。

灯火管制はドイツでは開戦当日から毎日，日没から日出まで実施され，室内の電灯に笠を被せ，紙のカーテンで窓を遮光する方法が普及していた。

---

9) 田辺平學「ドイツ・イタリーに於ける防空事情」『都市問題』34巻1号，1942年，p.14

第 1 部　民防空と建物疎開

図 1-3　記念建造物の防護
左の写真は，古代ローマ遺跡の一つであるマルクス・アウレリウスの記念柱の原形。柱の側面に螺旋状にレリーフが施されており，土台と柱を防護するため工事が施されている途中の様子（中央）。右の写真は，ベルリンで空襲から大理石像を防護する工事が行われている様子（出典『空と国：防空見学・欧州紀行』『ドイツ　防空・科学・国民生活』）。
　イタリア，ドイツとも戦時下では美術館や博物館は悉く閉鎖。重要美術品は安全な場所に移動させるが，写真のように移動できない史跡や像はその場で防弾措置が施された。

　一般家庭では，黒い羅紗紙（羊毛や毛糸の屑を混ぜて漉いた厚紙）を窓の内側にピンで張ったり，巻き上げ式にして外部に光が漏れないような工夫が施された。このような方法で窓を閉め切ると部屋のなかには通風が無くなってしまうわけだが，報告書は，ドイツは夏でさえ日本ほど蒸し暑くないために部屋を密閉しても凌ぐことができると指摘する[10]。また煉瓦構造の壁は，漏光箇所である窓や出入口等の開口部が比較的少なく，面積も小さいため，灯火管制を敷くには好都合であった。
　屋外では灯火管制下でも生活ができるように，街路には通行時の照明となるように特殊な夜光塗料を用いてあちこちに塗装が施された。電柱や街路樹には白色の塗料がペンキで塗られ，路上にある箱や柵など突出物も白く塗られた。交差点の中央には紫外線灯が釣られていて，その光で四隅の車道の境界線に塗られた夜光塗料が蛍のように光り，電車やバスの窓ガラスには減光のために青色の塗料が内部から吹き付けられていた。

---

10) 前掲，田辺平學『ドイツ　防空・科学・国民生活』，p. 120

そしてドイツで最も重視されていた防空が，防護室を設置することである。防護室とは，爆弾の破壊力から身を守るためのシェルターである。空襲警報のサイレンが鳴ると都市部では人々は防護室へ移動し，警報解除を待った。ドイツでは，1937年5月防空法の内容を補充する法令を公布すると同時に「防護室規則」を制定しており，ドイツ全土に防護室を設置することが法令で定められた。設置にはドイツ防空協会の建築技術員や警察官が指導にあたった。

防護室は新たに建設するものではなく，ドイツの家が一般的に備えていた地下室を改造して転用する。地下室は本来洗濯場や燃料・食糧の貯蔵室，暖房用汽罐室（ボイラー）として使用されていたが，支柱や防護扉等を設置することで応急的な防護室となった。地下室がない場合は，一階の中廊下などを防護室に充てた。

図1-4 公共防護室の標識
第2次世界大戦初期に設置された新しいもので，ベルリン市民に公共防護室の場所を示している
（出典：『戦時下のベルリン』）。

通行人や自家用防護室を持たない者のためには公共防護室が設置され，「公共防護室，収容人員何人」「公共防護室まで何メートル」という標識が街の所々に設けられた[11]（図1-4）。ベルリンでは，1940年夏ごろには簡易な自家用防護室は広く普及したため，その後は，大量の鋼材とセメントを用いた耐爆防護室と呼ばれる爆弾への耐性が強い防護室が一部で作られるようになった。

---

11) 伊東五郎「戦時下の欧州を廻りて」『防空事情』第3巻12号，1941年，p.33

第1部　民防空と建物疎開

2) イタリア

田辺より一足早く欧州へ到着していた伊東技師らは，1941（昭和16）年4月にイタリアの民防空を調査するためナポリ，フィレンツェ，ヴェニス，ミラノ，トリノを訪れ11日間かけて視察した[12]。なお，田辺は7月下旬にイタリアを視察している。

イタリアでは，内務省内にある防空局が全国の民防空の総元締めであり，県知事が県の防空責任者となり一切の権限と責任を持った。県知事を委員長とする県防空委員会は，官公民の建築物に防護室を設置するよう指導したり，灯火管制の監督等を行う。防空委員会の指導監督に基づき現場作業を指揮するのは監察官であり，県知事の下に置かれた防空の代行機関である。防空事業の費用は特別必要なものを除いて，大部分は県費である。

イタリアでは当初，軍防空と民防空は空軍省の管轄下にあったが，1941年3月から軍防空は空軍省，民防空は内務省の所管に分けられた。それに伴い，イタリア防空協会という民防空活動を援助し国民に徹底させる団体が設置され，内務省が管轄した。

イタリア防空協会の活動は，ドイツ防空協会とよく似ている。イタリア防空協会はファシスト党と密接な関係を持ち，ローマに総本部を，全国の県，市，区，町，村それぞれに本部を持ち，各本部には防護隊が所属していた。イタリア防空協会は国民の防空教育，備品の整備，家屋の防護室の指揮監督，爆弾が落ちた際の現場処理等を担った。ただ，防空の訓練はドイツのような隣組制度ではなく，各アパートごとに家屋長が責任者となった[13]。

ドイツ同様，イタリアでも防空法が公布される前に，防護室の設置場所や床面積，構造，容積等を細かく規定した法律が公布されている。これらの規定に基づくイタリアの防護室は，二重天井や二重壁を設け空気の緩衝

---

12) 前掲，伊東五郎「戦時下の欧州を廻りて」『防空事情』p. 35
13) 前掲，田辺平學「ドイツ・イタリーに於ける防空事情」『都市問題』p. 24

帯を作るという特徴がある[14]。防護室は，既存の建築を転用するほか，遺跡を利用した例も見られた。ローマ市内では，古代遺跡のコロッセウムを一部市民用の防護室に活用したり，地下遺跡の大きな洞窟を大型防護室に充てていた。古代史跡のなかには，空襲から保護する工事が行われたものもある（24 頁図 1-3）。

その他のイタリアの防空施設がどのようなものだったのかは不明だが，調査団は，イタリアは施設面でドイツよりかなり遅れていると感じたようだ[15]。

1-3　建築物の防空

さて，調査団が担った任務は，欧州の民防空について特に建築学的観点から報告することであった。次に，ドイツの建築物の防空をとりあげる。

ドイツと日本の建築物の防空は，ドイツでは日本のような防火改修を行わないという点で異なる。ドイツの住宅は主に表面に石を張った煉瓦造りである。破壊爆弾に対しては抵抗が少なく脆いが，焼夷弾に対しては延焼しにくいという特徴を持つ。軽量の焼夷弾の場合，屋根瓦を貫いた後，屋根裏の床が木造であれば地下まで貫通するが，石造りやコンクリート造りであれば大抵屋根裏で止まってしまう。軽量焼夷弾で発火する通常の火災程度ならば，階下に被害を及ぼさないのである。

通常の火事でも，このような住宅構造の違いの差が現われる。田辺は 1941（昭和 16）年に民防空調査のためドイツへ渡る前に，1922 年 9 月から 2 年間ドイツ留学の経験があった。留学中，ベルリンで火事の現場に遭遇した田辺は，そのときの出来事を驚きをもって次のように回想している。

　　（中略）又ベルリンで火事を見た事もある。商店の並んでいる町で或る八百屋の二階が焼けている。消防隊が駆けつける。水道の消火栓に継いだホー

---

14) 陸軍築城部本部「伊太利の防護室」『防空事情』第 3 巻 10 号，1941 年，p. 43
15) 前掲，田辺平學『ドイツ　防空・科学・国民生活』pp. 24〜25

スを持つて消防夫が梯子で二階の窓から火の中へ飛び込んで行く。しかし立ち止つて見物しているのは自分の様な物好きな男五六人切りだ。ワイワイの彌次馬はちっともいない。それよりも自分の一番目を見張った事は，二階の焼けている下の八百屋の店である。荷物を持って逃げ出すでもなければ狼狽しているでもなく平気な顔をして店を開いている。消防夫の間を縫ってその店で買物をして帰る婦人さえある。自分は「ここだな」と思った。火事とさえ言えば五六町先きの小火でも浮腰になる日本。焼けぬ材料で造った家に住む者と，薪で造った家に生命財産を託しているものとでは落付きの上だけでも既にこれだけの差がある[16]

　ドイツでは1928年ごろから建築物の防空に関する学術的な論文や雑誌が発表されはじめ，1934年に世界最初の単行本『建築防空』（Schoßberger著）が出版されている。これらの研究成果は，構造や材料を規定した防護室の設置や空襲で破壊された建築の復旧工事，重要建造物の防護等に利用された。こうして建築物の防空が早い段階から実践されていたベルリンは，当時の日本本土と比較すれば空襲火災に耐えうる街だったようである。

　1941年に田辺がドイツへ入国した際は，すでにドイツはイギリスに対して空襲を開始し，ユーゴスラヴィアとギリシアにも侵攻した直後であった。1941年4月10日夜，イギリス軍の爆撃機数機がベルリンを空襲し，目抜き通りのウンター・デン・リンデン街に焼夷弾を投下した。日本からの長旅を終え，同年5月12日にベルリンに到着した田辺は，さっそくこの前月の空襲被害を調査しようと現場へ向かった。

　なお1941年当時，イギリス本土に近いドイツ西部のルール地方やライン地方の工業地帯は激しい空襲を繰り返し受けていたが，ドイツ空軍の迎撃作戦も成功しベルリンへの空襲は主に軽量の焼夷弾が投下されるにとどまっていた。ベルリン空襲が激化し日常的に繰り返されるようになるのは，1945年である。よって，1941年5月に田辺が調査した被害状況は，まだベルリン空襲が本格化していない時期であったことは断っておかねばなら

---

16) 前掲，田辺平學『ドイツ　防空・科学・国民生活』p. 29

ない。

　現場を訪れた田辺は，日記に次のように書き残している。

> （中略）ベルリンに着くや否や，大なる期待と好奇心とを以てこの"ベルリン最大の被害"なるものの跡を視察に行った。だが行ってみると少なからずガッカリした。と云ふのは殆ど何ともなっていないからだ。成程焼夷弾を四,五百発も投下したと云ふだけあって，大通りの両側の建物によく命中してをり，足場を掛けて盛んに修理しているので直ぐ分る通り，此処で三軒,向ふで二軒と云ふ風に，一寸数へても片側だけで十二,三軒は被害を受けた建物があり，"軒並みにやられた"と云っても敢て過言でないことは事実だが，扨その被害たるや洵に微々たるもので，その殆ど全部は屋根裏が燻ったか，燃えた程度で，最も非道いので精々最上階の五階に被害が及んでいる程度である。足場こそ物々しいが,焼けた部分は探さなければ分らぬ位だ。（中略）然し，若しこれだけ多数の焼夷弾が東京や大阪に落ちたとしたらどうだろう？　ウンター・デン・リンデンの頼母しい耐火建築街を仰ぎ乍ら，著者は不図斯う考へて思はず慄然とした[17]

　ドイツでは空襲で破壊された建物は，政府の建築総監の指導の下に被害状況に応じて取り壊す部分と残す部分を区別し，復旧工事を行うことになっていた。田辺が目撃した，建物に足場を組んで修復している様子は，この復旧工事の最中であった。

　また，調査報告書はドイツと日本の都市計画の違いにも触れている。日本より近代都市計画が発達していたドイツでは，公園や広場，幅員の広い道路など公共空地が都市内に豊富に設けられており，このような空地は戦時下に敵の投下弾の目標命中率を低下させるのに多少なりとも役に立つ，と分析している[18]。

17）前掲，田辺平學『ドイツ　防空・科学・国民生活』pp. 135〜137
18）同上書，p. 113

第 1 部　民防空と建物疎開

2　日本の民防空

2-1　アジア・太平洋戦争下の日本の都市空襲

　1942（昭和 17）年 4 月 18 日，日本本土ははじめて空襲を経験した。太平洋上の航空母艦を発進したアメリカ軍爆撃機による空襲で，東京，横浜をはじめとした広範囲に爆弾・焼夷弾が投下され，機銃が掃射された。

　今日ドーリットル空襲と呼ばれるこの空襲を嚆矢に，1944 年 11 月ごろまでは，艦載機や中国内陸部から発進した爆撃機による，沖縄や北九州，福岡，長崎への軍需工場を対象とした空襲が行われた。その後は 1944 年に陥落したマリアナ諸島から発進した B29 が，本土全域への本格的な空襲を開始した。

　本格的に空襲が始まったのは，1944 年 11 月 24 日，サイパンを出発した B29 爆撃機 80 機の大編隊による東京への空襲である。しかしこの時期の本土空襲は，軍需工場を狙った高高度からの精密爆撃であった。日本上空は雲が多く，上空をうねるように吹いている偏西風の風向きや風速によって，爆弾の命中度は落ち，航空機による攻撃は正確さを欠いていた。

　米空軍は，東京の中島飛行機武蔵製作所を日本の航空機工場中最大の空襲目標とし，1944 年 11 月から 1945 年 4 月まで 11 回の爆撃を行っている。それは各地の工場で製造した飛行機の部品が武蔵製作所に送られ，最終組み立てがなされていたためである[19]。米空軍の第 2 目標であった名古屋の三菱航空機工場は，1944 年 12 月 13 日，80 機の B29 が焼夷弾と爆弾を投下しているが，これ以降，翌年 4 月まで 9 回の爆撃を受けた[20]。

　なお，本土から離れた沖縄では，本土空襲が本格化する以前に大規模な空襲を経験した。1944 年 10 月 10 日，米軍機動部隊の艦載機のべ 1,400 機が沖縄諸島の軍事施設や飛行場，船舶・港湾施設，そして那覇市街を襲っ

---

[19]　高橋泰隆『中島飛行機の研究』日本経済評論社，1988 年，p. 234，p. 243
[20]　防衛庁防衛研修所戦史室『戦史叢書　本土防空作戦』朝雲新聞社，1968 年

た。焼夷弾は市街地の実に8割以上を焼き払った。この那覇空襲では，高射砲や機関砲などの軍防空がほとんど無力に等しかったため，沖縄県民の間には軍防空への失望感や不信感が起こり，県外疎開を希望する者が急増した[21]。

1945年1月下旬，マリアナ諸島からの日本空襲指揮官にカーチス・E・ルメイ少将が就任すると，本土爆撃作戦は転換期を迎えた。ルメイは，ヨーロッパ戦線において軍事目標を対象としない絨毯爆撃作戦を実行し，ドイツのハンブルクやベルリンを破壊し戦果をあげていた。木造家屋が大都市に密集している日本で空襲の効果をあげるには，焼夷弾による無差別爆撃が効果的だと判断し，それまでの軍需工場を中心とした精密爆撃を転換させたのである。軍事目標を対象としない無差別爆撃は，すでに日本軍が1938年以降中国重慶市を中心に繰り返し実施していた作戦でもあった。

本土市街地を標的とした空襲は，まず4大都市（横浜・名古屋・大阪・神戸）および東京府下で繰り返し行われた。1945年3月10日未明の東京大空襲をはじめとして，名古屋空襲，大阪空襲，神戸空襲では焼夷弾の絨毯爆撃により市街地は焼き尽くされ，多くの死傷者が発生した。大空襲の惨状は，国民の軍防空への不信感や民防空への士気の低下を招く大きな契機ともなった。内務省警保局保安課の調査によると，大空襲前に比べて大空襲後は戦争に対する焦燥感や不安感，人心の動揺を反映し，朝鮮人に対する流言飛語，例えば「朝鮮人は敵国側の謀略工作に関与している」などといった根拠のない噂が増大したという[22]。

同年4月1日，米軍の沖縄上陸が開始すると，沖縄では多くの市民を犠牲にした激戦が繰り広げられた。米軍の本土上陸まで時間稼ぎをするための，言わば捨石作戦である。6月23日司令官が自決し，沖縄の地上部隊が司令部機能を失うと，7月以降は沖縄も（その前に陥落した硫黄島とともに）米軍機の発進基地となる。敗戦まで連日本土への空襲は繰り返され，8月6日に広島に，9日に長崎に原子爆弾が投下された。

---

21) 金城正篤他『県民100年史　沖縄県の百年』山川出版社，1995年，pp. 201～202
22) 日本の空襲編集委員会編『日本の空襲』十　補完・資料編，三省堂，pp. 74～75

このように，全国の主要都市が焦土となるなか，6大都市であった京都市は，大規模な戦略爆撃を受けなかった唯一の大都市として戦後を迎えた。京都市内は1945年1月と6月の2度，比較的小規模な空襲を受けたが（表1-1），大都市が悉く焼き払われ空襲の対象が次第に地方都市へ向けられても，大空襲を受けることはなかった。その理由について戦後数十年の間，確固たる根拠は存在しないものの，古都京都の文化財を守るために米軍が配慮したのだと噂されてきた。だが，1990年代，京都は原爆投下最有力候補都市であった事実が明らかとなった[23]。吉田守男によると，原子爆弾の効果を正確に測定するため，投下まで「温存」された結果，京都はほとんど空襲を受けないまま敗戦を迎えたのである。

2-2 民防空の発展と防空法

では，15年戦争，アジア・太平洋戦争を通じた時期の日本の民防空は，どのようなものだったのか。土田宏成は，日本の民防空の萌芽は，1923（大正12）年の関東大震災に見ることができると指摘する[24]。

1923年9月1日に相模湾海底を震源として発生したマグニチュード7.9の大地震は首都を襲い，特に東京市・横浜市に大きな被害をもたらした。地震による揺れそのものより，地震に伴い発生した大火による焼失，焼死が深刻な被害を生み，東京市内の約3,456ヘクタールが焼失した。これは，東京の市域面積の44パーセントに及ぶ。

関東大震災は，1919年に都市計画法と市街地建築物法が公布され，日本の都市計画が法制度的に一応整えられた時期の出来事であった。内務省にとって大震災からの復興事業は，都市計画を大規模に実行するとともに，都市計画の意義や重要性を社会に示すことができる千載一遇の機会でもあった。第1次世界大戦の戦勝国として資本主義強国の仲間入りを果したばかりの日本にとって，強国にふさわしい首都に都市改造を行う好機と

---

23) 吉田守男『京都に原爆を投下せよ』角川書店，1995年　参照
24) 土田宏成『近代日本の「国民防空」体制』神田外語大学出版局，2010年

第1章　近代戦における航空機の発達と民防空

表1-1　四大都市圏および東京・京都の主な空襲概要

年月日	東京	神奈川 (横浜・川崎)	名古屋	大阪	神戸	京都
1942.4	4.18	4.18	4.18		4.18	
1944.1						
2						
3						
4						
5						
6						
7						
8						
9						
10						
11	11.24 11.27 11.29	11.24				
12	12.3 12.27	12.25	12.13 12.18 12.22	12.25		
1945.1	1.9 1.27	1.9 1.27	1.3 1.9 1.14 1.23	1.3	1.3 1.19	1.16
2	2.16 2.17 2.19 2.25	2.15 2.16 2.17 2.19 2.25	2.15		2.4 2.6	
3	3.4 3.5 3.10	3.5 3.10 3.20	3.6 3.12 3.19 3.25 3.30	3.13	3.17	

年月日	東京	神奈川 (横浜・川崎)	名古屋	大阪	神戸	京都
1945.4	4.2 4.4 4.7 4.12 4.13 4.15 4.20 4.24	4.2 4.4 4.7 4.15 4.19 4.24	4.7			
5	5.23 5.24 5.25 5.29	5.17 5.24 5.25 5.29	5.14 5.17		5.11	
6	6.10	6.11	6.9 6.26	6.1 6.7 6.15 6.26	6.5	6.26
7	7.8 7.30	7.10 7.12 7.18 7.25 7.28	7.24	7.10 7.24 7.26 7.28	7.19 7.24	
8	8.8 8.10 8.13 8.15	8.1 8.10 8.13		8.8 8.14	8.6	

※塗りつぶしは，各都市の建物疎開実施月間を示す．管見の限り神奈川・名古屋・神戸における建物疎開の全容は不明なため，確認できた事業開始月のみ示す（出典：『日本の空襲 十 補完・資料編』，『戦災復興誌』第10巻都市編Ⅶ）．

なったのである。

　1924年から国家事業として行われた震災復興都市計画事業では，土地区画整理事業を行い都市部に道路や公園などの空地面積を増加させるとともに，都市の不燃化政策も積極的に進められた。公立学校を耐火建築で復興させ，同潤会による鉄筋コンクリート造アパートメントの建設・供給，

復興建築助成株式会社による共同建築・不燃建築の助成などがそれである[25]。

都市改造を積極的に進める内務省に対し，陸軍にとっては大地震による惨状は空襲を受けたときの我が国の惨状を連想させるものであった。関東大震災は，陸軍が民防空研究を本格化させる一つの契機になった。

第1次世界大戦後の世界的な軍縮の流れの中で，陸軍が航空・防空兵力の増強に本格的に乗り出したのは1925年の宇垣軍縮以降のことである。宇垣一成陸軍大臣の手によって陸軍師団数が減らされる一方で，師団廃止によって浮いた経費は軍備の近代化に使用された。陸軍内では軍縮という社会的圧力がある時勢に，近代戦に必要と見込まれる兵器を装備しようと，予算を獲得するための大義名分として「防空」を掲げたのである。

1928年の大阪防空演習や1931年の北九州防空演習を実施した際にも，陸軍によって，防空法を整備する必要性が説かれていた。防空を効果的に行うためには，それぞれの機関の業務や国民に求める義務の内容について強制力を発生させるための法的根拠が必要と，陸軍は主張したのである。1933年8月関東防空演習が行われると，10月初旬防空法案の部内調整を終えた陸軍では，年末から始まる第65回帝国議会への防空法案提出に向けて，海軍省・内務省との調整に入った。しかし，陸軍側が作成した防空法案に対して，内務省側は同意せず具体的な意見を示さなかったことで，防空法案の第65回帝国議会への提出は見送られた[26]。

防空法案は内務省の意向に陸軍が譲歩を重ねる過程で，内務省地方局が法案作成を担当した[27]。こうして1937年の第70回帝国議会に提出された防空法案は，詳細事項の多くを勅令に委ね，施行期日も明らかにされてい

---

25) 石田頼房『日本近現代都市計画の展開 1868-2003』自治体研究社，2004年，pp. 120-122 このとき都心では鉄骨や鉄筋のコンクリート造が増えたものの，近代日本住宅史の展開においては，関東大震災後に作られたコンクリート造住宅は大都市の一部の限られた者に新しい都市の居住様式を提案したにとどまったと言える。

26) 前掲，土田宏成『近代日本の「国民防空」体制』pp. 214〜217

27) 服部雅徳「『防空法』制定に到る経緯—日本における民間防空制度発足までの状況—」『新防衛論集』11巻，4号，1984年

なかった。土田は,「まさに防空について最小限の基本的な事項のみを定めた法案だったのである。法案は,法制化を急ぐ陸軍とそれにあくまで慎重な内務省との間の妥協の産物であったといえる」と指摘する[28]。

こうして,日中戦争が勃発する直前の1937年4月2日,日本ではじめて民防空を規定した防空法が公布された(法律47号,資料1)。

防空法第1条によれば,民防空の目的は,「戦時又は事変に際し航空機の来襲に因り生ずべき危害を防止し又は之に因る被害を軽減する」ことである。航空機による空襲から都市を守るため,軍人だけでなく女性や子供,高齢者など非戦闘員にも役割が課せられた。そして,次にあげる4つの事柄が民防空と定められた。

第1は「灯火管制」である。夜間,市街地や建物内の照明が上空を飛ぶ敵機の目標とならないよう,発見されにくくする工夫が課せられた。光度を制限するため電灯に覆いをしたり,窓を黒幕で目張りし外へ光が漏れないようにする。街灯や広告灯も光度を制限したり,場合によって消灯することが求められた(図1-5)。

第2は「消防」である。消防とは,防火と消火を意味しており,各家庭で防火用水をバケツに用意したり,空襲を受けた際に消火活動を行うことを意味する。川などの自然水利が悪い場所では,空襲で火災が発生したり消火用の水道設備が故障した場合に備えて,貯水槽を設置する必要もある。焼夷弾や爆弾の危機に晒される戦時下では,国民に消防を徹底させることが,都市防空を期するために大変重要な事項であった。

第3は防毒である。第1次世界大戦では,連合国軍やドイツ軍によって塩素ガスや青酸ガスなどの化学兵器が使用された。防毒とは,そのような毒ガス戦を想定した項目と言える。

第4は,避難および救護である。「防毒」「避難」「救護」は,防空法第9条と関連している。すなわち9条では,劇場や診療所,百貨店,地下鉄,地下室のある建築物など民間の土地や家屋,物件を,防空上緊急の場合に

---

28) 前掲,土田宏成『近代日本の「国民防空」体制』p. 231

地方長官または市町村長の命令で，一時的に使用したり収用することができるよう定められていた。また，空襲を受ける事前の防空として「監視」「通信」「警報」も民防空とされた。

これらの民防空を万全の体制にするため，府県では，政府が設定する中央防空計画に即した地域の防空計画を毎年設定した（防空法第2条）。さらに，勅令で指定された防空計画設定者は市町村防空計画を設定した。市町村防空計画は，地域の事情に応じて民防空に必要な設備や資材を計画的に整備することや，地域ごとに防空訓練を行い住民を指導することを目的としている。なお，防空法において「防空演習」ではなく「防空訓練」という用語が使われたのは，軍の訓練を意味する「演習」という言葉が民防空には適当でないと考えられたためと思われる[29]。

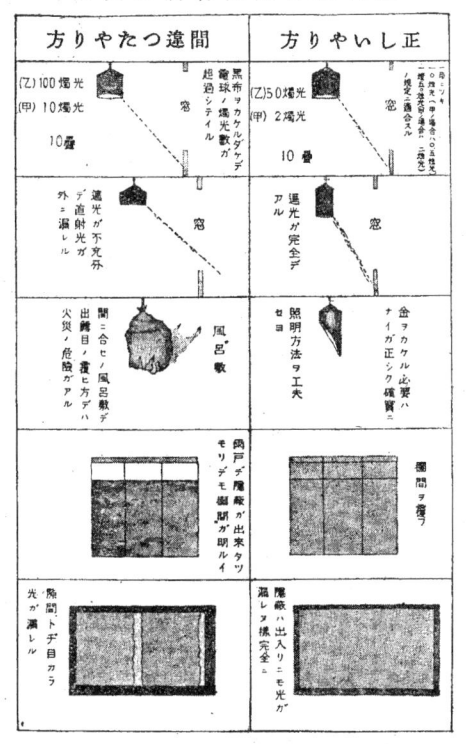

図1-5　灯火管制の指導（京都市企画部防護課編『国民防空（防空叢書第1号）』京都市役所，1939）

これらの府県防空計画や市町村防空計画からは，その地域が防空上どのような問題を抱え地域の防空的特性をどのように捉えていたのか，そして防空施設がどの程度設置されていたのかを知ることができる。つまり，防

---

29) 前掲，土田宏成『近代日本の「国民防空」体制』pp. 235〜236

空計画は，地域の防空事情を知る最も重要な手掛かりである。

2-3　防空法の改正と防空計画

　防空法は1937（昭和12）年4月に施行された後，日本を取り巻く戦況の変化に応じて，1941年11月と1943年10月に改正されている。それぞれの改正時期に，日本を取り巻く世界情勢は一つの転機を迎えている。最初に防空法が改正された1941年の秋は，日本がイギリス・アメリカとの戦争を想定し，民防空施策を見直そうとした時期にあたる。ヨーロッパでは，1939年9月ドイツ軍がポーランドへ侵攻，イギリス・フランス連合軍がドイツに宣戦を布告し，第2次世界大戦が勃発していた。

　1940年秋，日中戦争の長期化により物資不足に陥っていた日本は，石油や鉄鉱石をはじめとする資源を確保するため，南進政策を開始する。1940年9月，第2次近衛内閣は援蒋ルート（当時，アメリカ，イギリス，ソ連は，蒋介石率いる中国国民党軍へ東南アジア内陸部を経由して軍事物資の支援を行っていた）の遮断と資源確保を目的として，北部フランス領インドシナ（現在のベトナムやラオスの北部にあたる）へ軍隊を進駐させた。これに対してアメリカは対日政策を硬化させ，9月末に鉄屑や鉄鋼の対日輸出を禁止する。金属や機械製品も輸出許可制となり，アメリカは経済政策によって日本の南進政策を阻止しようとした。

　同月，近衛文麿内閣が日独伊三国同盟に調印したことで，日本とアメリカ・イギリス陣営との対立は決定的となる。国際ファシズム・膨張主義をとる日本・ドイツ・イタリアと，反ファシズム・反膨張主義を支持するアメリカ・イギリス・中国陣営という敵対構図が世界規模で出現した。

　1941年4月から，日米間では戦争を回避するための外交交渉が開始されていたが，7月，日本軍は北部に続き南部フランス領インドシナ（現在のベトナム・ラオスの南部，およびカンボジア）へも軍隊を進駐させ，アメリカの強い反発を招いた。アメリカはイギリス・オランダとともに，日本の在外資産を凍結し，8月には日本への石油輸出を全面的に禁止した。石

油は,戦争遂行上もっとも重要な戦略物資であり,日本はその供給をアメリカに依存していたため,アメリカの対抗措置は日本にとって致命的であった。

日本国内では,備蓄していた石油を消費し尽くすのは時間の問題となり,軍部を中心に資源枯渇への焦りから対米英開戦論が強まった。1941年4月以降,日本は戦争回避を目指したアメリカとの外交交渉を続けながらも,日中戦争を継続し武力による南進政策を続けた。

両国の溝はなかなか埋まらず,11月の日米交渉でアメリカ側が提出したハル・ノート（交渉のアメリカ側当事者であったコーデル・ハル国務長官の名前にちなむ外交交渉文書）によって,交渉は決裂する。アメリカは,日本が中国およびインドシナからすべての軍兵力および警察力を撤収することをはじめ,事態を満州事変以前の状態に戻すことを求めた。日本は全く譲歩できないと開戦への準備を開始し,1941年10月陸軍大臣東条英機が内閣を組織すると,11月5日の御前会議で12月初頭の対米戦を決定した。

内務省は,地方自治体への防空計画の指導や防空訓練を通じて新たに判明した現行防空法の欠陥を是正するため,1939年ごろから現行防空法の検討を開始していた[30]。第1次改正防空法が公布された1941年の秋は,このように日米間の緊張が高まり,対米英戦が現実的なものとなった時期にあたる。

改正された防空法（法律第91号）では,新たな防空として「偽装」「防火」「防弾」「応急復旧」が追加された。防空法の改正に伴い,1941年12月防空法施行令も改訂された。同施行令では,陸軍大臣と海軍大臣は,軍防空に民防空を則応させるために,防空計画の設定基準を内務大臣へ提示することが規定された。陸海軍両省は「永年防空計画設定上の基準」と「昭和十七年度防空計画設定上の基準」を策定し,1942年5月陸海軍両大臣から内務省をはじめ関係各大臣へ通牒した[31]。「永年防空計画設定上の基準」では,国家総力戦を遂行するために1943年度から本格的に国土防空体制

---

30) 前掲,防衛庁防衛研究所戦史室『戦史叢書　本土防空作戦』p. 64
31) 同上書,p. 146

を整備することを，民防空の基本方針に掲げている。戦争遂行上重要な機関・施設を分散疎開させることや，防空資材を優先的に整備する施設の順序なども定められた。

「昭和十七年度防空計画設定上の基準」では，昭和17年度の防空上の重要地（京浜，阪神，北九州各地区ほか）や防空訓練実施上の重要地（京浜，阪神，北九州各地区，名古屋ほか）を甲乙丙の3段階で示している。特にこれらの重要地では，防火と消防を最重要課題とし，実際に空襲を想定した消防訓練や鉄道・交通・通信施設の復旧訓練，監視隊の改編に伴う訓練を行うことなどを定めていた。

1941年12月8日の真珠湾攻撃とマレー半島奇襲攻撃に始まる日本の攻撃は，当初，軍事的に有利に展開した。緒戦では日本軍は連合軍を圧倒し，1942年5月までに東南アジアと中・南部太平洋の広大な地域を占領した[32]。だが，1942年6月にミッドウェー海戦を機に米軍が攻勢に転じ，さらにガダルカナル島をめぐる激しい攻防戦の結果，大本営は同島からの撤退を決定した。ガダルカナル島から日本軍が撤退した1943年2月には，日米の戦局は大きく転換しており，ニューギニア戦線やアッツ島での作戦は日本軍の失敗に終わり，多くの損失を生み大敗を喫していた。

ヨーロッパ戦線も転換期を迎えており，1943年9月8日イタリアが連合国に無条件降伏し，枢軸国体制の一角が破綻した。9月30日の御前会議では「今後採るべき戦争指導の大綱」を決定し，今後戦争遂行上絶対に確保すべき地域（千島，小笠原，内南洋，西部ニューギニア，スンダ，ビルマを境とした圏内）を「絶対国防圏」と設定した。同時に，それまでの本土防空計画を再検討することを迫られた。

防空法が2度目の改正を迎えたのは，日本軍の攻勢が守勢に転じ，戦局がますます悪化した時期である。第2次改正防空法は1943年10月31日に公布され，さらに「分散疎開」「転換」「防疫」「非常用物資の配給」の項目が民防空に加わった（法律第104号）。本書の中心テーマに関わる「疎開」

---

32) 吉田裕『シリーズ日本現代史⑥アジア・太平洋戦争』岩波新書，2007年，p.57

という考え方に関しては，第3章で詳しく論じることにしよう。

　このように，防空法が改正されるたびに防空法の枠内で設定される中央防空計画の方針が変わり，中央防空計画の枠内に収まる地域の防空計画も，当然その影響を受けることになる。防空法と防空計画の相関関係をたどっていくと，本書のテーマである建物疎開がいつどのような状況下で実施されるようになったのか，明らかにすることができるだろう。その際，どの地域の防空計画に注目するかという問題があるが，建物疎開が最終段階まで実行されていて，かつある程度規模の大きな都市が適している。

　内務省は1944年から敗戦まで4度にわたる疎開計画を樹立しており，これは各都道府県の建物疎開執行計画においてガイドラインとなっていた。しかし，疎開計画の途中でその都市が激しい空襲を受けた場合，空襲の焼け跡が広がる場所にもはや建物疎開を実行する意味はなくなる。それも建物疎開という民防空の限界ではあったのだが，空襲の影響ができるだけ小さい地域で，なおかつ内務省の疎開計画に従って建物疎開を最終段階まで執行した都市となると，管見の限り京都市が最適の事例都市である。

　次章では，京都市内の防空を防空法施行時から1945年8月まで概観し，建物疎開が執行され始める背景を探りたい。その際，施行から第1次改正までを防空法第1期，第1次改正から第2次改正までを防空法第2期，それ以後1945年8月までを第3期として考える。この区分方法は普遍的なものではないが，それぞれの時期の民防空状況の特徴を見出しやすくするための措置である。なお，防空法は1946年1月31日に廃止されたが，一部については法効力の経過的措置が採られた。

■コラム1　日本の大都市の人口集中率と地形的特徴

　第1次世界大戦の戦場は日本から遠く離れたヨーロッパであったため，日英同盟を理由に参戦した日本は，中国や南洋諸島にあるドイツ領地の攻撃にとどまり戦争に深入りすることはなかった。しかし，大戦で出現した空襲という新たな戦闘形態に対して，第1次世界大戦中から軍関係者の間では防空の必要性が説かれていた。木造家屋が密集する近代日本の大都市は，空襲に対して脆弱であり大きな被害をもたらすと予測されていたのである。

　では，第2次世界大戦（アジア・太平洋戦争）下の日本の都市は欧州と比較してどのような特徴を持ち，住宅はどれほど都市部に密集していたのだろうか。民防空の観点から考えてみたい。

　50万人以上の人口を有する都市を大都市と定義すると，戦前の日本では東京・横浜・名古屋・京都・大阪・神戸の6つの都市が該当する。1942（昭和17）年時点で日本と欧米諸国が抱える大都市数を比較したものが右表であり，日本の大都市数6はイギリスと同じである。しかし，日本の6大都市の場合，1大都市あたりの平均人口は240万人であり列強各国をはるかに凌駕している。

　総人口と大都市人口の比率について，日本の19.7パーセントという数字は，一見するとアメリカやドイツとさほど差は無いように見える。しかし，日本の大都市数はアメリカやドイツの半分以下である。日本はわずか6つの都市に人口が極端に集中している。都市を構成する建築資材も，日本以外の表中の国では煉瓦や石が主流であるのに対し，日本では木が主流である。以上から，都市への人口集中率と建物の資材を欧米列強と比較すると，日本の都市が空襲時の火災に対する耐性が著しく低いことがわかる。

　さて，日本の大都市には，戦争を継続させるために必要な武器や化学兵器，航空機，戦艦などを生産する工場が多く集中していた。帝都東京はもちろんのこと，5大都市は人口密集都市であるとともに軍事面でも重要な

役割を担っていた。そして，大都市を核として発達した主要工業地帯は京浜，阪神，北九州に集中しており，大都市は太平洋岸近くに位置しているという特徴があった。

日本列島は北東から南西にかけて弓形状に走る大小多数の島嶼から構成され，南北方向に長大で東西方向に短小である。よって，北方から来襲する機体はある程度事前に発見することができるが，太平洋方面からの来襲機を遠く前方で発見することは難しい。日本の大都市は，本土上空に敵機が現われると直ちに空襲を受けるという地理的条件下にあった。

帝都東京を除く5大都市の軍事的重要性を順に述べると，神奈川県（横浜市・川崎市）は京浜工業地帯に属する重工業都市である。名古屋市は三菱航空機の機体工場とエンジン工場，愛知航空機製作所その他多数の航空機下請工場が集中しており，陸軍の造兵廠，兵器支廠もある軍需産業都市であった。大阪市も同様に軍事都市であり，大阪造幣廠や住友金属，住友製鋼，住友プロペラなど住友関連施設が集中していた。神戸市は日本随一の港湾施設を持ち，それゆえ，三菱・川崎両造船所，神戸製鋼所のほか軍需工場へ転換した工場が多数あった。

他方，京都市は大都市並みの人口を有するものの，繊維や織物業など軽工業を中心に発達してきた内陸都市であり，大規模な重工業地帯を有しない「大都市」だったのである。

【表】 大都市（50万人以上）における人口の比較

	日本	アメリカ	フランス	イギリス	ロシア	ドイツ	イタリア
大都市（人口50万人以上）数	6	14	3	6	11	13	5
一大都市当たりの平均人口（万人）	240.8	159.8	143.8	138.7	119.8	113.4	95.8
総人口に対する大都市人口の割合（%）	19.7	17.0	10.3	15.5	9.4	18.5	11.2

（出典：『不燃都市：防空都市建設の世界的動向と我国の進路』p. 20）

第2章

京都の民防空

防空訓練風景(京都市上京区, 1943年)
(出典:『写真でつづる京都の100年』)

第 2 章　京都の民防空

　戦時下の京都は，大規模な空襲を受けることなく戦後を迎えた。しかし，空襲被害が少なかったという事実はあくまで結果論であり，戦時中の京都も他の都市と同様に空襲を受けるという前提のもと，民防空が進められていた。

　では，京都ではどのような設備や施設が設置されていたのか，民防空の実態を把握するのは容易ではない。手掛かりは，毎年作成される地域の防空計画にある。防空計画の改変経緯とその内容をたどれば，いつどのような施設がどこに設置され，いかなる防空訓練が行われていたのか，そのためにどのくらいの予算が充てられたのか，明らかにすることができるだろう。

　しかし，京都の防空計画に関する資料は管見の限り存在しない。戦時下，日本の民防空は軍防空と区別されたとは言え，民防空計画を作成する際は軍防空に即応するように軍部が指導を行っており，当時最高の機密文書の一つであった[1]。敗戦前後，軍や警察に関する秘匿資料が大量に焼却処分された過程で，防空関係文書も処分の対象となったためである。

　防空計画資料を直接調査することができなければ，京都府知事の引継文書に見られる防空関係記事を分析するという方法もある。京都府下の防空計画は，内務省の指示のもと知事が最終責任者として作成しており，後任知事へ業務を引継ぐ際には，前任知事がどのような民防空を進めようとしていたのかが必ず申し送り事項に含まれる。その引継事項が，京都府行政文書の『京都府知事引継演説書』に辛うじて見られる。『京都府知事引継演説書』を分析し，府会や市会の会議録，当時の新聞や雑誌を参照することで，京都府下の防空計画の大枠を推測することが可能になる。さらに，京都市街地の防空事業を防空法の改正時期と重ね合わせて考察することで，京都の民防空を，全国的な防空の推移のなかでようやく把握できるのである。

　さて，1937（昭和 12）年 7 月防空法が施行されると，京都では民防空に

1）　大霞会編『内務省史』第 3 巻，原書房，1980 年，p. 500

必要な施設を府内の重要箇所に整備し始めた。京都府書記官山内繼喜によれば、この時期に重視した防空は、防空監視哨と警報を発する通信施設であった[2]。来襲する敵の航空機をいち早く発見し、その情報を素早く確実に関係機関へ伝達するため、通信系統の確立をまずは目指したのである。

　1937年4月に日中戦争が始まったばかりで、本土への空襲はまだ現実味のない時期であったが、通信系統の確立を防空上重要施設として掲げた背景には、近畿防空演習（1934年）と京都防空演習（1935年）の経験があった。1934年の近畿防空演習は、はじめて京都で行われた大規模な防空演習である。そこで少々時間を遡って、近畿防空演習の実態から見てみよう。

1 「近畿防空演習」（1934年）の実態

　全国的に見て、民防空の一つである防空演習は、国内の民防空体制が法的に形成されるかなり以前から始まっている。これらの防空演習は実戦的ではなく、防空とは何かという一般向けの宣伝・普及活動の性格が強かった。日本で初めての防空演習は1928（昭和3）年7月に大阪で実施され、1929年7月に名古屋、同年11月に水戸と続いた。1930年代前後は、各地で防空演習が行われる一方で軍縮を唱える世論も強く、東京のように防空上重要な都市であっても実施に至らなかった場合もある[3]。

　1933年12月、蒲　穆（かばあつし）第十六師団長より京都府に対し、翌年7月26日から3日間、近畿2府6県に及ぶ防空演習を実施するため参加協力を求める通牒があった。年明けから師団司令部と各府県等は打ち合わせを重ね、2月上旬には関係師団と関係官公衙による準備委員会を開催し、演習規約や要領、準備訓練の協定について協議した。なお、3月半ばには内務省も近畿防空演習に参加協力することになった。

　京都府では、4月下旬に関係部課長が府の参加方針を協議し、準備を進

---

[2]　「京都府会会議録」1938年12月2日、p. 480
[3]　土田宏成『近代日本の「国民防空」体制』神田外語大学出版局、2010年、pp. 100〜102

めた。郡部には，演習指導を行う指導員を育成するために演習委員会を組織し，京都市内には，京都市防護要務規約に基づき 134 の京都市連合防護団を設置した。学区（小学校区：第 5 章コラム 3（225 頁）および第 6 章で詳述するが，「学区」は，近現代の京都で住民自治，公的・準公的活動の基本単位とされる重要な概念である）を単位として結成された 115 の防護団には，各学区ごとに市役所直轄班があり，直轄班の本部は各区役所内に設けられた。そのほか府立医科大学や京都帝国大学病院，島津製作所，鐘紡山科工場，大丸，日活株式会社など大規模事業所を基準にした 19 の特設分団も設置された。

演習は，京都・大阪・神戸の 3 都市並びにその付近の重要地の防衛が目的とされたが，実際の演習区域は，京都府，大阪府，滋賀県，奈良県，和歌山県全域と，兵庫県，福井県（一部）と，広範囲に及ぶ。京都，奈良，三重の演習統監部は，十六師団司令部に設置され渋谷伊之彦中将が統監した。

演習の目的は，大阪，京都，金沢，姫路の各師団の防衛部隊を訓練するとともに，関係官公衙，一般国民の防空意識・防空技能の向上にあった。そのため，情報収集と監視，灯火管制，警報伝達，通信，防護の訓練が予定された。

演習本番に向けて，京都府の郡部では，6 月から 7 月にかけて指導的立場にある演習委員を対象にした講習会を，陸軍指導のもと開催した。講習会は，防空一般に関する講演を行い，近代戦の特質を「空襲に対して国土の破壊を防ぐこと」にあると教え，防空思想や技術指導も行うなど，防空という聞き馴れない言葉の意味と概念を理解させることが目的だった[4]。他方，京都府警察部（図 2-1）では警察官を対象にした講習会を実施し，演習で指導的立場を果たせるように防空の基礎教育を施した[5]。そして基礎教育を受けた警察部の職員や警察署員が，防護団員の訓練に参加し指導を行った。

---

4) 京都府『近畿防空演習京都府記録』京都府，1935 年，p. 32〜37
5) 同上書，p. 85

第1部　民防空と建物疎開

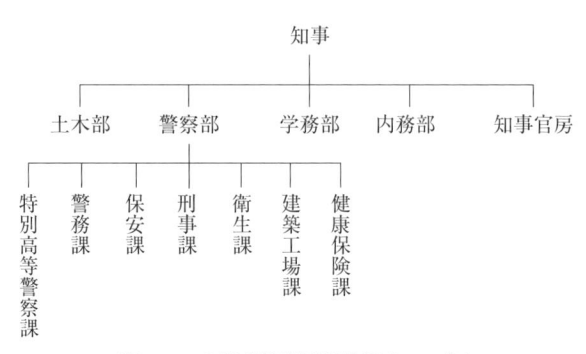

図 2-1　京都府警察部組織図（1934 年）

　演習項目のうち，各家庭が必ず参加しなければならないものは灯火管制であった。指導部では，明かりの形態に応じた覆いのかけ方などを説明したポスターを学校や工場，集会所，駅などに掲示し，宣伝に努めた（図2-2）。そのほか，水を張ったバケツや桶，砂を消火用に用意させ，稀に，井戸や動力ポンプを所有する家庭があれば，「井」「ポンプ」という印を掲示させることにした。

　1934年7月26日，近畿防空演習は本番を迎える。演習期間の26日から28日まで，全区域で敵機の飛来を想定した様々な訓練が実施された。例えば，空襲警報は連日午前と午後に一度ずつ発令され，各自治体はラジオ放送で空襲警報を住民へ伝えた。それに合わせて防空気球隊という，敵機を都市部に侵入させにくくするための鉄綱を空中に張る気球が昇騰した。京都市内では，聴音機や照空燈を唐橋（京都市南区）や豊国廟（京都市東山区）等に設置し，敵の航空機の飛来する音情報を収集，位置を想定し照射する訓練が行われた。

　来襲する敵機を射撃することを想定した高射砲や機関銃，高射機関銃も配備された。これらは高層の建物や重要施設，大型施設の屋上に設置され，高射砲隊は，京都府立医科大学，京都駅近くの奉公館（在郷軍人会の施設），伏見区内にあった工兵作業場の屋上などに設置され，機関銃や高射機関銃は丹神百貨店（京都市上京区千本今出川にあった百貨店），西陣小学校，京都

府庁，京都市役所，府立第一中学校（現在の府立洛北高等学校）の屋上等に配備された。

さらに，大型の建築物には，敵機から発見されることを防ぐための「偽装」と「遮蔽」を行う訓練も実施された。例えば，鐘紡紡績株式会社京都支店（現在の京都市左京区高野東開町）内にあった2個のガスタンクは，迷彩色を施した麻布で覆いをし，偽装した。

遮蔽は繁華街にある百貨店で行われ，京都駅前の丸物百貨店（1952年に近鉄百貨店と合併し名称は消滅。現在はヨドバシカメラ京都店となっている）では，屋上の一部分に鉢植えの樹木を並べ，空襲時には全館を煙で遮蔽できるように発煙筒が用意された。四条通の大丸百貨店（同所に現存）では，25メートルの荒縄を用い約30センチメートル間隔で全館を覆った。屋上はペンキを塗って迷彩を施し，テント張りの屋根は濃緑色の布で覆い，空襲時に備えて発煙筒を用意した[6]。

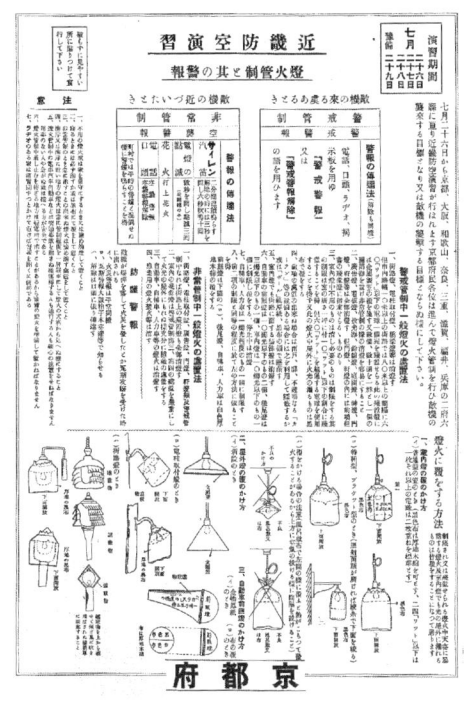

図 2-2　近畿防空演習で使用されたポスター

防空上特に重要な施設では，特別演習も行われた。京都府庁では，空襲を受けたことを想定し職員が重要書類を搬出する訓練が，京都府立医科大学では患者の避難誘導，灯火，負傷者の受け入れ態勢などを確認する訓練

---

6)　前掲，『近畿防空演習京都府記録』p. 101

第 1 部　民防空と建物疎開

図 2-3　京都府庁における重要書類搬出訓練

が実施された（図 2-3）。

　しかし，3 日間の防空演習を通じて監視，発見，通信という一連の通信方法はあまり機能せず，トラブルが相次いだ。演習終了後，渋谷中将や京都府が発表した所見によれば，平常用の通信が非常用（演習用）の通信を妨害する事態が発生し，監視隊が駐在する監視哨から本部への報告が大幅に遅れるケースが続出したのである。設備面の不備に加えて，監視哨員が使用する機器操作の教育も不十分だった。警報を伝達する訓練では，本部から各警察署，派出所へは伝達できても，各家庭への連絡はサイレンやラジオなどの伝達手段が完備されていなかったために，多くの時間を要したという[7]。

　また，防空の指導的立場にある者には前述したような基礎的な指導が行

---

7)　前掲，『近畿防空演習京都府記録』pp. 97〜101

われていたが，一般の住民の訓練に対する意識は大変低く，無関心でもあった[8]。町内の指導的役割を期待された京都市の防護団でさえ，防空演習への士気の低さが指摘された。「団員は班長の懇請に依り漸く団務に服するの現状にあるを以て今後市民をして犠牲奉公の精神を強からしむるに非ざれば傭人化する処あるを認む」と京都府が講評したほど，消極的だった[9]。

　灯火管制は演習全区域で実施され，演習統監部はほとんどの住民が参加することを想定していたが，事前の啓蒙活動が不足していたため，住民の間には，灯火管制とは一体何をするのかという基礎的な知識さえ十分に普及していなかった。京都市内でも，演習当日には完全に消灯したり休業する商店が多数発生した。軍部は，空襲時でも産業活動を継続しなければ戦闘体制が維持できないと考えており，産業活動を停止させるような消灯は認めていなかった。住民の理解と参加が欠かせない灯火管制が失敗に終わったことは，防空の概念が当時の社会にまだ浸透していなかった事実を示している。

　このように，京都府下において，近畿防空演習の目的は達成されたとは言い難いが，演習統監部は今回の演習ではある程度府民の自発的な行動に任せるという方針をとっていたため，違反者に対する罰則などは設けなかった。

　1935年8月，第十六師団司令部（留守部）は再び防空演習を実施することを京都府・市に提案する。前年の防空演習の際，住民の協力が得られなかった灯火管制を再度訓練し，防空思想を徹底させることが目的であった。そのため，演習規模は前年より小さく京都市内のみを対象にし，さらに灯火管制のみ実施することになった。昨年同様，演習統監部は府庁内に置かれ，知事が統轄した。

　近畿防空演習の失敗から，演習統監部指導部は事前に市民向けの防空思想の教育と広報活動に力を入れた。広報用のチラシ22万枚を市内各戸に

---

8)　前掲，『近畿防空演習京都府記録』p. 110
9)　同上書，p. 107

配布し，市内要所に立て看板を掲示，演習の日時や演習項目を市民へ知らせ，注意を喚起した。特に小学校や中学校，同年10月に実業補修学校と青年訓練所を統合して発足したばかりの青年学校の学生を指導することで，子供を通じて各家庭に防空思想を周知させるように図った。京都府警察部は，近畿防空演習の際に設立された防護団を積極的に活用しようと，防護団のなかの警報班，交通整理班，配給班を動員し，警報伝達や灯火管制，警察官の交通整理の補助に従事させるなどした。

このように前回より事前準備に力を尽くし，10月21日夕方から10月22日午前0時まで灯火管制は実施された。しかし，再び失敗に終わってしまったのである。

演習統監部司令部では，光の種類（屋外燈，屋内燈，車両燈など）と，管制の程度（警戒管制，非常管制）に応じて，光度を平常のままか，制限するか，黒布で遮蔽するか，消灯するかという細かい規制を敷いていた。だが，特に表通りに面しない建物や路地奥にある家屋では，遮蔽が不十分だった。表通りに面した建物はどうだったかと言えば，前回の演習同様，消灯し休業する商店が多く発生したのである。繁華街である四条河原町付近の商店は，3分の2以上の店が休業する事態となり，河原町通や新京極通のカフェーや飲食店等はほとんどが休業してしまった[10]。灯火管制の意味と方法は，まだまだ市民に理解されてはいなかったのである。

これらの二度にわたる大規模な防空演習の経験と反省は，その後設定することになる京都の防空計画に反映されることになった。

2　防空計画の設定
── 防空法第1期（1937年4月〜1941年11月）

民防空計画の作成や実施は，内務大臣の指揮統率のもと，都道府県単位で行われていた。ただし，実際には，民防空に必要な防空技術や知識を

---

10)『京都防空演習記録』京都府，1936年，p. 81

持っていたのは軍であったため，陸軍大臣と海軍大臣は，空襲判断の基準や防空を実施する上で重視すべき事項等の情報を内務大臣に伝え，防空計画の基準を提示していた。都道府県も，関係陸海軍司令部と打ち合わせのうえ，防空計画をつくり内務大臣の許可を受けた[11]。

防空計画は，毎年見直しを行い新しく設定する。京都府下で防空計画を設定する者は，京都府知事または京都市長，福知山市長，舞鶴市長，東舞鶴市長，与謝郡富津町長，宇治郡宇治村長の4市1町1村長である[12]。これらの防空計画設定者は，府の指導に基づきそれぞれ市町村防空計画を設定した。なお，軍需工場のように防空上特に大切な施設では，これらとは別に防空計画が設定された。

防空法の施行に伴い，1937（昭和12）年10月京都府警察部内に防空課が新設された。防空課を構成したのは，国費で雇われた事務官（1名），技師（1名），属（2名），警部（1名），技手（1名），雇（5名）と，府費で雇う警部補（1名），書記（1名），巡査部長（1名），巡査（2名），建築・衛生関係と兼任の技師（3名）である[13]。

ただ，実際に京都府防空計画を作成するのは京都府防空委員会である。各都道府県には，防空の専門家からなる防空委員会があり，防空組織，施設，手段などについて防空計画を樹立し，有事の際はこの防空計画に基づいて民防空を実施することになっていた[14]。京都府防空委員会は鈴木敬一京都府知事（任期1936年4月～1939年4月）を会長とし，部長，軍関係者，府会議長および副議長，関係官庁官吏，民間から選定された者（通信・電気・運輸事業者，医師会薬剤師会関係者，産業関係者，各種団体代表者，有識者その他適当と認められた者）など30名ほどの委員から成る[15]。

---

11) 前掲，大霞会編『内務省史』第3巻，p. 500
12) 京都府行政文書『昭和14年知事事務引継演説書』警察部防空課「防空法ニ依ル指定市町村長ニ関スル事項」（京都府立総合資料館蔵）
13) 同上，126
14) 氏家康裕「国民保護の視点からの有事法制の史的考察―民防空を中心として―」『戦史研究年報』第8号，2005年，p. 8
15) 同上，p. 7. 京都府行政文書『昭和16年川西前知事安藤知事事務引継演説書』警察部警防課「防空計画設定ニ関スル事項」

同年10月30日、はじめての京都府防空委員会が非公開で開かれた。鈴木知事の挨拶のあと、山口一夫防空課長から防空法による防空計画とは何か、という基本的な事項について説明があったのち、空襲時における灯火管制や消防、監視、通信をどのようになすべきか具体案が話し合われた[16]。

防空委員会で何を決定したのかは不明であるが、次年度に実施された防空の様子からその内容を推測することができる。このように京都府では、年度末に開かれる防空委員会で計画案を設定し内務省へ上申、許可を得て、来年度の防空計画を決定していたようである。

防空法第1期の京都の防空計画はどのようなものだったのだろうか。防空設備や資材の整備状況について見てみよう[17]。

2-1 監視・通信

初めて策定された京都府防空計画は、近畿防空演習や京都防空演習の反省から、確実な監視・通信・警報の実施を目指す内容であった。

1939（昭和14）年4月、勅令により全国に警防団が組織され、警防団は警察署や消防署の補助機関として非常時の通信や警報発令も担当することになった。その結果、非常時の通信用管制は、監視哨が得た情報を京都府監視隊本部へ伝え、監視隊本部から各警察署の警防団本部へ、警防団本部から警防団員や各自衛団へと伝令するリレー方式となった[18]。

防空監視に必要なのは、監視用の建物や双眼鏡、通信用の電話、それから訓練を受けた専門の監視哨員である。これらの施設・人員はどれくらい

---

16)『京都新聞』1937年10月31日夕刊
17) 日本の民防空が、実際の空襲を前にしてあまりに無力であったことは明らかであり、土田が指摘するように日本人一般は戦前の日本の防空体制に対して極めて否定的な評価を持っている（前掲上田書、p. 18）。本書では、民防空が有用だったかどうかを検証するのではなく、建物疎開が民防空のなかでどのような位置づけであったかという視点から京都の民防空を取り上げる。
18)『日出新聞』1939年10月25日夕刊

整備されたのだろうか。

　1934年，京都府下には40か所の監視哨が存在していたが，1937年度から3年間で京都市内を中心にさらに11か所が増設された。監視哨は，高い建物や山の上など見通しの良い場所に設置しなければならない。京都市内のように市街地に高層建築が多くある場合は，区役所や百貨店の屋上が設置場所として選ばれた。

　1938年8月には，京都府庁内にある警察庁舎屋上にも監視哨が設置された。府下全体の防空を司る中枢部分に設置された監視哨であるため，ここには当時の最高水準の技術が集約されたと考えてよいだろう。

　記録によれば，この監視哨は鉄網コンクリート造平屋建で，床面積は2.28平方メートル。上から見ると亀甲形をしており，外壁・屋根は顔料入りモルタル（セメントと砂を水で練ったもの）塗，出入口は木製建具である。側壁には監視用の鉄製のガラス窓があり，天窓はない。内部の壁と天井はプラスター塗（鉱物質の粉末と水を練り合わせた塗壁，亀裂が少なく美しい仕上がりになる）で仕上げ，板張りの床の上にはオーク製レザー張りの回転椅子2脚と電話棚に電話が1台設置されていた[19]。室内では，監視員が回転椅子に腰を掛け，双眼鏡を使い耳を澄ませて監視を行う。異常を発見すると，すぐ傍の電話を使って当局へ連絡することになっていた。

　他方，農村部の監視哨はどうしても山の上など不便な場所に設置される傾向がある。府下全体を見渡すと，郡部では山の上や役場の屋上に「ちょっとした火の見櫓のようなもの[20]」を拵えた程度であり，電話が設置されていない監視哨も少なくなかった。そのような監視哨では，敵の飛行機の音が聞こえたり機体を確認すると，監視員がすぐさま自転車を使って山を降りなければならない。そして，派出所や駐在所など最寄の電話がある場所まで走り続け，電話で京都府監視隊本部へ伝令することになっていた。

　このように，電話は，監視や通信には欠かせない伝達手段であった。京

19）京都府行政文書『府庁内防空施設工事綴』「京都府庁防空監視室新設工事仕様書」
20）「京都府会議録」1939年12月5日，p.631

都市内の警察署や消防署の多くは電話を備えていたが，市周辺部では架設されていない派出所や駐在所も多い。府では，1939年度から2か年継続の事業として警察電話（情報専用および警報伝達用）と情報受信機，指令機の整備を進めた。

だが，警察電話整備事業は結果的にほとんど効果を上げずに終わってしまった。1939年度，市内の150か所に整備されていた警察電話は，1940年度は153か所とわずかに増えたのみだった。1940年度は府の起債が遅れ，ほとんど工事が実施されなかったのである。そして，1941年度は公債が発行されたが，設置されたのは大抵市内中心部の派出所に限られた。花背や大原，八瀬（いずれも現在の京都市左京区の北部にあたる），梅ヶ畑（現在の京都市右京区北部）などといった市周辺の山間部の架設工事は，遅れたままだった[21]。このように市周辺部や郡部の監視哨では，1940年代に入っても伝令手段が整備されておらず，たとえ敵機を発見しても伝令が大幅に遅れることが懸念されていた[22]。

また，監視哨には監視や通信のやり方を習得した専門監視員を配置することが定められていたが，人材の養成は進まなかった。京都市内でも監視員の役割を青年団が代替している地域が見られる[23]。もっとも，専門監視員には民間人を育成して充てるのではなく，もともと監視経験のある軍関係者を充てたほうが合理的であるという考えもある[24]。けれども，防空法で監視は民防空であることが規定されているため，民間人を訓練し養成しなければならなかったのである。

そのほか通信に必要な備品として，警報を知らせるための警報機がある。1939年には，京都市内に20馬力のモーターによるサイレンが17基設置されていた。

これらの防空施設費の財源は，国庫補助金と公債によって支えられてい

21）京都府行政文書『昭和15年赤松前知事川西知事事務引継演説書』警察部警務課「警察電話ニ関スル件」
22）「京都府会会議録」1939年12月5日，pp. 631〜632
23）同上，p. 628
24）同上，p. 630

表2-1　1940年4月現在　特設消防署が備えていた消防設備

	ポンプ自動車	水管オートバイ[*1]	梯子自動車	救急自動車	蒸気ポンプ[*2]	手挽ガソリンポンプ	腕用ポンプ
上消防署	6	2		1		3	10
北野消防署	3				1	7	12
下消防署	8	2	1	1	2	2	6
八坂消防署	4	1			1	4	23
計	21	5	1	2	4	16	51

(『昭和15年4月　赤松前知事川西知事事務引継演説書』より作成)
[*1] ポンプを連結させたオートバイ
[*2] 蒸気機関を原動力として動かすポンプ

た。1940年度の京都市の防空施設費を例にとると，財源の約23パーセントが国庫補助金，77パーセントが府公債である。防空施設整備事業は，特に，府が発行する公債に大きく依存していたのである[25]。

2-2　消防

　監視・通信施設に加え，防空法第1期に重視されたものとして，消防設備を挙げることができる。1919 (大正8) 年の特設消防署規定（勅令）により，京都市内には4つの特設消防署（上，北野，下，八坂）と11の消防出張所が設置されていた。防空法が公布されると，京都府防空課（1939年4月，警防課と改称）は1937年度から京都市内の消防設備整備事業を開始し，特設消防署と消防出張所のポンプの増設に乗り出した。その結果，3年後の1939年度末までに4つの特設消防署が備えていた消防設備は，表の通りである[26]（表2-1）。

　1938年4月には内務省計画局の通達により，6大都市（東京市，横浜市，

---
25)「京都市会会議録」1940年2月26日，p. 125
26) 前掲，『昭和15年赤松前知事川西知事事務引継演説書』警察部警防課「水火消防ニ関スル事項」

第 1 部　民防空と建物疎開

図 2-4　ガソリンポンプ（軽便タイプ）（左）と小型腕用ポンプ

名古屋市，京都市，大阪市，神戸市）をはじめ下関や北九州一帯で消防設備を強化させることになった。内務省計画局は，全国的に 1941 年度までに現在ある消火栓の数を倍増させ，消防ポンプは人口 1 万人につき 1 台行き渡らせようとしたのである[27]。また，内務省が掲げた 1938 年度の設置目標数は，東京市（当時）では貯水槽が 104，消火栓 2,015，ガソリンポンプ 65 以下，京都市を含むその他の対象都市では，平均で貯水槽が約 30，消火栓が約 680，ガソリンポンプが 18 程度であった。

京都府下では 1939 年度までに貯水槽 68 か所，消火栓 400 か所，ガソリンポンプを備えた小型消防自動車 40 台，防毒マスク約 7,000 個が用意された。ガソリンポンプとは，自動車に用いるものと同型のガソリン発動機で動くポンプで，人力で放水する手押しポンプ（腕用ポンプ[28]）に比べると，初期消火で果たす役割は大きかった。火災現場まで人力で運び，消火栓にポンプを結合させて使用する（図 2-4）。

京都市内にも，警報機や貯水槽，防毒マスクに加えてそれまで整備されてこなかった消火栓や消防ポンプ，公共防護室も設置され始めた[29]。消防設備整備事業の一環として新たに設置された防護室は，41 か所（平均で 94m^3 程度）である（表 2-2）。防護室がどのような部屋だったのか，詳細は

---

27)『朝日新聞』1938 年 4 月 12 日夕刊
28) 水槽の内部に二個のピストンポンプを備え，人力で木梃を上げ降ろしする。
29) 前掲，『昭和 14 年鈴木前知事赤松知事事務引継演説書』警察部防空課「防空設備資材ノ整備ニ関スル事項」

表 2-2　京都市内消防設備整備状況（1937 年度から 1939 年度）

年度	貯水槽*1	消火栓	消防ポンプ*2	防毒マスク	公共防護室（坪）	救護所防護室	防護室	防空緑地
1937	16			2,241				
1938	20	200	10	2,000	400 坪			
1939	33	200	15	2,800	1,000 坪	500		
計	68	400	40	7,000			3,884.13m² (41 か所)	19,829 坪 (3 か所)

*1 概ね 100 立方メートル
*2 警防団用手挽ガソリンポンプ

表 2-3　1941 年 1 月現在　特設消防署が備えていた消防設備

	ポンプ自動車	水管オートバイ*1	梯子自動車	救急自動車	蒸気ポンプ*2	手挽ガソリンポンプ	腕用ポンプ
上消防署	7	2		1		3	10
北野消防署	4	1			1	7	12
下消防署	10	2	1	1	2	2	6
八坂消防署	4	1			1	4	23
計	25	6	1	2	4	16	51

（『昭和 16 年　川西前知事安藤知事事務引継演説書』より作成）
*1 ポンプを連結させたオートバイ
*2 蒸気機関を原動力として動かすポンプ

不明である。前述したように，ドイツやイタリアでは爆弾の衝撃から身を守るためにコンクリート（場合によってはコンクリートの二重壁）でできた防護室が設置されていたが，それらは地下室など既存の施設をある程度転用することで設置できたものである。当時の日本の一般的な住宅には地下室は備わっておらず，大学や高等学校などのコンクリート建築を防護室に転用した可能性がある[30]。

---

30) 1940 年頃，京都府警察部が京都市地図（京都市役所土木局蔵版）に市内に存在する鉄筋コンクリート造の建物の所在地と床面積を調査した資料が確認できる。京都帝国大学や第三高

1941年1月時点での特設消防署の消防設備を見ると，（表2-3）の通りである。（表2-1）と見比べると，1940年4月からの10か月間で上，北野，下特設消防署のポンプ自動車がそれぞれ1〜2台増えた程度であり，ほとんどの消防設備は増えていないことがわかる。当時，蒸気ポンプ（石炭を焚き点火してからボイラーの水が蒸気になることで稼働する。そのため稼働には一定の時間がかかる。）とガソリンポンプは警防団に貸与して消防署にはなく，さらに消防職員は戦地に応召されて人手不足という事態でもあった。他方，設置が容易な小型の消火施設は増え続け，1941年には消火栓が5,020個となり，消防用の貯水池は150か所まで達した[31]。

2-3　防空訓練

防空施設の整備と並行して，防空法第10条に基づく防空訓練が，毎年春から秋にかけて京都府下で行われるようになった。1年単位で実施される防空訓練は，春から秋に数回に分けてそれぞれ数日間行われる。防空法第1期では，おおよそ第1次，第2次訓練で監視業務や敵機を発見し通信する伝達業務を訓練し，第3次訓練は一般市民が行う消防訓練や灯火管制の訓練，第4次訓練では1年間の集大成である総合訓練を行おうというものであった。

京都府防空計画では，まず各地域ごとに基礎的な事項の防空訓練を行い，その後，府下全体でその年度の防空訓練の集大成として総合訓練を実施するのが一般的だった。このような監視や通信・伝達という命令伝達系統の確立と，消防や灯火管制を市民に徹底させるという訓練の内容は，1934（昭和9）年の近畿防空演習の際とほとんど変わっていない。

他方，防空訓練の指導的立場にある警察部や消防部では，防空訓練によ

等学校，京都工業専門学校など27の学校建物が記され，防護室に転用するための調査と思われる（新居善太郎文書「各種学校（国民学校ヲ除ク）　鉄筋コンクリート造建物分布図」R134（リール番号）　フィルム番号165-170（国立国会図書館憲政資料室蔵））。

31)　前掲，『昭和16年川西前知事安藤知事事務引継演説書』警察部警防課「水火消防ニ関スル事項」

り事務量が増加する一方で，職員の応召が進み人手不足が問題化し始めた[32]。1941年現在，京都府警察部は全2297名のうち9パーセントを超える228名の職員や教習生らが応召で不在だった。京都市部の警察官も166名が戦地へ赴いており，既に37名が戦死している[33]。防空訓練の際には，警察部本部ですら隊員の数が足りず民間人を充てることがあり，巡査や警部補，消防手も欠員補充のために臨時の採用が開始された。

2-4　木造家屋の防火改修

　防火改修とは，建築物が空襲を受けても燃えにくいような工事を施す事業である。そもそも，防空法が1937（昭和12）年に公布された際は，防火改修は民防空の範囲に含まれていなかった。1939年4月1日に防空建築規則が定められると，木造家屋を新築する場合は防火構造にするとともに，これに応じて既存建物の防火改修も実施することになった。

　従来，内務大臣は衛生上や保安上の必要から建築物の構造，設備，敷地に関して改善命令を行うことができたが，その法的根拠を与えていたのは市街地建築物法であった。1938年に同法第12条が改正され，防空上必要な場合も命令の対象に含まれることになったため，防空上の建築制限を具体的に規定した防空建築規則が制定されたのである。防空建築規則が制定される以前は，一般の建築物は防火地区を除きほとんど防火に関する建築制限が行われてこなかった。それが，建築物を新築・増築・修繕する場合，隣地と接する外壁や庇，軒，窓，出入口，屋根等は耐火木材やモルタルを使用した防火構造にすることとなった。

　防火改修が法令ではなく規則にとどまったのは，まだ政府が防火改修を法的強制力を与えるほど重視していなかったためである。あくまで各都市

---

32) 前掲，『昭和14年鈴木前知事赤松知事事務引継演説書』警察部警務課「警察消防官吏ノ応召並警備概況ニ関スル件」など
33) 前掲，『昭和16年川西前知事安藤知事事務引継演説書』警察部警務課「警察消防官吏ノ応召並警備概況ニ関スル件」

で自発的に行うという趣旨であり，政府は国庫補助金を支出し，改修工事を奨励しようとした。

防空建築規則の対象となったのは，東京，大阪，名古屋，京都，神戸，横浜，広島，福岡，戸畑，若松，八幡，小倉，門司，下関，呉，佐世保，川崎，横須賀，東舞鶴の 19 都市である。規則は，東京以外の都市では 1939 年 8 月 1 日から適用された。こうして防火改修事業は，市の助成事業として道府県（東京市では警視庁）の指導監督のもとに開始されたのである。

防火改修を行う際は，1 街区の木造家屋の所有者が防火改修組合を組織し，2，3 棟ごとに組み合わせた建物を 1 棟の建物とみなして，その外周を改修する[34]。しかし，費用の一部は家主の負担であり，工事は強制でもなかったため，防火改修工事は全国的にほとんど普及しなかった[35]。新築の場合はまだしも，既存の建物を改修するとなると，居住者を立ち退かせることなく工事を進めたり，営業を継続しながら商店を改修する必要がある。それでは，さらに工費が嵩んでしまう。それ以外に，必要な資材が不足気味だったことも防火改修が進まない理由として挙げられる。

京都府建築工場課は，1939 年 3 月から 4 月にかけて大工や左官，建築業者を対象にした防火改修講習会を市内の各警察署で開催していた[36]。さらに，防空建築規則を受けて，京都市内の河原町三条北側の地区（現在の京都市中京区京都朝日会館（現存）周辺）を防火改修モデル地区に指定した。モデル地区では，既存の建物の壁を鉄鋼モルタル塗りやコンクリート壁に改修する工事計画が作られたが，工事には大量の防火資材やコンクリートを必要としたため，物資不足を理由に工事はすぐに頓挫してしまう。

そこで，京都府は別の防火改修の方法も模索し始めた。同年 10 月，京都府建築工場課と防空課は，東山の今熊野周辺（現在の京都市東山区日吉町

---

34) 桐生政夫『都市住宅の防空防火戦術』日本電建株式会社出版部，1943 年，p. 84
35) 『日出新聞』1940 年 1 月 6 日夕刊
36) 『日出新聞』1939 年 5 月 17 日

辺り）の土を用いた土壁の効果実験を深草練兵場で行っている。使用された土は，清水焼の原料に使用される市内で最も良質とされる白土であった。実験の結果は「予想以上の好成績」であったため，報告を受けた内務省防空研究所もその効果を本格的に調査し始めた[37]。「皇紀2600年（神武天皇が即位したとされた年から2600年目）」を翌年に控え国威発揚が叫ばれていた時勢も重なって，東山の土は京都の防空イメージを高めるのに一役買い，"模範的な武装都市"と報道されるまでに至った。

こうして，翌年1月には内務省主催の都市防空事務打合会が，例外的に京都で開催されることになった[38]。都市防空事務打合会は，各都市の防空事情を内務省が調査・視察し，次年度の防空予算の府県割を協議するための会議である。毎年1回内務省内で開かれ，各都市の防空関係者が集う。

1941年度防空予算を協議するため，1940年1月19日から2日間，皇紀2600年ブームで湧く京都市内で，都市防空事務打合会が開催された。初日は，岡崎公会堂で1941年度防空予算を協議し，2日目は京都市内の防空施設の視察が行われた。このとき，内務省亀山孝一防空課長は河原町三条の防火改修モデル地区と，前日の議題にもあがった東山の土を実地見聞している。

1940年3月，都市防空事務打合会の協議と東山の視察が影響してか，防空建築規則は土壁による防火改修工事を認めると改正された。当時の新聞は，「規則も京都の提唱に屈服[39]」と改正の事実を誇らしげに報道する。だが，実際には，鉄やセメントが入手できない苦しい物資不足ゆえの改正でもあった。土壁による防火改修は，防火資材の節約という点での期待が何より大きかったのである。

事実，3月11日からは資材の切符制度が始まった[40]。切符制度とは，不足する物資や生活必需品を国民に公平に配給し価格の安定を図るため，政

---

37)『日出新聞』1939年12月23日夕刊
38)『日出新聞』1940年1月9日
39)『日出新聞』1940年3月6日
40)『日出新聞』1940年3月14日

府が個人の消費量の最大限度を規定し，その割当量を示す切符を交付する仕組みである。国民が該当の物資を購入しようとすれば切符を提示しなければならなかった。この配給切符制は，6大都市において同年6月から砂糖・マッチに実施され，11月からは全国へ拡大した。

　1940年7月，商工省科学局長の通牒に基づき建築用物資が配給されることにあわせ，京都府は，建築用物資配給協議会規定および建築用物資配給統制要綱を定めた。これにより同年9月1日から，釘や針金，鉄線，セメント，亜鉛鉄板，アスファルト，メタルラスなどの建築用物資が配給制となった。1941年度以降は，政府から府県への割当量も制約されるようになる。その結果，1936年以降の市内の建築申請数・建築届数・建築線指定件数は，漸減の傾向をたどるのである[41]。

　以上から，はじめて防空法が公布された頃，京都府内の民防空は，近畿防空演習や京都防空演習の教訓から監視や通信，消防，防火に重点が置かれた。そして，京都市内を中心に必要な設備や施設が設置され始める様子が窺えた。必要とされた数が達成されていたわけではないが，以後，物資不足と人手不足の問題が深刻化するにつれて，民防空の進捗具合はさらに遅れるのである。

3 国際情勢の変化と防空計画の対応

　1940（昭和15）年9月，日本が日独伊三国同盟に調印したことで，米英陣営との対立は決定的なものになった。日本は今後の対英米戦を想定し防空計画の見直しに着手するとともに，防空計画の設定方法を永年防空計画と年度防空計画とに細かく分割し，さらに設備や資材の防空計画も設定することとした[42]。この時期の京都府会や京都市会では，防空施設の設置を急ごうとする動きも見られ，現状の防空計画に危うさを感じ始めているこ

---

41) 新居善太郎文書「雪沢前知事新居知事事務引継演説書」，R126　フィルム番号0223
42) 前掲，大霞会編『内務省史』p. 500

第 2 章　京都の民防空

とが窺える。

3-1　京都府の防空計画

　京都府会では，防空施設を急務で整えるべきだという指摘や消防自動車が京都にはあまりに少ないことを懸念する意見が，1940（昭和15）年秋頃から多く見受けられるようになる。

　防空壕を例に見てみよう。1939 年，京都府は防空壕の築造を府民に啓発するため，2～3 人を収容できる防空壕の見本をつくり府庁前に展示している[43]。だが，中国の南京や杭州で防空壕を実際に視察した川西実三知事（任期 1940 年 4 月～1941 年 1 月）は，京都にあるものは一種の見本程度であり，実際の空襲に備えるには，相当の大きさの防空壕を整備しなければならないと考えるようになった。坪田光蔵府会議員のように，慰問で戦地へ訪れ空襲の激しさを目の当たりにした者も，実戦に即した防空壕の必要性を痛感していた。坪田議員は，防空に対する真剣味が足りないことや空襲火災の恐ろしさをしばしば府会で説いている。

　このように，一部の議員が中国での戦場の様子や，日本がまだ経験したことのない空襲に関する情報を発表しはじめたことで，府会には，現状の防空では実際の空襲火災に太刀打ちできないのではないか，という焦りや不安感が生じ出した[44]。

　では，1941 年度の府の防空計画は，前年までの防空計画とどのように変わったのだろうか。第 1 の変更点として，府民の士気を高めようと防空訓練の見直しに力を入れ始めたことをあげることができる。防空訓練は，1934 年の近畿防空演習以降毎年行われていたが，あまりに「惰気満々[45]」で非実戦的にものになっていた。1940 年の府下の防空訓練では地域によって真剣味に大きな差があることが報告され，いかに府民の士気を高揚させ

---

43)「京都府会会議録」1939 年 12 月 5 日，p. 631
44)「京都府会会議録」1940 年 11 月 26 日 pp. 51～52, 1940 年 12 月 3 日 pp. 443～448 など
45)「京都府会会議録」1940 年 11 月 29 日 p. 274

るかが課題となった。そこで，今後の防空訓練は，府民の意欲を高めようと日数を増やし，1941年度はのべ24日，1942年度はさらに増やしのべ30日にした[46]。

なお，京都府は，空襲等により多くの住民が被害を受けた場合に備え，地域ごとの避難計画を作成していたが，避難訓練を実施することはなかった。民防空では，避難という行為が原則的に認められなかったためである。1940年5月に配布された小冊子「国民防空指導に関する方針」では，「空襲を恐れ都市を放棄して避難するは都市の壊滅，我国防空の敗北」であるとし，空襲が発生した場合に一時的に安全な場所に避難すること（待避）以外は認めていない[47]。避難という言葉そのものが敗戦思想に結びつき，国民の意欲を減退させたり反戦的な噂が立つことが懸念されたからである[48]。

1941年度京都府防空計画の第2の変更点は，消防設備を充実させようとした点にある。京都市内には，深草消防出張所（京都市伏見区）と西の京消防出張所（京都市中京区）が新設された。ただし，これらの消防出張所に消防手や自動車運転手を新たに配置した結果，人件費が嵩み，備品が購入できなくなってしまった。よって，1941年に購入できたガソリンポンプ自動車は1台に留まり，京都市内にあるポンプ自動車は22台となった。

このような大型の消防機材に比べると，防空壕に必要な経費は安く済んだ。そのため，1941年に入ると，防空壕を増やそうとする築造訓練が本格的に始まった。それまでの防空壕は，警防団が中心になって築造していたが，数名が入れる程度の比較的小規模なものが多かった。そこで，在郷軍人会や軍友会幹部を対象に防空壕の作り方の講習会が開催され，軍が実地指導を始めたのである。

軍が目指したものは，それまでより実戦的で，数十名程度を収容できる大きな防空壕である。1回目の講習会は1941年2月20日，西京極（京都

---

46)「京都府会会議録」1941年11月28日 p. 222
47) 防衛庁防衛研究所戦史室『戦史叢書　本土防空作戦』朝雲新聞社，1968年，pp. 64〜65
48)「京都府会議録」1940年11月28日 p. 170, p. 185

市右京区) で行われている[49]。次第に，市内の町内会や隣組のなかにも，公園や寺の境内に，数十人程度を収容できる防空壕を築造しようとする動きがあらわれ始めた[50]。

3-2　京都市の防空計画

　1940 (昭和 15) 年明けの京都市会では，大きく変化した国際情勢を受けて 1941 年度の市の防空計画とそれに伴う防空予算の審議に例年より遥かに多い時間を割いた。京都市の防空施設整備事業は，1940 年度以降は毎年行う継続事業として実施することになっており，その第 1 回実施年を迎えるにあたって慎重な議論が続いたのである。現段階では市内の防空施設がまだまだ不足しており，今後強化せねばならないというのが市会の共通認識であった。というのも，ニュース映画を通じてロンドンやパリでドイツ軍による空襲が行われる様子を見た市会議員たちが，市内の防空に警鐘を鳴らし始めたためである。東力造市会議員も，ヨーロッパ戦線の様子をニュース映画で見た一人であった。

　東議員は，「あの日本の建築物と違って相当耐火性の強そうな建築物が一発の焼夷弾に見舞われますや忽ち火焔に包まれてしまうと云う悲惨な状況を眺めまして，(中略) 木造建築物の多い我が京都市の上空から，若し焼夷弾がばら撒かれるようなことがあったとするならば，忽ちにして我が京都全市は火の海に化してしまうのではないか[51]」と 1940 年 2 月市会で発言している。

　また，京都では，9 月 20 日頃から助役などの市の防空計画事務担当者が第四師団 (大阪) に呼び出されるようになり，毎日のように防空計画を見直すための会合が開かれた[52]。このように京都市政を取り巻く状況にも

---

49)『日出新聞』1941 年 2 月 21 日
50)『日出新聞』1941 年 2 月 24 日，1941 年 7 月 10 日
51)「京都市会会議録」1940 年 2 月 18 日 p. 125
52)「京都市会会議録」1941 年 2 月 18 日 p. 130～131

戦況の影響が見られるが，これらの変化を受けて 1941 年度の京都市防空計画はどのような内容に設定されたのだろうか。

それは，市会と市長の激しい対立のなかで設定されたと言える。争点になったのは，防空都市計画についての議論である。防空都市計画とは，ドイツやフランスなどヨーロッパの防空対策を参考にしながら，日本の都市を不燃都市にしようとする都市計画である。内務省国土局技師を中心に既に研究が進められていた。

1941 年 2 月市会，津司市太郎市会議員と永井健蔵市会議員は，京都市を火災に強い不燃都市にするため，都市インフラによって防空に強い都市づくりを目指す防空都市計画を提案した。2 議員の描いた防空に強い理想都市とは，京都市内をいくつかの防火ブロックに分け，防火ブロックの周囲に幅員が広い道路を設けたり，緑地帯を設置し，ある程度自然に延焼を食い止めるための空地を設置しようとするものであった[53]。2 議員の提案には，都市計画を，防空的，防護的な面を重視して解釈しようという考えがあった。さらに，都市計画を決定する過程に市会は実質的に関与できなかったため，市単独の防火計画を樹立し執行することで実現しようと提案したのである。

他方，加賀谷朝蔵市長（任期 1940 年 6 月～1942 年 6 月）が描いた次年度防空計画は，国庫補助対象事業に該当する防空事業を中心に構成したものであった。全額が国庫補助対象となる防空事業とは，消火用ポンプや資材を格納する倉庫，防空壕，自然水利を利用した施設など，やや大型の施設を設置する事業である。防毒マスクを購入したり消火栓を設置する事業であれば，国庫補助一部対象事業となり，費用の一部が国庫負担となった。加賀谷市長は，国庫補助を受けることで市の費用負担を減らし，防空を進めようとしたのである。

当然のことながら，加賀谷市長は市の防空計画に占める防火の重要性を認識していた。だが市独自の立場から防火計画を実施するのではなく，従

---

53)「京都市会会議録」1941 年 2 月 18 日 pp. 116～118，p. 132

来通り国庫補助対象事業を採用することで，政府の防空政策に即した防空計画にすることを望んでいた。その理由として，加賀谷市長は次の3点を挙げた。①防火計画はそもそもほかの防空施設より大量の物資が必要である，②防火計画に要する費用が高額である，③内務省でも防空政策を考案中であり，大規模な費用がかかる防空事業を自治体の責任で行うのは到底無理である。

　物資と費用面については，折しも，1940年7月7日に奢侈品等製造販売制限規則（七・七禁令）が施行され，1941年度の市税収入が変わることが懸念されていた。七・七禁令は戦時経済統制法令の一つであり，金銀糸を使用した衣料品などは戦時下にふさわしくない贅沢品とし，京都の産業を支えてきたいわゆる平和産業に大きな打撃を与えた法令である。西陣織業界では，休機したり操業を短縮するなどの応急処置を実施したが，7月から9月にかけて西陣織物の取引は，ほとんどが停止するほどの事態に陥った。もともと京都市内は，中小零細企業が多く市財政は弾力性に乏しい。それが，七・七禁令により高級織物や高級染物の製造が禁止された結果，繊維業界全体が打撃を被り，来年度以降の市税収入の増加が見込めなくなっていた。

　ただ，③の理由も市長にとっては非常に重要である。国庫補助の割合により，国と地方自治体では担当する防空事業が区分されていたが，いくら市が地域の事情に通じているとは言え，単独の防火計画を樹立することは当時の中央集権国家体制から逸脱しかねない。当時の市長は，内務省の推薦に基づき市会で形式的に可決し決定される。現在のような地方公共団体の長の公選制は，日本国憲法下の地方自治法の施行以降のことで，当時は内務省の指示を任命された地域の長として忠実に実行することが市長の役割である。元内務次官である加賀谷市長も，国と自治体の指示命令系統の関係性に従ったのである[54]。

　京都市独自の防火政策を望んだ2議員を中心に，市長に対して悠長であ

---

54)「京都市会会議録」1941年2月18日 p. 119〜121

り時局を認識していないという激しい批判が相次ぎ，市会は紛糾した[55]。

京都市防空計画の限界は，内務省の設定する中央防空計画に対応しなければならず，地域事情を反映できないという当時の民防空体制そのものにある。結局，京都市の1941年度防空予算には国庫補助対象事業が計上され，6月には同事業の追加予算が計上された。これらは，貯水槽の設置，町内会の消火活動に必要な備品の購入，ポンプ格納庫の設置費用などに充てられた[56]。

4 防火・消防の重視とその現実
── 防空法第2期（1941年11月～1943年10月）

4-1 防空のための予算措置

1941（昭和16）年12月8日，真珠湾攻撃とマレー半島への奇襲上陸によって対米英戦が開始すると，その直後，日本本土では大都市の民防空を強化した。12月8日，東京都内では米英の報復に備えて警戒警報が発令され，その夜は灯火管制が敷かれた。すぐに報復攻撃がないことがわかると，これらは翌日には解除された。

京都市は，12月10日市会協議会で，臨時で防空設備資材を強化するための予算措置を内務省へ要望した。国庫補助を含む337万円余り（企業物価指数換算で現在の約6億5千万円程度）の追加予算が決定したのは1942年3月であり，以下の費用に充てられた。まず防空施設としては，動力ポンプやポンプ格納庫，貯水槽，下水管活用施設，自然水利利用施設，水道配水管の連絡・制水弁，消火栓，路面工作物，防護室，防空壕，防毒マスク，防毒衣，警報司令盤移転，資材倉庫，諸資材，町内会の防火設備などである。

55）同上，p. 126
56）「京都市会会議録」1941年6月23日 p. 118～119

防空資材としては業務用防毒マスクや市民用防毒マスク，鉄兜，防空標識燈，救護薬品，衛生材料，防空壕資材などの購入費用，木造家屋防火改修費用である。ただし，追加予算の額は決して十分ではなかったため，必要経費の約4割は京都市防空施策費公債条例を制定し，起債で補った[57]。

　1942年1月市会でも，臨時で防空のための追加予算を計上している。その用途は，水道の防空や市民指導であった。水道の防空とは，飲用水だけでなく防火用水としての機能も果たす浄水場を防護することや，給水対策のための工事を指す[58]。市民指導とは，講演会や講習会，映画会，座談会を催したり，町内会に指導員を派遣し，市民へ防空の思想や必要性を積極的に教えるものである[59]。

　さらに，京都市では各家庭へ打ち抜きの井戸を掘り，防空壕を築造することを奨励し，市民向けに焼夷弾や消火弾の公開実験も行うようになった[60]。このような一連の動きの中で市会に提出された1942年度予算案を分析すると，1942年度京都市防空計画は，防空法改正により新たに追加された「防火」と，従来取り組んできた「消防」に関する施策を重視していたと言える。

4-2　物資不足による防空計画と現実の乖離

　内務省や京都府の指導に基づき策定される京都市防空計画は，計画だけで実際は執行に至らなかった事業が少なくない。

　一例を挙げると，防毒マスクは，1937（昭和12）年に防空法が施行された当初から整備計画の対象となっていたにもかかわらず，はじめて市民の一部に行き渡ったのは1942年冬であった。消火活動用ポンプの増設も毎年計画されていたが，特設消防署ですらほとんど増えていなかったこと

---

57)「京都市会会議録」1942年2月21日，p. 310〜318
58)「京都市会会議録」1942年1月13日，p. 53
59)「京都市会会議録」1941年2月18日，p. 125〜126
60)「京都市会会議録」1942年1月14日，p. 124〜126

は，既に指摘したところである。

　空襲で火災が発生した場合，市民はバケツや火叩き，水にぬらした筵を使って消火活動を行わなければならないが，そのための給水体制が整っていなかった。水道の水を使用するものの，爆撃等により水道管が破損した場合を考え，市内にある約10万個の井戸[61]を活用する計画があった。だが，井戸から給水するための手押しポンプは，ほとんどの家庭に普及していなかったのである。

　自費負担の防火改修も普及しなかった。市内の防火改修は，河原町三条のモデル地区の改修が済んだ後，1941年度に中京区内で3,000戸の改修計画がたてられた。予算の2分の1は国庫補助が充てられたが[62]，1941年11月現在，防火改修が施された建築物はそのうちの約800戸であった[63]。1942年3月には，内務省令で防空法に基づいた防火改修規則が制定された。これにより同年4月から防火改修は個人の自発性に任せるのではなく，法的に命令し強制できる防空になった[64]。

　このように，防空計画で策定されている施策が全て完遂されていない理由はいくつかある。まず挙げることができる理由は，物資不足である。1941年8月以降，アメリカが日本に対する石油の輸出を全面的に停止したことで，国内での物資の生産活動は途端に減速していった。限られた物資は戦地へ優先的に送られたため，戦争が長引くに連れて国内では物資窮乏が進む一方である。また，戦地への応召が進み，国内の労働力が不足したこともある。

　その結果，市会では毎年起債により防空施設費を捻出していたが，1940年以降，未執行分の費用は余剰分として毎年繰り越すようになった。1942年度を例にとると，防空施設事業は，予算の3分の2以上が使われずに来年度へ繰り越されている。市公債を発行しながら，事業が執行不能のま

---

61)『日出新聞』1941年10月15日
62)『日出新聞』1940年3月28日
63)『日出新聞』1941年11月6日
64) 桐生政夫『都市住宅の防空防火戦術』日本電建株式会社出版部，1943年，p. 83

ま，利息だけを支払うという悪循環に陥っていたのである。

当然のことながら，このような事態は市会で問題となった[65]。篠原英太郎市長（任期1942年7月～1946年2月）は，未執行事業が山積している理由を，市単独で実施できる事業は進めることができるものの，国庫補助を受けて進めるもの，つまり内務省との調整を要するものは執行に時間がかかるためと説明している[66]。つまり，国庫補助を受ける防空事業は，市長が内務省と調整し許可が下りるのを待っているうちに，時間が経過し結果的に進まないという。

1943年7月1日，地方防空行政の強化を見据え，また深刻化する食糧問題へ対応するため地方行政協議会令が公布され，全国を9地方に区分した広域行政が開始された[67]。地方防空に対する指揮命令を，内務省ではなく府県知事に担わせることで，各地方の事情に応じた防空を推進しようとしたのである。9つの地方はそれぞれ複数の近隣都道府県から構成され，各地方の中心となる都道府県に地方行政協議会が設置された。大阪府に設置された地方行政協議会は，大阪府，滋賀県，京都府，奈良県，兵庫県，和歌山県の6府県からなる「近畿地方」を束ねた。

1943年12月，京都市防護本部が廃止され京都市防空総本部が設置されたのも[68]，広域行政を重視する一連の過程における出来事であった。京都市防空総本部は篠原市長を筆頭とし，市内の民防空を柔軟に素早く執行することを目指して設置された。

しかし，京都市内では物資や労働力の不足から規定の防空施策がほとんど実施できない状態が続いた[69]。これは防空事業のみならず戦時下の行政

---

65)「京都市会会議録」1944年2月21日，pp.149～153
66)「京都市会会議録」1944年2月22日，p.170
67) 鈴木栄樹「防空動員と戦時国内体制の再編　―防空態勢から本土決戦態勢―」『立命館大学人文科学研究所紀要』52号，1991年，p.156
68)『京都新聞』1943年12月17日
69) 1943年2月上旬，第十六師団の指導で，深草練兵場において20キロ級や50キロ級の大型焼夷弾の公開実験が行われたが公開実験に参加し焼夷弾の威力を目の当たりにした市会議員らは，さっそく2月下旬の市会で大型防空壕を設置することを市長へ要求した。しかし，篠原市長は，大量の資材が必要な大型防空壕は，非現実的な防空と考えていた。空襲時に老人，

全般に共通する傾向でもあり，1944年3月市会では，「各種規定事業は遅々として渉らず莫大なる予算の繰越を生じ而も事業の進捗に伴はざる人件費の支出を為せるは洵に遺憾なり。仍て将来之等の事業に対しては時局の推移に即応し抜本的整理を断行すべし」という付帯決議がなされるほどの異常事態であった[70]。

さて，民防空の必要性が認識されていても，物資と労働力が確保しにくければ，実現には至りにくい。そこで，敗戦の色合いが濃くなるにつれて，民防空の中でも「物資も労働力も少なくて済む防空」が求められるようになってきた。

1943年2月市会で，篠原市長は，より現実的な防空として建物密集地に空地を設けるほか，建物を部分的に間引きすることで防火と避難の両方に備える，という考えを示す。この防空に必要なものは，建物を解体するための大工道具や，家財を運び出す輸送手段である。作業には，力の弱い子供や女性，老人も戦力として加勢することができる。資材と労働力が少なくて済むという点において，時局に応じた現実的な防空であった。これは，約1年後に国内の重要都市で開始される建物疎開の手法そのものであった。

5　民防空への「疎開」の導入と空襲の現実化
── 防空法第3期（1943年10月〜1945年8月）

5-1　待避

1944（昭和19）年が明けると，京都市会では，いよいよ「待避」を意識した政策が必要なのではないかという声が起こるようになった。この場合

子供，女性が避難する問題の重要性を認識しつつも，資材不足を理由に断念している（『朝日新聞』1943年2月5日，「京都市会会議録」1943年2月20日，p. 165）。
70)「京都市会会議録」1944年3月7日，p. 261

の待避とは，いわゆる一時的な避難という意味である。避難という言葉が敗戦思想で不適切とされたために，あくまで防空法が定義する「待避」という言葉が使われた。

さて，市会が提案した具体的な待避政策とは，待避壕を築造したり空襲時の避難ルートを整備することである。空襲を受けた際に，京都市内から周縁部へどのように避難すべきか，そのルートとしてまず考えられたのは三条通であった。三条通は旧東海道の街道であり，京都市内から山科（現在の京都市山科区）さらに滋賀県の大津へ通じている。市内中心部では，三条通は明治の近代化を象徴する通りでもあり，銀行や郵便局，生命保険会社，舶来品を扱う店など，コンクリートや煉瓦で建てられた不燃建築が多く建ち並ぶ道路である。

しかし，三条通が爆撃で破壊され不通になった場合に備えて，別の避難路を用意する必要があった。そこで，市会は京都市東北部から大津へ通じる白川山中越の道路を整備することを提案した[71]。だが，政府や軍の判断を仰ごうとする市長の態度は消極的であり，実施には至らなかった。

同年 2 月 18 日，陸軍参謀本部は本土の都市防空を強化するための「緊急国土防空措置要領（案）」を作成し，陸軍大臣へ提示している。この時期に民防空施策を強化したのは，絶対国防圏であった中南部太平洋方面の情勢が急変しつつあったためである。

同年 1 月はじめにニューギニア方面の要衝であるダンピール海峡が突破され，2 月はじめにはマーシャル諸島を失陥した。連合軍の攻勢はますます活発になり，さらにトラック島とマリアナ諸島も立て続けに米機動部隊に空襲され，多大の損害を被った。特に海軍が中部太平洋方面における根拠地として長年重視してきたトラック島が，反撃作戦も実施できずに大損害（航空機 270 機，艦船 40 数隻を失う）を受けたことは，陸軍中央部に衝撃を与えた[72]。

「緊急国土防空措置要領（案）」のなかには，参謀本部第二課案による

---

71)「京都市会会議録」1944 年 3 月 28 日，pp. 60～62
72) 前掲，防衛庁防衛研究所戦史室『戦史叢書　本土防空作戦』p. 241

第1部　民防空と建物疎開

「民防空強化方策（案）」があり，都市別にポンプと貯水槽の設置基準を定めている。それを見ると，京都府下（京都市および東舞鶴市）の場合，消防自動車と小型ガソリンポンプは各 680 台，小型腕用ポンプ 11,500 台，大型貯水槽 180 か所，小型貯水槽 300 か所を設置するよう定められている[73]。

　京都市は，1943 年度は国庫補助を受けて大型貯水槽 144 か所，小型貯水槽 202 か所，消火栓 700 か所を設置し，小型ガソリンポンプを 72 台所持していた[74]。

　消防ポンプ車は，1943 年以降全国的に生産台数が急減少しており，数を確保し配備することは困難だった。帝都である東京では，周辺市町村からの有償・無償の貸与・譲渡等による供出を受けて台数を確保していたが[75]，京都市も 1944 年度に府内の自動車消防ポンプ 37 台，手挽ガソリンポンプ 118 台の供出を受ける。供出を受けた消防ポンプは京都市内の消防署に配置され，市内の消防ポンプの数は 81 台に増えた。そのほか，手挽ガソリンポンプは重要軍需工場に 88 台，重要な官公署に 23 台配備したが，いずれも陸軍の示した基準案とは大きくかけ離れていた。

　京都府では 1942 年秋以降，府の防空計画として，京都市内の泉湧寺（京都市東山区）と二条（京都市中京区）に新たに消防出張所を建設し，消防ポンプ自動車を増設するはずだったが[76]，こちらも物資が入手できずに工事は難航していた。

　上消防署二条出張所の場合，43 坪あまりの敷地に木造平屋建て一棟，屋上にコンクリート製の望楼を建築することが計画されていた。府は工事用セメント 50 キロ入り 300 袋を支給し，請負業者に工事を委託したが，工事が始まると請負業者はたちまち資材難に直面し，フェルトや不燃板，

---

73)　同上書，pp. 261〜265
74)　京都府行政文書『昭和十九年四月　雪沢前知事新居知事事務引継演説書』警察部警防課「防空設備資材ノ整備ニ関スル事項」
75)　白井和雄「空襲火災に対する建物・人員疎開と防空消防対策など」『防災』東京連合防火協会，53 巻（306 号），1999 年，p. 27
76)　「京都府会会議録」1943 年 11 月 22 日，p. 16

耐火木材，網入ガラスなどを支給するよう度々府へ請願せざるを得なかった[77]。府会で予算を決議し，物資を支給するまでの間工事は遅延し，延期を繰り返した後に，1943年10月31日にようやく竣工する状態だった。

そのほかの防空施設も，防空壕の中に水が溜まったり野菜を植える者が出てきたりするなど，管理が行き届かないまま実用性を失ったものも増えてきた。戦争の長期化に伴い，厭戦思想の広がりも懸念されるようになっていた[78]。

5-2　防空資材の窮乏と防空の強化

1944年度の京都府防空計画は，焼夷弾による空襲対策をより一層現実のものとして認識し，防空費や消防費，軍事援護費の予算を増額することとした。財源は府債に頼ったため，年々府債額は累増し，府の財政は膨張していった。

1944（昭和19）年4月，雪沢千代治に代わって第29代京都府知事へ就任した新居善太郎[79]のもとでは，京都府防空計画は大きな転換期を迎えた。庁内の中央集権化が進められ，防空体制が一層強化されたのである。その象徴的な事業が建物疎開であった。

7月，京都市内ではじめての建物疎開が実施されたが，その実際については，第3章以降で詳述する。7月17日に開かれた臨時府会では，第1次建物疎開のための追加予算622万円が可決された。622万円の財源のうち，67パーセントにあたる約416万は国庫補助であり，除却建物を売却した費用が163万円，起債43万円，一般歳入からの補填が970円であった。建物疎開はそれまでの防空施設整備事業とは比較にならないほどの大事業であり，政府が強い期待を持って多額の補助金を注いだこともわかる。

77）京都府行政文書『二条消防出張所新築，加茂消防署増築綴』「二条消防署見張所第一号」
78）「京都府会会議録」1943年11月26日，p. 49
79）東京帝国大学法学部卒業後1922年に内務省入省。内務事務官。1926年復興局事務官として建築部勤務，1934年土木局道路課長，1936年同局河川課長を経て，1941年国土局長。京都府知事退任後，1945年6月大阪府知事就任。

同日，防空非常警備体制を強化するための経費50万円も臨時府会で可決された。防空非常警備体制とは，空襲から都市を護るための防空体制を強化するのではない。空襲を受けた際，府民の「不逞不穏」な行動を根絶するため[80]，つまり空襲時における人心不安・流言飛語などの混乱を防止するための組織づくりであった。

　そのため，可決された経費は主に，警察官および特別高等警察（特高）関係の警部補・巡査を増員したことによる計110名分の人件費や，空襲時の報道を規制するための組織整備費に用いられた。防空非常警備体制は空襲による混乱を想定したものだが，建物疎開実施に伴う反体制的な言動を警戒する目的もあった。それほど，建物疎開が市民生活への影響が大きい防空と認識されていたということでもある。

　また，新居知事は，警察官や消防職員，警防団の待遇改善にも着手した。防空警報が発令されるようになり警察・消防職員の勤務が増加していたため，彼らに臨時勤務手当や被服手当などの特別手当を支給することとした。それまで無給だった防空監視哨員にも，その労苦に報いるためとして手当を支給し，体制の強化を図った[81]。

　他方戦局は，1944年7月にマリアナ諸島が失陥し「絶対国防圏」は崩壊，日本の戦争指導方針は根本的な破たんに直面した。米軍はマリアナ諸島に航空基地を建設し，長距離爆撃機B29を大量に配備したが，これで日本本土の大部分がB29の航続距離範囲内に含まれるようになった。いよいよ国民は，都市空襲の危険に晒されることになったのである。

　しかし，全国そして京都市内の防空施設は現実の空襲に対応できる状況ではなかった。南方の戦地へ赴き作戦指揮にあたったのち，約2年ぶりに内地へ戻ってきたある海軍中佐は，京都府下の防空の現状について次のように発言している。「約2年ぶりにかへつて来たのだが内地の防空施設乃至演習を見ると，こちらにいた頃と余り変つてないのに驚いている。(中略)

---

80)「京都府会会議録」1944年7月17日，p. 24
81)「京都府会会議録」1944年7月17日，pp. 23〜24

3年間一体何をしていたのか[82]」。さらに，内地の民防空を見て「余りの幼稚さ不完全さに驚いた」と話し，待避壕の数も少なすぎると指摘している。

　新居知事は，京都市もいずれ空襲に襲われることを想定しており，消火活動を強化するため，市内中心部をとりまくように梅津（現在の京都市右京区）・西八条・十条（いずれも現在の京都市南区）に消防出張所を増設した。これらの出張所の建設工事は，それまでのように府がセメントやコンクリートを支給し，業者に請け負わせるものではなかった。

　梅津出張所の場合，建設する土地は日新電機株式会社の寄付により確保し，工事費用は三菱重工業株式会社からの寄付であった。建設に必要な資材や物資はこれらの軍需工場が支給することで，工事期限を短縮させ，1944年9月15日に木造平家建一棟の消防出張所が竣工した[83]。

　西八条出張所も同様に，日本電池株式会社が工費と敷地を寄付することで，同年8月2日に竣工した[84]。新居知事は，このように強力な総動員体制を敷くことで消防力の強化を図ったのである。

　また，新居知事は，それまで行われてこなかった「待避訓練」を特別防空訓練として実施することにした。ただし，訓練の名称はあくまで「待避を主体とした訓練[85]」であり，住民の戦意低下に影響を与えないように配慮されている。そのため，防火訓練や消火訓練と同時に訓練を行った。

　このように1944年夏以降，府の防空体制は新居知事の指揮のもとで，従来よりも強力に推し進められた。庁内外の空気もそれまでと一変し，幹部組織を中心に，府政に積極的に協力する風潮が生まれたと指摘されている[86]。

　同年9月15日には，京都府庁に京都府防空総本部が設置された。知事

---

82)『京都新聞』1944年9月14日
83) 京都府行政文書『久美浜警察署檻房改造，梅津消防出張所，吉祥院消防出張所，舞鶴消防出張所新築綴』「工事報告」
84) 同上
85)『京都新聞』1944年9月20日
86)「京都府会会議録」1944年11月30日，p. 41

の統監で，防空業務を一元化することが目的である。総務部，食糧部，物資部，工作部，警備本部の5部から構成され，新居知事はそれぞれの部長に内政部，経済部，土木部，警察部など関係部長を任命した。しかし，京都府防空総本部の設置規定はわずか5条の条文から成る簡易なものだった。急ごしらえの組織であったため，実際に具体的な仕事を行ったのかは不明である。

5-3 燃料不足

1944（昭和19）年11月ごろになると，京都市内でも防空警報がしばしば発令されるようになった。

国民生活は，物不足と食糧不足がますます深刻さを増していったが，防空の観点に立つと，ガソリンや木炭の欠乏は防空力の低下へ直結する問題であった。例えば，消火活動を行う際に必要な消防ポンプ自動車や，ポンプと連結している自動車やオートバイ（水管自動車，水管オートバイ）は，ガソリンを燃料とする。当然のことだが，ガソリンがなければ稼動できなくなる。蒸気ポンプは，石炭を燃料とする。これらの燃料は軍や軍防空へ優先的に蓄積されるため，民防空への配給は望めなかった。民防空では，燃料や資源を必要としない方法が待たれたが，その一つが本書で論じる建物疎開であると言って良い。

新居知事は，特に京都市内の燃料不足に備えるため，1944年4月から府下の郡部や出荷駅に留まったままの薪炭を搬出させ始めた。これらの薪炭は，輸送する手段がなかったり輸送機関の燃料が確保できず搬出されていなかったものである。府下で滞っていた燃料を京都市内へ運び，産地では新たに薪炭を生産させることが新居知事の目的であった。これは「薪炭滞貨一掃運動」と呼ばれた。

同年9月からは，新たに生産した府下の薪を京都市内へ搬出する「薪炭

増産増送運動」が始まった[87]。7,000万束の搬出を目標に掲げ，本格的な冬が来る前に数回に分けて薪炭の供出を行った[88]。郡部のなかでも京都府の中央に位置する船井郡は，京都市内で消費する薪の約6割を供給しており，一大産地であった[89]。

　これらの運動だけでは京都市内で消費する薪の量をまかないきれないため，京都市内でも町内会の指示で市民が山へ行き，薪を切り出す作業が行われていた。1944年末までに51万束が採取されたが，これはその年に必要な木炭燃料の半分程度であった。

5-4　防火改修

　京都府防空計画で「消防」が重視される一方，それまで重視されてきた「防火」は，物資難のためにもはや効果を期待できる策を失っていた。1939（昭和14）年以降進められてきた防火改修事業は，1943年に防空上重要都市を重点的に改修するように政府方針が変わったことで，京都府への工事割当数は減少した。京都府から民家への建築用物資の配給も1943年6月にはほとんど停止し，府内で進んでいた工事も中断せざるを得なくなった。建築用物資は軍需工場や軍需生産施設，その中でも特に航空関係施設に重点的に配給されていた[90]。

　こうして，1944年4月までに防火改修工事が完了した京都市内の建物は，一般建築が2,558棟，大規模建物は41棟であった。

5-5　京都空襲と市民の防空意識

　1945（昭和20）年1月16日，京都市内は初めての空襲（馬町空襲）を受

---

87)『京都新聞』1944年9月14日
88)『京都新聞』1944年9月17日
89)『京都新聞』1944年5月16日
90) 新居善太郎文書「雪沢前知事新居知事事務引継演説書」，R126　フイルム番号0224

けた。当日，市内では午後 11 時 30 分ごろ地震があったが，その直後，米軍機が馬町周辺（現在の東山区馬町付近）に爆弾を投下した。火災が発生，死者 41 名，負傷者 50 名，家屋全壊 29 戸，半壊 112 戸，一部損壊 175 戸にのぼる惨事であった[91]。

深々と冷え込んだ深夜であったが，付近の国防婦人会らが飛び出し負傷者の手当に当たった。すぐに緘口令が敷かれたため，噂を聞いた付近の住民らが翌朝現場の様子を見に行っても，既に憲兵がいて近づくことが出来なかったという。18 日の地元新聞朝刊は，「空爆の戦禍を受けいよいよ京都市も戦場である」と空襲の事実を伝える一方で，その被害については「極く軽微」と報道した[92]。馬町空襲の詳細は，戦後まで明らかにされることはなかった[93]。

実際の空襲をはじめて体験した京都市は，現状の防空計画に強い焦りを抱くようになる。市会は「最早寸時の猶予もない」と，市独自で実施可能な防空を進めようとした。すなわち，民防空は内務省（防空総本部）が総指揮官であるが，民防空には建物疎開のように内務省が直接命令して行うもののほかに，内務省の許可を待たずとも執行できる防空事業がある。市会は，過去の市会でも度々議論されていた後者を積極的に進めようとしたのである。

八木重太郎市会議員は，2 月 21 日の市会で次のように発言している。「防空施策は（中略）即時即行に迫られて居るのであります。本省の命令に依りまする建物疎開等に付きましては是は別箇と致しまして，政府の指示を待たなくても本市と市民を護る為に当然やり得る施策は幾らでも有る」。

京都市防空計画は，内務省や京都府の指導を受けて作成し予算が用意されても，実際に執行しない事業が増えるばかりで，防空計画は意味をなさなくなっていた。1944 年度，執行された防空事業は 6 割にも満たない[94]。

---

91) 日本の空襲編集委員会編『日本の空襲』六　近畿編，三省堂，1980 年，p. 308
92) 『京都新聞』1945 年 1 月 18 日
93) 馬町空襲の際，馬町通北側に住む大野氏は空襲の様子や壊れた家屋の撮影を行った。それらの写真は，現在では馬町空襲の様子を伝える数少ない資料である。
94) 「京都市会会議録」1944 年 2 月 28 日 p. 145

こうして馬町空襲後，市内の防空は待避壕や防空壕，そして鴨川など自然の水流を生かした貯水槽をできるだけ多く整備することが，重視されるようになった。待避壕や防空壕は，鉄やコンクリート，ガソリン等を必要とせず，鶴嘴やスコップで築造することができる。物資難に陥っていても，まだ力が及ぶ防空，実現できる防空と考えられていた。さらに，山裾に掘り進めて作る防空壕は，三方を山に囲まれているという京都の地形的特徴を活かせる防空と考えられた。

　市内に存在していた大型の防空壕として，音戸山（右京区）の山腹に作られた横穴式防空壕を挙げることができる。砥石を採取するために掘削した坑道跡約1キロメートルを利用して，付近の隣組住民が防空壕に仕立て，完成させた[95]。市内各地で，警防団や学生が連日のように作業のために動員された。

　ただ，壕内を補強したり入口に暴風防止の壁を築造するには，どうしても木材が必要となる。防空壕を造るために必要な木材は，建物疎開で取り壊した後に発生する材木を応急に転用したと思われる。

　京都市内では，次章以下で後述するように1945年2月以降，第2次建物疎開と第3次建物疎開が立て続けに行われ，併せて1万戸を超える家屋が壊された。家屋取り壊し後に発生する大量の材木は，このような大型防空壕にも転用されただろう。建物疎開では，家屋を壊した後，木材や建具を整理し保管することが義務付けられており，知事が発行する割当証明書により防空施設用に再利用することになっていた[96]。

　実際には，建物疎開で発生した資材は家庭用の燃料としても重宝された。こちらは，家屋の取り壊しが終るとたちまち近隣住民が駆け寄り，暖房用や煮炊き用に使うために持ち帰ってしまった。長引く戦争に対する疲れも募り，防空に対する構えも含め，住民の士気は確実に低下していた。

95）『京都新聞』1945年1月18日
96）新居善太郎文書「国民義勇隊ニ関スル資料」R128　フィルム番号0307

5-6　敗戦直前の市内の防空

　1945（昭和20）年3月以降，東京や名古屋，大阪，神戸と大都市が連日のように大空襲を受け，国内の防空上重要とされた都市は焼夷弾により焼き払われた。2月から続いていた硫黄島における戦闘は，死闘の末に日本軍が壊滅し，4月1日米機動部隊は沖縄本島に上陸した。

　沖縄では，非戦闘員・民間人を巻き込み，「鉄の暴風」と形容されるほどの米軍のすさまじい砲爆撃が続き，陸軍は本土決戦を遅らせるために降伏を許さない玉砕戦法を強いた。6月23日，軍司令官が自決し沖縄の戦闘は日本軍の全滅状態で終わり，本土への米軍の上陸は眼前に迫ってきた。

　6月22日鈴木貫太郎内閣は，国民義勇隊を戦闘組織とする義勇兵役法を制定し，それまで非戦闘員だった男子（15歳から55歳）と女子（17歳から40歳）にも戦闘の義務を課した。

　京都では6月10日，新居知事が大阪府知事へ転出し，内務省情報局次長の三好重夫が第30代京都府知事に就任する（任期1945年6月～同年10月）。

　7月25日に開かれた臨時府会では，京都府下でも，焼夷弾による大空襲や交戦状態に陥る危険性が高いという認識があったことを確認できる。このとき，三好知事は防空に関する3項目の追加事業を発表した。第1に，第4次建物疎開の実施である。防空のなかでもさほど物や金を要しない建物疎開は，最終段階まで残っていた。正確に言えば，日本側の対空防衛力が底をつき，空襲が全く一方的に繰り広がられるようになった時，建物疎開以外に民防空は為すすべがなかったのである[97]。

　第2は，京都市内に頑丈な隧道式防空地下施設を建設する計画である。隧道式防空地下施設とは，実際のところ横穴式防空壕と同じものであったが，それまでのような一般住民が避難・待避するための施設ではない。役

97）大阪府会史編纂委員会編『大阪府会史』第4編下巻，大阪府会事務局，1958年，p.1409

所が被災した場合に備えて，必要な機能や文書を移転させるための地下施設であった。府庁は地蔵山（現在の東山区今熊野）の地下に設置されることになり，1945年1月から実際にトンネル掘削が始まっていた。市役所は，東山区蹴上の都ホテル（現存）の横と今熊野日吉町地区にあった絵画専門学校（現在の京都市立芸術大学）の隣に，大型防空壕を掘って移転する計画だった[98]。

第3は，消防力の強化である。米軍の攻撃により大都市が次々と焦土と化し，6月以降，空襲の対象は中小都市へと転換しつつあった。そこで，政府は大都市が所持していた消防設備の一部を，まだ都市機能が残る防空上重要な中小都市へ転換させることにした。こうして，近隣都市から消防ポンプ自動車や消防要員が，京都市内へ寄せ集めるようにして移設された。

三好知事は，さらに今後の都市防衛の方針として次の3点を挙げた。第1に，想定される大爆撃への措置，第2に，府民の待避を認める，第3に，御所の防衛に全力を注ぐ。

この3つの中で注目すべきは，都市の防護が義務付けられている民間人の待避に関して，それまでの方針が転換したことである。今まで積極的な待避は認められなかったが，1945年7月末の府会でようやく「状況如何ニヨッテハ建物ノ焼失ヲ防ギ得ナイ，却ツテ命ヲ落トス云フ場合ニハ進ンデ待避シテ戴キタイ」と待避行動を認める知事の発言が確認できる[99]。待避所の設置はまだ着手されていなかったが，京都御苑や河川敷，第4次建物疎開で対象となっている堅牢建築物の周辺などが想定されていた。ほかにも坪田光蔵議員の発言にみられるように，敵の上陸後の市街戦に備えた公共待避壕が必要だとする意見もあった[100]。

最悪の事態に備えて，食糧の非常供給計画や輸送計画，市民が武装する

---

98) 現在，トンネルの入り口は石垣で蓋がされているが，真上にある墓地が陥没する事故が起きるなど，危険地帯になっているという（池田一郎他『京都の「戦争遺跡」をめぐる』機関紙共同出版，1991年，pp. 62～63）。
99)「京都府会会議録」1945年7月25日，p. 33
100) 同上，pp. 24～30

第 1 部　民防空と建物疎開

必要性まで議論され始めた。市内では食糧も物資も底をついていたが，被災都市から京都市内へ流入する人々が増え続けていた。

　以上見てきたように，京都の防空計画は，周囲の都市の状況や日本を取り巻く戦況に応じて設定されていたと言える。しかし実際の遂行は，当局や国民の戦争認識，何より物資不足によって大幅に滞り，その遅れは最後まで解消されないまま，戦況と国情に影響を受けつつ，場当たり的に変更されていった。このようななか，滞り執行されなかった防空事業は多いが，京都市内は大規模な空襲を受けなかったゆえに，民防空が最終段階まで遂行する過程を窺える唯一の大都市だった。そして，その最終段階に位置づけられた防空こそが，建物疎開だったのである。

　建物疎開は，内務省が作成した建物疎開事業計画に沿って，全国で総数 74 万戸以上を取り壊す予定であった。第 1 期計画で約 17 万戸，第 2 期計画で約 29 万戸，第 3 期計画で約 15 万戸，合わせて 61 万戸を取り壊し，第 4 期計画の途中で敗戦を迎えたため，それ以上の数量は不明である[101]。各都道府県の建物疎開は，おおよそこの建物疎開事業計画に沿って執行された。第 3 章では，まず全国的な建物疎開の状況について述べることにする。

---

101) 建設省編『戦災復興誌』第 1 巻計画事業編，大空社，1991 年，p. 24

第3章

建物疎開と民防空

1 内務行政としての民防空

1937（昭和12）年に防空法が制定された当初，民防空は内務行政としてスタートとした。最初に民防空業務を主管したのは内務省内に新設された計画局（庶務課・都市計画課・防空課）だが，それは空襲による都市災害の防除は，基本的に都市計画と関係があるという考え方による[1]。そして，直接の防空事務を担当したのはそれぞれの警察であった。6大府県（東京府，神奈川県，愛知県，京都府，大阪府，兵庫県）は警察部内に防空課を設置し，その他の県では警務課において防空事務を掌握した。

計画局防空課では，我が国初めての防空業務を整備し始めるとともに，海外の防空の調査研究を進めた。第1章で述べた，ドイツへの防空調査隊に内務省事務官が含まれているのも，そのためである。

しかし次第に，防空業務は一課で担う限度をはるかに超え，1941年9月，計画局が廃止され防空局と国土局が新設された。計画局の業務のうち，従来の防空に関する事務は防空局が引き継ぎ[2]，一般土木に関する事務と都市計画の事務は，国土局が担当した。防空局は企画・業務・整備・施設の4課と防空研究所を備え，防空局の技師のなかには国土局と兼任する者もいた。防空局が新設されたことで防空行政は一段と組織化が進み，その対象業務も拡大したのである。

なお，同年11月に行われた防空法第1次改正では，都道府県の防空委員会のように実際に役割を果していなかった組織は廃止され，民防空体制全体としては簡素化が進んだ（図3-1, 3-2）。

1943年10月に第2次改正防空法が公布されたことを受けて，11月防空局が廃止され，以後，防空行政の中枢となる防空総本部が設置された。防空総本部は内務大臣を長官とし，総務局，警防局，施設局，業務局から成る。同年2月にガダルカナル島の戦闘で日本軍が撤退して以降，日々事

---

1) 大霞会編『内務省史』第3巻，原書房，1980年，pp. 491〜492
2) 同上書，p. 204

第 1 部　民防空と建物疎開

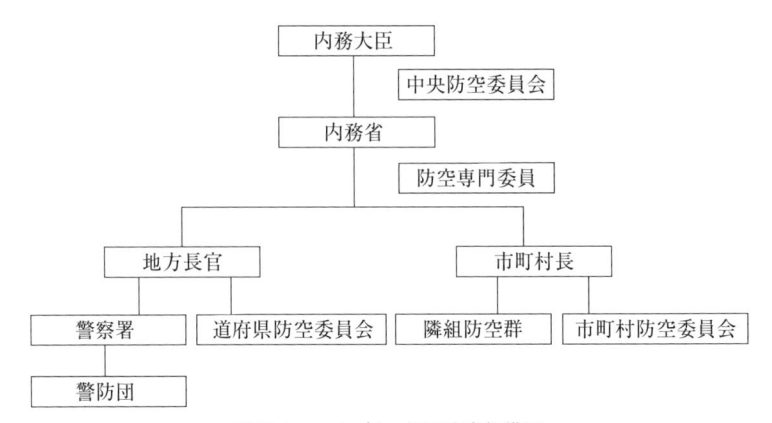

図 3-1　1941 年 7 月民防空組織図

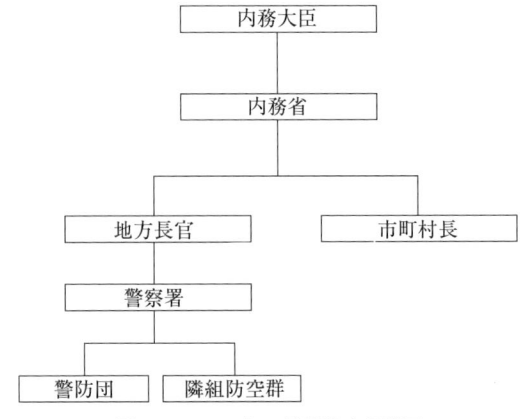

図 3-2　1943 年 7 月民防空組織図
（図 3-1，3-2 出典：氏家康裕「国民保護の視点からの有事法制の史的考察―民防空を中心として―」）

態が悪化していたため，内務省の組織全体で民防空に対応しようとする措置であった[3]。

　防空総本部の発足後，まずとられた措置が建物疎開であった。防空総本

3）　前掲，大霞会編『内務省史』第 3 巻，p. 500

部には建物疎開を行うため，防空だけでなく土木や建築の技師が多数所属していた。彼らは，防空局や東京地方委員会等から異動してきた技師であり[4]，建物疎開の計画策定に中心的役割を果している。

このように，我が国の民防空は内務行政の一環として行われていたが，後に地方行政協議会の任務としても大きな比重を占めるようになる。地方行政協議会は，1943年7月に広域行政を目指して設置された。当初の目的は，さしあたり戦力の増強と国民生活の確保，特に深刻化する食糧問題への対策にあった[5]。設置後まもなく権限の強化が求められ，1945年1月，地方行政協議会令の改正により協議会の管区と軍管区との一致がはかられた[6]。ただし，地方行政の権限強化が本格化する前に，我が国は敗戦を迎えたのである。

2 建物疎開の法制

2-1 建築物の疎開と空地

日本語の「疎開」という言葉は，ドイツの防空都市思想から生まれた言葉を日本独自に解釈，発展させて生まれた防空用語である。「Auflockerung」というドイツ語は，「分散」や「分離」，「移転」という意味を持つ防空都市計画の専門用語であり，この「Auflockerung」を内務省都市計画技師の北村徳太郎[7]と小栗忠七[8]が訳した造語が，日本語の「疎開」とされる[9]。

---

4) 『内務省人事総覧』第3巻，日本図書センター，1990年，pp. 629～635
5) 鈴木栄樹「防空動員と戦時国内体制の再編―防空態勢から本土決戦態勢へ―」『立命館大学人文科学研究所紀要』52号，1991年，p. 156
6) 同上，鈴木論文，p. 158
7) 1921年東京帝国大学農学科卒業。内務省大臣官房都市計画課（1926～37年），計画局（1938～41年），国土局計画課（1942～43年）で都市計画技師として勤務。
8) 内務省大臣官房都市計画課で属として勤務（1927～1937年）。
9) 越沢明『東京の都市計画』岩波新書，1991年，p. 184

表3-1 ドイツと日本の建物に対する「疎開」の概念比較

	ドイツ	日本
住宅の主な材料	石，煉瓦	木
空襲を受けた建物の被害状況	破壊，崩壊	破壊，火災，延焼
建物に対する「疎開」の概念	・官公庁や工場の分散配置や移転，居住地と業務地の分離。 ・貧民層の多い旧市街で，粗悪な裏屋や側屋を取壊し，街郭内部に空地を造成する。移転後の家賃補助を与えて移転を促進させ，旧市街を自然に空にする。 ・建築・建蔽形式を制限し，光と空気と太陽に恵まれた自由で開放的な住宅地の造成をめざす。	・官公庁や工場の分散配置や移転，居住地と業務地の分離。 ・都市密集地において建物を破壊し空地を造成。住宅地内や道路の両側または片側の建物を破壊し，空地帯を造成。住民には，移転後の家賃補助等を与えて強制的に移転させる。 ・空襲を受けた際に延焼しにくい「不燃都市」をめざす。
備考	・空襲で火災が発生することを想定しているのは田舎の農家。その場合，屋根の耐火建築工事を施す。	

それを，1935年ごろ，防空局技師であった小宮賢一[10]が都市計画の用語としてはじめて使用したと証言している[11]。

ただし，ドイツでは「建築物を疎開させる」と言えば，都市計画上の問題を解決する手段，具体的には，都市の不良住宅地区のクリアランスを指した。密集する街郭内に空地を造成することであり，衛生的で健康的な生活環境を作り出そうとする方法を意味したのである（表3-1）。ドイツで「防空のために疎開する」と言えば，人間が空襲の激しい都市部を離れて田舎へ移動すること，つまり人の疎開を意味した。

---

10) 防空研究所（1940〜42年）を経て1942年防空局施設課，1943年同局建築課，1944年防空総本部で防空技師として勤務。
11) 小宮賢一「防空と都市の疎開」『建設設備』18，1943年，p.5

ドイツと日本の近代都市は主な建築資材が異なるため、空襲を受けた際、どのようにして都市を守り人命を守るかという防空概念自体が異なっていた。ドイツの場合、石や煉瓦など不燃性物資で作られた建物が多い。空襲によって建物が崩壊し避難路が閉塞されたり、住民が崩れた建物の下敷きになる事態が想定され、そのための防空として、空襲の危険が少ない田舎へ避難することが疎開であった[12]。

防空のために建築物を疎開するという発想は、都市部に木造家屋が密集する我が国の都市事情に応じた防空である。日本では、火災に強く延焼しにくい「不燃都市」を作るために、建築物の疎開を執行したのである。

なお、日本でも第2次防空法改正（1943年10月）以前は、東京緑地計画（1939年）のように、現存する空地（河川・湖・公園・道路等）を防空に役立てようとする計画もあった。だがそれは、あくまで緑地政策の一つである。東京防空空地・空地帯計画（1943年）も、「防空空地」「空地帯」と呼ばれる空地を設定し、建築を禁止することで市街地の密集と膨張を抑制しようとした。防空空地や空地帯は、防空法第5条の5に基づいて指定され、防空上の効果も期待されるが、後の疎開空地や疎開空地帯とはその方法や概念が異なるのである（表3-2）[13]。

東京防空空地・空地帯計画は、1943年3月30日の内務省告示（第180号、第181号）に基づいて策定され、東京市内と大阪市内に防空空地と防空空地帯が指定された。指定の目的は、都市の過大化抑制や市街地の健全な発達、空襲その他の非常災害時における被害の局限を図ることとされた。すなわち、すでに存在する空地を永久に保存するための手段として、防空空地や同空地帯を指定したのである[14]。

防空空地の指定方針が決定したのは1942年10月22日の予算先議の閣議においてである。同閣議で上程された「防空施設ノ整備強化ニ関スル件」によれば、「大都市ノ膨張ニ因ル家屋ノ連櫓ヲ防止シ空襲時ノ消火防

---

12) 伊東五郎「都市と疎開問題」『住宅研究資料』第20集、1944年、p.19（東京都立公文書館蔵）
13)「防空空地に関する座談会」（1943年4月21日開催）『公園緑地』7(4)、1944年、p.26
14) 高橋登一「大都市の疎開方策に就て」『都市問題』37(1)、1943年、p.29

表 3-2 防空空地帯と疎開空地帯の比較

名称	(防空)空地帯	疎開空地帯
初出	1943年3月30日 (内務省告示第180号,181号)	1943年12月21日 (都市疎開実施要綱)
幅員 (m)	300〜500 (内環状空地帯・放射空地帯) 1000〜2000 (外環状空地帯)	50〜100
地区指定根拠	防空法第5条の5第2項	防空法第5条の5第2項
除却の根拠		防空法第5条の6
指定対象地	空閑地,低湿地,農耕地,住宅不適当地	家屋密集地
備考	指定の手法は,空地帯内に僅少の建物の現存を可とする。将来の建築行為を制限・禁止。	造成の手法は,既存の建築物を除却する。

火避難等ノ用ニ充ツル為其ノ外周部ニ環状空地帯ヲ設定スルト共ニ其ノ市街地内ニ存ル更地ヲ防空空地トシテ保有スルノ措置ヲ講スルコト[15]」とある。つまり，空地帯の区域内については，建蔽状態を現在以上に進行させず，一般建築物の新増築を今後禁止することが指定の目的である。

選定方法も，防空空地と後で述べる疎開空地とは異なる。10月の閣議決定後，防空局は直ちに空地指定の準備に着手したが，そのためには測量や図面の作成を行う現場関係者の協力が欠かせない。そこで，12月17日に東京府土木部長，東京市防衛局長，大阪府土木部長，大阪市技監及び両府市係官等幹部を内務省に招集し，「空地帯及防空空地設定要綱」の内示案を説明し，選定地の調査に協力を求めている。

「空地帯及防空空地設定要綱」の素案は，都市計画東京地方委員会と大阪府土木部が調査のうえ作成した。それを，空地指定の原案を作成するために新設した東京緑地協議会（東京防空空地協議会に代行）と大阪防空空地

---

15) 川嶋三郎「空地帯及防空空地の指定に就て」『公園緑地』7(4), 1944年, p.6

協議会[16]が検討を加えたものであった[17]。防空局は，内示案を東京府と大阪府の知事および市長へも説明し了解を求め，12月19日の防空局参与会議で，「空地帯及防空空地設定要綱」は正式に決定した。

実際に指定された空地帯は，外周を取りまく外環状空地帯（幅員1〜2キロメートル）から都心部に向かう放射状の空地帯（幅員300〜500メートル）を設け，内部の密集市街地を取り囲むように内環状空地帯（幅員300〜500メートル）を形成するスタイルをとる[18]。内環状空地帯は，外環状空地帯より建築規制が厳しく設定された。図3-3は東京の場合だが，都心から10〜15キロメートルの距離に環状空地帯が，それに楔を打つように放射空地帯がそれぞれ指定されているのが分かる。

防空空地が散在している地域は，主に鉄道沿線や市街地である。これらの空地では，建築物の新築や増築は制限されているが，その防空効果を阻害しなければ，地方長官の許可を得て簡易な建築物を建てたり増築することが可能である。

次第に戦局が悪化するにつれて，1944年1月からは，新しく空地を造成するために，対象区域の居住者を立ち退かせ，建築物を取り壊し更地にする防空が実施されるようになる。これが，建物疎開や強制疎開と呼ばれるものである。建物疎開における疎開空地と，防空空地とは，同じ「空地」とは言え，その概念が異なる点に注意せねばならない[19]。

---

16) 両協議会はそれぞれ防空局長を委員長とし，内務省関係者，東京府，大阪府，都市計画地方委員会関係者，両市の関係者からなる。
17) 前掲，川嶋三郎「空地帯及防空空地の指定に就て」pp. 7〜8
18) 内環状空地帯は「密集市街地ノ外周部ニ直接シ之ヲ環状ニ囲繞スル如ク設クルコトトシ成ルベク空閑地，農耕地，樹林地，河岸地，住宅不適地等ヲ選ブコト」と決められ，外環状空地帯は「都市ノ周辺部ニ於テ其ノ過大膨張ヲ阻止スル如ク環状ニ設クルコトトシ主トシテ農耕地，樹林地等ヲ選ブコト」とされた。放射空地帯は，「環状空地帯ヨリ市街地内ニ楔入スル如ク設クルコトトシ空閑地，農耕地，樹林地，河岸地，住宅不適地等ヲ選ブコト」とされた（「空地帯及防空空地決定標準」（同上資料所収））。
19) ただし建物疎開に携わった当時の関係者が，防空空地と疎開空地の名称を混同して使用している場合も若干ある。

第 1 部　民防空と建物疎開

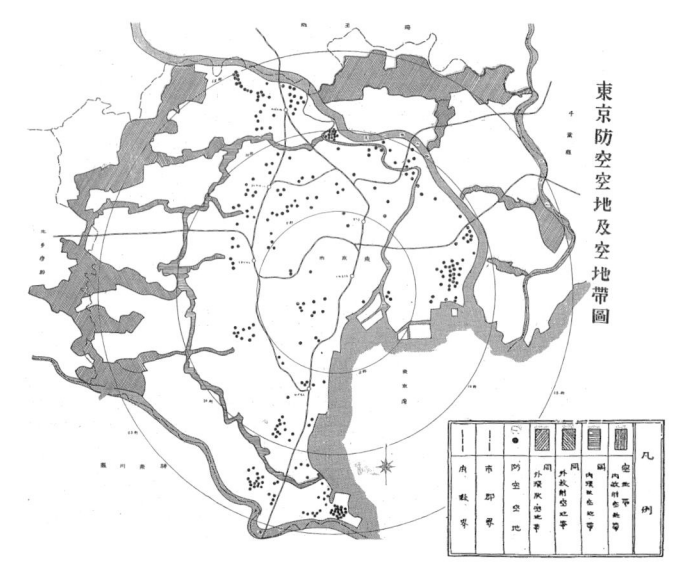

図 3-3　東京防空空地及空地帯図
（出典：『公園緑地』9(4), 1944 年）

2-2　防空法第 2 次改正と建物疎開

　疎開空地は，都市計画的要素が強い防空空地とは異なり，防空を目的とした完全な空地である。疎開空地の概念を定義しているのは，防空法であった。

　疎開空地を生み出す事業である建物疎開とは何かについて，防空法の条文に定義されてはいない。防空法は日中戦争開始直前の 1937（昭和 12）年 4 月に公布されたが，第 2 章で述べたように，当初は各地で行われる防空演習への法整備と統制を主眼に置いていた。そして，防空における地方長官の権限を定めた法令であった。

　防空法第 5 条を見てみると，

　「地方長官ハ勅令ノ定ムル所ニ依リ防空計画ニ基キ特殊施設ノ管理者又ハ所有者ヲシテ防空ノ実施ニ関シ必要ナル設備若ハ資材ノ整備ヲ為サシメ

又ハ防空ノ実施ニ際シ必要ナル設備若ハ資材ヲ供用セシムルコトヲ得」
とある。つまり，防空計画を実施するために設備や資材を整備させたり使用させる権限を，地方長官（知事）が持つことを定めている。

1941年11月，防空法が改正され，第5条には新たに7項が追加された。第5条の4は，「主務大臣ハ防空上必要アルトキハ命令ノ定ムル所ニ依リ空襲ニ因ル危害ヲ著シク増大スルノ処アル建築物ニ付其ノ建築ヲ禁止若ハ制限シ又ハ其ノ建築物（工事中ノモノヲ含ム）ノ除却，改築其ノ他防空上必要ナル措置ヲ命ズルコトヲ得」という条項だが，既存の建築物を取り壊してまで，空地や空地帯を作り出すことを規定していない。規制の対象は，新しい建築物であった[20]。

第5条の6でも，「前条ノ規定ニ依ル区域又ハ地区ノ指定ノ場合ニ於テ従来存シタル建築物（工事中ノモノヲ含ム）ニシテ其ノ後新ニ建築セラレタリトセバ同条ノ規定ニ依リ其ノ建築ヲ禁止又ハ制限セラルベキモノニ付テハ地方長官ハ之ガ除却，改築其ノ他防空上必要ナル措置ヲ命ジルコトヲ得」とある。既存の建築物を新たに改築したり増築する際，という条件で，防空上の措置をとることを定めていた（資料1）。

その後，日本にとって戦局が不利に推移するなか，政府は1943年10月再び防空法を改正した（防空法第2次改正）。防空上必要であれば建物を取り壊すことを定めていた第5条の6からは，「従来存シタル建築物（工事中ノモノヲ含ム）ニシテ其ノ後新ニ建築セラレタリトセバ」という文言を削除された。

すなわち，第5条の6は，既存の建築物についても，地方長官の命令で除却することを可能にした。残存建築物を一切認めない更地（疎開空地）は，既存建築物を取り壊すこと（除却）で生み出される。このことを，第5条の6は，「（中略）地方長官ハ其ノ区域又ハ地区内ニ存スル建築物（工事中ノモノヲ含ム）ニ付其ノ管理者又ハ所有者ニ対シ之ガ除却，改築其ノ他防空上必要ナル措置ヲ命ズルコトヲ得」と定め，建物疎開実施の法的根拠と

---

20) 地区指定の根拠は，第一次改正によって新しく条文に組み込まれた第5条の5第2項である。

表 3-3　建物疎開の計画作成および事業決定過程（京都・第 1 次の場合）

```
1944.2.17　内務省防空総本部から疎開実施の通牒
　↓
補償費算定等の準備（府内）
　↓
1944.7 上旬　事業計画案を作成し内務省へ内申（府都市計画課）
　↓
審議（内務省防空総本部）
　↓
内務大臣による認可＝疎開空地・空地帯決定
　↓
1944.7.17　疎開事業の予算審議（臨時府会）
　↓
1944.7.18　内務省告示 416 号
　↓
1944.7.20　疎開事業執行（府）
```

なった。

　建物疎開の対象となる建築物は，「空襲ニ因ル危害ヲ著シク増大スルノ処アル建築物[21]」，および地方長官が命令で指定する建築物の 2 種類ある。建築物の除却，改築その他の措置は，主務大臣の委任によって地方長官が命令する[22]。地方長官には，絶大な権力が与えられたと言えよう。

　ところで，建物を取り壊すにはできるだけ多くの人員が必要だが，建物疎開を規定する防空法第 2 次改正には，人員疎開を促進する規定も加わった。それまでの防空法では，内務大臣が一定区域内の居住者に対し，期間を限って「其ノ区域ヨリノ退去ヲ禁止又ハ制限スルコトヲ得」（第 8 条の 3）と規定していた。それが，防空法第 2 次改正では「其ノ区域ヨリノ退去ヲ禁止若ハ制限シ又ハ退去ヲ命ズルコトヲ得」と改正された。これは，人員

---

21) 詳しくは，市街地建築物法施行令第 3 条第 4 号に掲げる火薬類，塩素酸塩類，硫化燐，石油類，燐寸，セルロイド，厭酸ガス，液体ガスなどの物品の製造，貯蔵，処理のための建築物で，建築面積 30 平方米以上又は同一敷地内の建築面積の合計 200 平方米以上のものとある（施行規則第 1 条）。

22) 藤田義光『大東亜戦と国民防空　防空法解説』朝日新聞社，1942 年，p. 32

疎開と建物疎開がそもそも両立しがたい疎開政策であることを示している。

民防空は，銃後の国民全員に課せられた義務である。しかし，人員疎開によって都市部の人間の数が減少すると，建物疎開に加勢する人間の数も少なくなり，取り壊しが遅れてしまう。人の疎開を進めるか否かは，民防空の抱える矛盾をどう処理し解決するかということでもあり，内務省防空総本部と軍の考え方には多少の対立があったようである[23]。

2-3 建物疎開の事業遂行過程

次に，建物疎開はどのように遂行されるのか，その実施手順を見てみたい。戦後の名古屋や京都のように，疎開跡地を道路として整備した都市を見ると，建物疎開が都市改造を目的とした都市計画のように思えてしまいかねない。しかし，それでは民防空という建物疎開の原点を不問にし，建物疎開事業の目的と性質を，都市改造と肯定的に解釈しかねない。そこで，建物疎開と戦前の都市計画事業との相違点を整理することには，建物疎開の事業の特性を確認するという点で意義ある作業であろう。以下，両事業の相違点をいくつか指摘したい。

わが国では，1919（大正8）年都市計画法と同官制により，都市計画および都市計画事業は，都市計画地方委員会の議決を経て内務省都市計画課が最終案をつくり，内務大臣が決定，内閣が閣議で認可することにより決定することが規定されている（第3条）。

その過程を詳しく見ると，まず内務大臣が発案し，都市計画課が関係市町村の意見を聞いて調査を行い内務大臣へ内申を行う。すると，内務大臣は都市計画地方委員会へ諮問を発し，同委員会の答申を経て内務省都市計画課が最終案を作成した。こうして内務大臣が決定すると，閣議で認可し都市計画および同事業，執行年度割を告示した[24]。

---
23) 上田誠吉『ある内務官僚の軌跡』大月書店，1980年，p.146
24) 1943年12月「都市計画法及同法施行令戦時特例」（勅令第941号）により内閣の認可は必

各都道府県の府県会または市会では，事業の執行年度割に応じた単年度予算審議が行われ，予算が決定すると都市計画事業が開始される。

建物疎開の計画作成過程および事業決定過程をまとめたものが，表3-3である。建物疎開の場合，都市計画と異なり計画・実行過程に都市計画委員会が介入しないことが分かる。

建物疎開では，まず，1943（昭和18）年末頃に内務省が設置した都市疎開専門委員会において，「疎開基礎案」が策定される。委員会は，東京を含む神奈川，大阪，福岡，兵庫，愛知の6大府県に設置され，軍関係者，土木部長，警察部長，市理事者，技術者などから構成されていた。防空総本部の総務局長や関係官は都市疎開専門委員会へ出張し，そこで協議のうえ，疎開基礎案を決定した。各府県は，この基礎案に基づいて疎開の方策を具体的に計画する。このように，それぞれ都市計画は都市計画法を根拠とし，建物疎開は防空法を根拠としており，両者の計画・実行過程は法的には区別されている。

建物疎開の準備は，主に府県の都市計画課が，内務省防空総本部から実施の通牒を受けて取りかかった。地区選定を示す指定図を準備するのはもちろんのこと，そのほかに事務の分担計画や工事の方法を決定し，執行体制を整え，必要な委員会を開催する。指定図を含むこれらの事業計画案は内務省へ内申され，防空総本部の審議を経て内務大臣が認可した。

疎開空地と疎開空地帯が決定すると，次は予算の審議である。府県議会が疎開事業の予算を認めたのちに，建物疎開の概要が内務省告示で発表される。選定された地区および指定図が市役所等ではじめて公開され，一般住民は自由に縦覧できるようになる。

以上から，都市計画とは異なり，建物疎開は計画と事業がほぼ同時に決定することがわかる。そのため，事業計画案を内申し極めて短期間で事業執行に至っていること，市域で行われた建物疎開でも府県単位で実行されていたことなどを，都市計画との相違点として，挙げることができるので

要なくなったことで，この後の都市計画行政に関する事務は内務省の専管となった（竹重貞蔵「都市計画地方委員会の時代を想う」『新都市』40巻，1986年，p.43）。

ある。

　次に，府会で建物疎開の事業予算が審議された後の一連の経過について，規定された事項を見てみよう。まず，地区選定の告示後，すぐに現場調査が開始される。具体的には，対象となった家屋へ疎開票を貼付し，家屋を除却する前に建物の測量や借地借家人の特定，建物買収単価の調査，登記調査を行う。水道管などのインフラ設備の状況も調査する。営業用の店舗を取り壊す場合は，営業補償費も算定する。子供の転入学や移転先での就職の世話などは，執行機関が責任を負う。

　移転者には，移転距離を調査して算定した移転費の一部を事前に支払う。さらに，地方長官名で建物疎開による移転者であることを証明する地方転出証明書も交付する。証明書を所持している者には，勧奨による人員疎開よりも，荷造りや輸送の面で便宜が図られることとなっていた[25]。

　建物疎開の際，正確には除却命令は発せられない。防空法第5条の10の規定によって，建物を府県に「譲渡」せよという命令が出される。一刻も早く取り壊しに着手することが，建物疎開の防空的効果を高めると考えられていたが，わざわざ譲渡という手続きを踏んだのは，強権発動という見方を避けるためであった[26]。

　住民が移転したあと，府県が譲渡された家屋を全部買収し，一括して除却する。府県が除却作業を行った理由は，労力も輸送力も不足している状況で，個人の責任で工事を進めさせていては時間がかかり，短期間に完了することができないという理由からである[27]。

　戦時下，それまで主要な内務行政であった都市計画は国内では中断し，防空業務が拡大するにつれて，都市計画の所管も変化を重ねた。さらに1940年都市計画法が改正されると，都市計画の範囲に防空が追加され，

---

25)「地方通信」『都市公論』27(2)，1944年，pp. 36〜37
26) 大阪市役所『大阪市戦災復興誌』大阪市役所，1958年，p. 289
27) 小宮賢一「都市疎開事業の諸問題」『都市問題』38(3)，1944年，p. 27　東京都は建物所有者が自己の建物を除却する場合に一定の「除却奨励金」を交付し，その取り壊し資材の自由処分を認めた。除却作業を促進させることが狙いである（東京都編『東京都戦災誌』明元社，2005年，p. 196）。

これにより軍都建設や防空都市の建設が進み，次第に都市計画は軍事的色彩が強くなっていった。しかし，防空が都市計画の目的になったというよりはむしろ，都市計画決定をする理由のなかに防空を追加することで，当時ほとんど実現しなかった都市計画事業を推進させようとしたと言えよう。本項で見てきたように，建物疎開（防空）と都市計画事業の執行プロセスは，それぞれ根拠となる法律に基づいて明確な区別がなされていたのである。

3 帝都東京の建物疎開

　1943（昭和18）年12月21日，「都市疎開実施要綱」が閣議決定され，京浜，阪神，名古屋，北九州の4地域12都市に疎開区域が指定された（資料2）。こうして人員疎開，施設疎開および建築物の疎開が，帝都と軍事都市，重工業都市，港湾都市で優先的に実施されることになった。なお，施設疎開とは，官公庁や学校，会社，工場などを対象とした地方移転事業である。

　12都市のうち，我が国の防空上最重要都市である東京は，建物疎開計画が最も早い段階から策定されている。そして，防空総本部の建物疎開政策の方針や理想像をよく反映した都市でもある。内務省の建物疎開政策を知るためにも，東京の事例を明らかにする意義は大きい。さらに，第4章以降で扱う京都における建物疎開の資料の粗密を補う一助にすることもできるため，東京の建物疎開の組織体制，実施期間や方法等について明らかにしていきたい。

3-1　東京の建物疎開執行機関

　東京都内の建物疎開事業は，東京都と警視庁が執行した。都防衛局建物

第 3 章　建物疎開と民防空

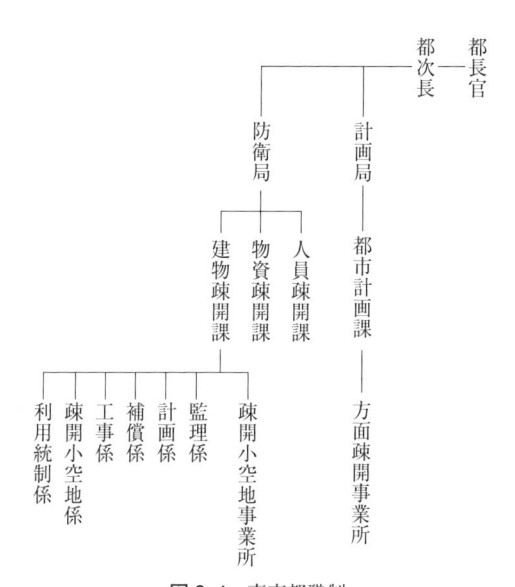

```
                    都　都
                    次―長
                    長　官
                ┌────┴────┐
               防衛局   計画局
           ┌────┼────┐      │
          人員  物資  建物  都市計画課
          疎開  疎開  疎開      │
          課    課    課    方面疎開事業所
        ┌──┬──┼──┬──┐
       疎  監  計  補  工  疎  利
       開  理  画  償  事  開  用
       小  係  係  係  係  小  統
       空                  空  制
       地                  地  係
       事                  係
       業
       所
```

図 3-4　東京都職制
1944 年 4 月 11 日職制改正時点（部分）
（『東京都政五十年史』通史・事業史Ⅲより作成）

疎開課[28]が建物疎開の一連の事業を統括し，内務省との連絡といったパイプ役を担う。そのほか，事業の計画，移転の指導斡旋，移転費や補償金に関する業務，除却工事，移転者収容業務を担当した（図3-4）。その他の執行機関として，都計画局都市計画課の管下にある方面疎開事業所[29]と，建物疎開課管下の疎開小空地事業所，警視庁管下の警察署，区役所がある[30]。これらの機関の業務分担状況を表3-4に示した。

これを見ると，各組織の業務の多くは互いに重複しており，密接に連絡を取り合いながら事業が執行されたことが推測できる。そのなかでも，方

---

28) 1944 年 4 月 11 日の職制改正以前は，防衛局疎開第二課に属した。
29) 方面疎開事業所は計画局の管下にあり 1943 年 11 月に都内 3 か所（下谷，本所，品川）に設置された（東京都告示第 529 号）。その後，疎開事業の進展に応じて 1944 年 3 月新たに 12 か所（芝，麻布，小石川，浅草，深川，大森，蒲田，淀橋，荒川，王子，向島，城東）が設置された（『都政週報』1943 年 12 月 11 日，1944 年 4 月 22 日）。
30) 『帝都に於ける建物疎開事業の概要』東京都，1944 年，p. 19（東京都立中央図書館藏）

表 3-4　東京都における各執行機関の主な業務

主な業務 \ 執行機関	都防衛局建物疎開課	都方面疎開事業所	都疎開小空地事業所	警視庁	区役所	警察署
土地測量		○	○			
移転の指導斡旋	○	○			○	○
用地・建築物の評価・買収	○	○	○			
移転費・補償金	○	○				
移転者の収容先確保等	○			○	○	○
輸送の斡旋				○	○	
空家の供出推奨					○	
除却命令・譲渡命令		○				
労務動員・学徒動員	○			○		○
除却工事	○	○	○			
建物の移築		○				
古材の利用統制	○					
跡地整理	○	○	○			

(備考:『帝都に於ける建物疎開事業の概要』から作成)

　面疎開事業所の取り扱い事務は，広範囲にわたる。疎開事業の調査，測量，設計，施行，監督，事業上必要な土地および地上物件の買収，移転，移転補償等を扱う[31]。さらに，後述する指定図作成のための土地測量を行っている点からも，現場の第一線で機能した執行機関と言える[32]。

　方面疎開事業所とほぼ業務内容が重なる疎開小空地事業所も，主要機関と見ることができる。しかし，疎開小空地事業所の主な業務は，家屋密集地や消防上危険な箇所の建物を買い取って間引く，いわゆる間引疎開であった[33]。警視庁や区役所，警察署は都のバックアップを行い，移転者へ

---

31)『都政週報』1944 年 3 月 4 日
32) 前掲，『帝都に於ける建物疎開事業の概要』p. 19
33) 前掲，東京都編『東京都戦災誌』p. 193

	東京都	京都府
疎開基礎案	都市疎開専門委員会及び防空総本部による協議	
具体的事業計画案	都防衛局建物疎開課及び都計画局都市計画課	府都市計画課
内申		
内務省告示	都庁にて公開	市役所にて公開
詳細な複数の図面	都方面疎開事業所工事課	(府都市計画課)

※ ➡ は東京、⇨ は京都、点線は推測

図3-5　建物疎開実施に至る計画案および図面作成の流れ

の指導や移転先の世話、除却の際の要員確保等を担当した。

それでは、地区指定を受けてから建築物を除却するに至るまで、具体的にどのような経過をたどったのだろうか。

建物疎開では、内務省が6大府県に設置した都市疎開専門委員会で、疎開基礎案を決定することはすでに述べた。疎開基礎案に基づいて具体的な疎開計画を立てるのは、各府県に設置された疎開実行本部(指導部)である[34]。ただし、東京都の場合、疎開実行本部そのものが設置されなかった。そこで、都防衛局(建物疎開課)や都計画局(都市計画課)が、関係各方面の希望を取り入れ具体的な計画を立案し、内務省へ内申した[35](図3-5)。これらの案を防空総本部が協議し合意すると[36]、内務省告示をもって、正式に内務大臣が地区指定を行った[37]。

---

34)「都市の疎開急速実施」『都市公論』27(1)、1944年、p.50
35)『都政週報』1944年12月11日　『公園緑地』8(1)、1944年、p.10
36)　同上『公園緑地』8(1)同箇所
37) 1945年6月以降は地区指定権限は内務大臣から地方長官へ委譲された(石原佳子「大阪の建物疎開―展開と地区指定―」『戦争と平和』14巻、2005年、p.42)。

第1部　民防空と建物疎開

　内務省告示では，建物疎開の指定図，対象となったおおよその区域，地積，幅員，延長が示される。これらの資料を縦覧できる場所は，都庁である。内務省告示が発表された後，建物疎開課は指定図を写図し，都内15か所にある方面疎開事業所へ送付する[38]。方面疎開事業所の工事課は，詳細な実測や境界線の確認を担当した。

　このように東京都の建物疎開では，指定図を基にしてさらに詳細な図面を複数作成し，実際の除却の際には，この新たに作成した図面が使用されていた[39]。図面は本来精密な測量を必要とするが，既定の実測図に基づいて，内務省告示から数日のうちに急いで仕上げたため[40]，事業所長が境界線のみ確認を行った[41]。

　これらの図面の縮尺は300分の1であり，道路，河川，溝渠，鉄道，軌道，家屋や付属工作物，その他の地上物件の位置を明示した。区界，町界，地番界，宅地界も表示され，主な施設や建築物はその名称も記入された。除却する家屋には，各箇所ごとに番号を附し製図を仕上げた[42]。こうして作成された図面は数種類あり，建物疎開区域確定図，土地実測図（求積図，借地境標示図）付地積図，跡地利用計画図，建物配置図である[43]。しかし，これらの図面は管見の限り現存しない。

　以上から，東京の場合は，内務省の策定した疎開基礎案をもとにして，都で具体案を作成，さらに方面疎開事業所で詳細な図面を作成して除却線

---

38) 東京都防衛局建物疎開課編『疎開区域ノ境界確定ニ関スル件：防建疎発第十三号』東京都防衛局建物疎開課，1944年

39) 公開された指定図は，疎開区域の境界線を明示するほど正確なものではなかったと考えられる。

40) その結果，建物疎開事業区域の境界線が不明確なケースも多々発生ため，境界線が建物にどれくらいかかるかどうかで取り壊すかどうかを判断した（「防疎二発第二〇号　疎開事業区域境界線確定ニ関スル件」『建物疎開事業関係通牒類其他参考資料 [1-1]』東京都防衛局，1944年）。

41) 同上資料　第3次建物疎開の場合1944年4月17日に内務省告示が発表され，方面疎開事業所へ指定図が送付されたのは4月下旬であった。その早急ぶりが伺える。

42) 前注38資料所収「防疎二発第六号　疎開事業区域測量ニ関スル件」

43) 東京都防衛局建物疎開課「防建疎発第一六〇号　第一次乃至第四次指定ニ係ル建物疎開事業事務引継方式ニ関スル件」『建物疎開事業関係通牒類其他参考資料 [6]』東京都防衛局建物疎開課，1945年

を決定していた。建物疎開の実施に必要な計画案は，三つの段階を経てより具体的に，詳細に作られたことが明らかになった (図3-5)。

これらの経過とほぼ同時に，都は，疎開区域内の世帯主を学校や公会堂等に集めて懇談会を開いた。そこで都が建物疎開の趣旨を説明し，立退きを指示した[44]。建築物は，地方長官（場合により住宅営団）の譲渡命令で都が買収したのち除却を行ったが，これは他府県でも同じである。

建物疎開の工事は，都内の対象区域を二分して，南部を住宅営団，北部を関東土木建築統制組合がそれぞれ都の委託を受けて行った。一部は都が直営で実施した[45]。

3-2　建物疎開の変化

東京では，1944 (昭和19) 年1月の内務省告示後，建物疎開を継続事業として位置づけ，1944年7月末まで4回実施する計画だった (表3-5)。事業の特徴は，第1次建物疎開から幅員50～100メートルの空地帯造成に着手したことである。そのほか，重要施設や主要駅周辺の空地を造成した。

しかし，当初は空襲に対する実感が執行部でも乏しく，住民への理解も徹底していなかった。移転することへの住民の不安は強く，輸送体制も整っていなかったため，事業の進捗状況は遅々たるものであった[46]。

一部の住民は，空襲の危険が少ない地方へ疎開しているため，建物疎開の除却作業に必要な者を確保することも容易ではなかった。一般疎開促進要綱（1944年3月3日閣議決定，資料4）は，学徒や一般勤労報国隊に加えて，力士を動員することも指示している。都は1944年5月8日に帝都疎開工事挺身隊を結成し，組織的に労力を確保することを試みた。挺身隊は，大工，鳶職，植木屋等の技能者集団の技能部隊と，学徒や勤労部隊からなる

---

44)『都政週報』1944年4月18日
45) 越沢明『東京都市計画物語』日本経済評論社，1991年，p. 195
46) 浄法寺朝美『日本防空史』原書房，1981年，p. 279

表 3-5　東京の建物疎開状況

	第 1 次 1944.1.26 〜	第 2 次 1944.3.20 〜	第 3 次 1944.4.17 〜	第 4 次 1944.5.4 〜	計（箇所）
疎開空地帯	4	16	36		56
重要施設疎開空地	9	6	13		28
交通疎開空地	2	1	18		21
疎開小空地				252	252
鉄道沿線					
合計	15	23	67	252	357

第 5 次，第 6 次の実績は不明（『東京都戦災誌』より作成）。

勤労報国隊から編成された[47]。

　第 1 次建物疎開以降，継続的に第 2 次，第 3 次事業も行われ，1944 年 5 月には第 4 次建物疎開が始まった。除却は，意外にもある種の落ち着きや規律が存在する雰囲気で行われていた。瓦や襖，障子は順序良く解体され，大八車で運び出されている（図 3-6，3-7，3-8）。歩道の脇には，材木が整理して積み上げられている。除却作業が解体作業のようにも見えるのは，取り壊した後に発生する古材を再利用することを想定しているためである。

　建物を構成していた木材，瓦，畳，建具，釘，補強金物類，鉄板類，煉瓦，陶製品，石材類のうち，再利用が可能なものは，防火改修や住宅の補修用，輸送の資材用，工場や事業場の施設用に使うこととなっており，地方長官が発行する割当証明書により配給される。そのため，除却を行う際は，資材別に仕分けて保管しなければならなかった[48]。地域によっては，材木の屑やごみが散乱し，生活の痕跡を生々しく伝える疎開跡地もある（図 3-9，3-10，3-11）。その後，住民総出で土をならしたりごみ拾いを行った（図 3-12，3-13）。

47）『都政週報』1944 年 6 月 3 日
48）新居善太郎文書「建築物疎開除却資材配給措置要綱」R128　フイルム番号 0307

第 3 章　建物疎開と民防空

図 3-6　勤労学徒による除却および運び出しの様子

図 3-7

第1部　民防空と建物疎開

図 3-8
東京の第4次建物疎開の様子。取り壊し作業は瓦や天井，窓，壁を取外すことから着手し，最後に柱を解体した。建物を構成していた資材は，防火改修や住宅の補修，輸送用に再利用することが想定されていたため，取り壊した後の古材は大八車で運び出し，種類ごとにある程度まとめて片づけられている。学徒動員が行われ作業は進められたが，一定の落ち着きが感じられる（写真 3-6～3-8　東京都下谷区（現在の東京都台東区），1944年6月23日撮影，出典『下谷建物疎開事業所時代写真』）。

　このように東京の初期段階の建物疎開は，執行部，住民ともにあまり切迫感が感じられない。内務省も，古材の再利用など，建物疎開事業全体の効率を重視していた[49]。熱心な住民からは，「戦争に勝つために急いで建物疎開をしようと思っているのだから，お役所の方でも急いで戴き度い[50]」とする意見や，「自己除却願」が区役所へ多数寄せられていたほどであった[51]。
　当然のように，事業の進捗状況は遅かった。5月に始まった第4次建物

---

49)「29 座談会「地方における防空行政の実態」速記録　昭和43年5月30日」『大霞会旧蔵内政関係者談話録音速記録』（国立国会図書館憲政資料室所蔵）pp. 106～113
50)『毎日新聞』多摩版，1944年7月25日
51）品川区立品川歴史館編『品川歴史館資料目録　行政資料編（三）品川区建物疎開関係資料1』品川区立品川歴史館，1992年，pp. 64～65

第 3 章　建物疎開と民防空

図 3-9

図 3-10

東京での第 4 次建物疎開の様子。作業に携わった警防団員らが小休止している背後には大量の畳が積み重ねられている（図 3-10）建物を強引に引き倒した地域では，乱雑に散らかった古材が山積している（図 3-11）（写真 3-9〜3-11　東京都浅草区（現在の東京都台東区，1944 年 6 月 23 日撮影，出典『下谷建物疎開事業所時代写真』）。

115

第 1 部　民防空と建物疎開

図 3-11　除却後の古材の状況

　疎開は，11 月にようやく残務処理を終えた疎開事業所から閉鎖しはじめた。防空上最重要都市である東京でさえ，建物疎開の実施は計画より大幅に遅れていたのである。
　他方，本土を取り巻く戦況は刻々と悪化していた。その年の夏にはサイパン島が陥落しグアム・テニアン島で守備隊が全滅するなど，本土空襲は必至となった。戦況の実態と政府の防空認識は直結しておらず，防空総本部は，戦況の悪化よりむしろ建物疎開が国民に強いる犠牲の大きさを深刻に捉えていた。それにより国民の戦意が低下することを懸念し，1944 年の秋ごろには，これ以上建物疎開を進めることへ消極的な見方が強まっていた[52]。
　しかし 1944 年の秋以降，都市空襲が日増しに熾烈化する状況を受け，

---

52) 牧野邦雄「建物疎開の再検討と今後の方策」『道路』6 巻，1944 年，pp. 424〜425

第 3 章　建物疎開と民防空

図 3-12　跡地整備の様子

図 3-13
東京の第 4 次建物疎開の様子。除却作業から約 1 ヶ月が経過したあと，建物を取り壊した土地を整地している様子。細かな瓦礫やゴミはまだ大量に残っており，周辺住民が鋤や鍬，竹箕などを使って片づけを行っている（東京都下谷区（現在の東京都台東区），1944 年 7 月 26 日撮影）（写真 3-12〜3-13　出典：『下谷建物疎開事業所時代写真』）。

政府は1945年1月に緊急施策措置要綱に基づいた「空襲対策緊急強化要綱」を閣議決定した。都市疎開を強化し、堅牢建築物の利用統制、残留人員を確保する方針が決定し、東京および横浜、名古屋、大阪、神戸では建物疎開を強化することになった。

このとき、東京では10万5,000戸の取り壊しを追加実施することが決定したが（第5次建物疎開）、実施には至らなかったようである。理由は不明だが、第5次建物疎開の実績はほとんどない。

このように政府が建物疎開を含む民防空の強化を認識しながらも、実施に踏み切れないでいたまさにその時期に、米軍による夜間の大空襲が始まった。同年3月10日未明、B29機298機[53]による夜間攻撃を受け、東京の下町一帯は壊滅した。本所、深草、向島方面の江東地区から浅草、日本橋の隅田川をはさむ東京の木造密集地区では、焼夷弾により大火災が発生し、特に延焼による被害が著しかった。

当時の日本政府の発表によると、被害状況は、死者8万489名、罹災者数104万5,392名とあるが、現在でも正確な数字は不明である。出動した僅かな戦闘機や高射砲、照明灯はほとんど機能せず[54]、軍防空の脆弱さが明るみになった。政府の戦況に対する認識の不足や危機感の欠乏が、露呈したのである。

東京だけでなく、名古屋（3月12日、19日）や大阪（3月13日）も立て続けに大空襲を経験し、次々と大都市が焦土と化していく様を受けて、1945（昭和20）年3月24日内務省は防空技術懇談会を開いた。懇談会の目的は、防空に携わる技師たちが集って、専門的な立場から大空襲と防空について意見を交換することである。内務省第1会議室で開かれた懇談会に出席したのは、防空総本部、東京都、国土局などの建築・疎開・防空・土木・消防・通信の技師計36名であった。

懇談会では、それまでの家庭消防の技術上のまずさ、および防火改修がこれほどの大空襲では全く役に立たないことが認められた。「最近ノ都市

53）前掲、浄法寺朝美『日本防空史』p. 243
54）同上書、pp. 243〜246

民ノ防空戦闘精神ハ全ク地ニオチテ居ル[55]」という指摘もあるように，士気の低下も深刻とされ，家庭消防や隣組消防には全く期待できないとされた。

次に，東京大空襲時における建物疎開の効果が話し合われた。当日は，大火で強風が吹き炎が旋回し，盛んに飛び火がおこった。そのため，家屋が立て込む下町一体に，特に大きな被害が出たのである。

このような状況下では，100メートルの幅員の空地帯でも，延焼防止効果は皆無だった。消防車が通ることを想定していた消防道路も，水道が断水しポンプ車が焼失した当時の状況下では，何ら意味をなさなかった。防空総本部の技師の間でも建物疎開の効果を否定する者が少なくなかった。

「アノ様ナ強風デハ結局現行ノ疎開ハ当然不充分ナモノデアッタ」(防空総本部技師山田正男)，「五〇米等ト云フ幅員ハ余リ役ニ立タヌト思フ」(防空総本部研究所技師牧野邦雄)という意見がある一方で，今後も積極的に進めようという意見も見られる。内務省技師小宮賢一は「疎開ハアル程度効果ガアッタガ尚不充分デアッタ」「場合ニヨッテハ役ニ立ツ[56]」と主張している。小宮は，広い街路に接して造成された小空地は，避難の際に息つく場所として効果があったと考え，樹木があればなお有効だとした[57]。鉄道沿線に設けられた空地帯を，レールの保護に成功したと評価する意見もある。

そもそも，空地帯は単に造成するだけでは防空上の機能を十分に果たせないことは，学会や専門家の間でも1944年ごろからすでに指摘されていた。空地は単に造成するだけでなく，平常時における防火地区のように，周囲の建築物に防火改修を施すことで効果をあげる。不燃性物質を使用した改修を施すことで，火勢が弱くなり延焼が緩慢になるからである[58]。さ

---

55)『昭和20年3月24日　防空技術懇談会概要』防空総本部防空研究所，1945年，p. 15 (東京都立中央図書館蔵)
56) 同上資料，p. 13
57) 同上，pp. 11〜19
58) 建築学会都市防空に関する調査委員会「防火改修促進に関する方策・建築物疎開急施方策」『建築雑誌』1944年，pp. 173〜174

らに貯水槽や待避壕，路面の築造，防火樹林の植栽も空地帯には欠かせず，これらが揃ってはじめて，建物疎開は総合的に効果を発揮するとされていた[59]。

防空技術懇談会に出席した技師らは，東京大空襲のような大規模空襲では，このような論理は全く通用しないことを理解したはずである。しかし，「三月九日夜東京空襲以降ノ空襲ニヨル被害ハ従前ノ其レニ比シ一ツノ時期ヲ画シ[60]」ており，大都市が連鎖反応するように被災していくなか，他に頼る民防空も見当たらず，その後も建物疎開を推し進めることになる。

3月19日に開かれた臨時都議会も，状況は似通っていた。今後の民防空対策を討議した際は，徹底的な疎開方策の断行が必要だ，事態は1日の遷延も許されない，と切羽詰った空気に満ちていた。そのため，「徹底的に業務を簡素化するとともに，特に建物除却については，軍官民各方面の一層の御協力を得て，所期の目的を達成致したい[61]」と，従来のやり方とは異なり，軍の協力を得て除却作業のみを最優先させる方法を進めることを決定した。こうして追加予算（19億6,573万円（現在の価格で約378億円））を議決し，東京の第6次建物疎開が開始された[62]。

第6次建物疎開では，従来の幅員を大幅に上回る幅員100～200メートルの大空地帯を二十数か所計画するなど，事業規模はそれまでより大きく飛躍した。戦車を使って家屋を破壊するなど，除却の手法も前年までとは大きく異なっている（図3-14[63]）。建物疎開を防空の「頼みの綱」として促進させたが，民心の一致団結も狙っていたと推測できる。焦土と化した東京において，もはや除却の実績は不明であるが，一貫性を喪失し，ただその場その場の収拾に狂奔したまま敗戦を迎えてしまった[64]。

---

59) 牧野邦雄「建物疎開の再検討と今後の方策」『道路』6巻，1944年，pp. 426～427
60) 前掲，『昭和20年3月24日　防空技術懇談会概要』p. 1
61) 東京都議会議会局法制部編『東京都議会史』東京都議会議会局，1951年，p. 382
62) 同上書，pp. 379～393
63) 『朝日新聞』1945年3月20日
64) 前掲，東京都編，『東京都戦災誌』p. 196

第 3 章　建物疎開と民防空

図 3-14　東京における破壊消防の様子（荒川区）
戦車を使って建物を破壊している様子。とにかく建物を早く破壊することを優先する破壊消防という方法であり，建材を再利用することなどもはや想定していない。東京大空襲で火災や延焼の恐怖を経験した直後，都内では一種のパニック状態のなか第 6 次建物疎開が進められた。神奈川や大阪など他の大都市も 1945 年 3 月半ば以降は，防空の最後の頼みの綱として建物疎開を次々と実施した（『朝日新聞』1945 年 3 月 20 日）。

　このように東京では，建物疎開の性質は開始当初と 1945 年 3 月の大空襲後では異なり，後者はパニックに直面した行為とも言えるだろう。実際の空襲経験は，建物疎開を積極的に大規模に実施させる大きな契機となったことがわかる。

3-3　映画『破壊消防』

　そのほか，建物疎開の実施や進行に影響を与えていた要素には何があったのだろう。
　まずは，人員疎開との関連性を指摘することができる。防空総本部は，疎開政策のなかでも建物疎開を最重視したが，人員疎開や物資疎開（衣料疎開）[65] も統括していた。

65）物資疎開は人員疎開に伴い必然的に行われた。空家に残された布団や衣料品は，空襲を受けた際に延焼の原因となるばかりか消火作業に携わる家人がいないため危険とみなされた。

121

人員疎開は行政措置であり、学童疎開と特定地域の一般住民の疎開がある。当初は家族制度を尊重し強制的には行われず、原則として勧奨による方針だった。空襲が激しくなると、必ずしも都市部に居住する必要のない者は地方へ転出したり、都市に勤務する者は家族を郷里に帰すなど[66]、都市を離れる者が増加した。

東京都の場合、1944（昭和19）年2月の都内人口を基準にすると、同年11月までの人口減少率は19パーセントである。これは、120万人以上の都民が周辺部へ疎開したことになる（表3-6）。特に年明け以降、空襲が本格化するにつれて疎開人口はますます増え、1945年6月には、400万人以上が東京を離れていた。

人の疎開が進むと都市部には空家が増えていき、空襲による延焼の危険性を高めてしまう。居住者のいない空家は、空襲を受けた場合に火災の発見が遅れ、他の建物へ延焼を促す厄介なものとなるからである。このような事態を受け、都では建物疎開で立ち退く人々の移転先として、そうした空家を優先的に確保し提供しようと試みた[67]。1944年12月22日閣議決定された「空家ニ関スル防空強化対策要綱」も、空家の間引疎開を奨励し、特に、密集地域内の空家を至急撤去するよう指示している。

このように、人員疎開の促進に伴い都市部で増加する空家は、建物疎開による疎開者の受け皿を生産する一方で、さらなる建物疎開の実施を促す一要因になるという矛盾を帯びていた。都市部の人員疎開・建物疎開の政策は、空家の数を媒介して密接に関連する疎開政策だった。

もう一点、大空襲以降に除却の手法が変わったことも、事業の強権的な性格を強め、その進行速度を速めたという点で、注目すべきであろう。建物疎開が火災発生前の防火措置であるのに対し、バケツリレー、火叩、柄杓を使った訓練は火災発生後の初期消火を想定しており、隣組や特設防護

各家庭で梱包し都市部から離れたところに保管場所を設け、輸送した（『都政週報』1944年2月22日、1944年3月4日）。
66）前掲、大霞会編『内務省史』第3巻、p. 512
67）東京都令第15号『建築物利用統制令』（1944年2月21日）

表3-6　戦時下における東京都の人口減少状況

年月日	残留人口	疎開人口	残留人口比率（%）	疎開人口比率（%）	摘要
1944年2月	6,658,162	0	100	0	国勢調査
1944年11月	5,392,549	1,265,600	81	19	東京都調査
1945年2月	4,986,600	1,671,500	75	25	東京都調査
1945年4月4日	4,166,600	2,491,500	62	38	3月10日空襲。3月13日から4月4日の間に82万人疎開（東京都調査）
1945年4月23日	3,566,600	3,091,500	54	46	4月13日・15日空襲。4月14日から23日の間に60万人疎開。（東京都調査）
1945年5月25日	3,286,000	3,372,000	49	51	5月23日・25日空襲。5月24日から27日の間に28万人疎開。（東京都調査）
1945年6月5日	2,537,800	4,120,300	38	62	5月28日から6月5日の間に77万人疎開。（東京都調査）

（出典：『東京都戦災誌』pp. 126〜217，『日本防空史』p. 268）

　団が中心となって消火訓練を行っていた。警察でも1941年から焼夷弾の消火実験を各地で活発に行い，警防団や隣組の消火指導に全力をあげていた[68]。

　しかし，空襲による破壊威力や，焼夷弾による火の勢い，燃焼時間，延焼範囲など，それまで実際の空襲を体験したことのない我が国には，空襲

68）前掲，浄法寺朝美『日本防空史』p. 189

火災に関する十分な科学的情報がなかった。建築学会や東京大学建築学研究室は，1937年以降，実物の木造家屋を燃焼させ風向きや燃焼速度を測定し，その関係性を調査するなど火災実験を繰り返し，科学的根拠に基づいた情報収集を急ぎ進めている[69]。

これらの実験の中には，一般向けの教育用映画として製作，公開されたものもある。1944年6月に，理研科学映画株式会社によって製作された文化映画『破壊消防』も，その一つである。

この文化映画は，大日本防空協会と大日本警防協会が企画した。その目的は，「破壊消防」の意義や方法等について国民一般にその概念を理解させ，指導的立場に立つ警防団に示唆を与えるためである[70]。『破壊消防』では，家庭や警防団による消火活動では対応できないと判断されるほどの大火災の場合，家屋を破壊して延焼を防止するよう指示している。この手法は映画のタイトルと同じ，「破壊消防」と呼ばれた。

映画の構成を見ると（残念ながら筆者の手元にあるものはシナリオのみで，映像の所在は不明である），家屋の毀損すべき箇所や必要な人数，倒壊させる方向，用具類，ロープを引っ張る力，倒壊を完了するまでの所要時間などを，詳細な調査に基づき再現して，お手本となる破壊消防を実演している[71]。破壊には，人力以外にトラクターや戦車も使用されている。映画の結論部分では「建物疎開は事前に行う破壊消防[72]」と示唆する。つまり，空襲で家屋を焼失するよりは，空襲を受ける前に破壊消防の手法を用いて建物疎開を進めれば，古材も再利用できて得策だ，というのである。

このように，強引な家屋破壊を前提とした建物疎開の手法は，発火以前に行う防火と，発火後に行う消防の概念が，混在して生まれたものであっ

---

[69] 越沢明『復興計画』中央公論新社，2005年，p. 142 参照。その結果，建築学会は1944年3月に「都市防空に関する特別委員会」を設置し，「防火改修促進に関する具申書案」（東京都立公文書館蔵）を学会長名で首相および関係者へ104通提出している。

[70] 破壊に伴う居住者の待避や家財の処置等については当局の指示により一切割愛された。

[71] 1944年3月東京蒲田で建物疎開が行われた際に，除却予定の家屋を使って破壊消防の試験が防空研究所によって行われていた。

[72] 「文化映画　破壊消防　第一篇」『破壊消防』（東京都立公文書館蔵）

た。

　東京で実際に破壊消防の手法が用いられたのは，前述したように第6次建物疎開である。破壊消防は，建物疎開をもはや「都市の破壊[73]」となし，事業のスピードを格段にあげた。住民たちが移転するための猶予はなく，彼らは追い出されるようにして数日間のうちに立ち退かねばならなかった。

3-4　建物疎開と軍

　建物疎開が行われる際，地区指定は内務省の指導に基づき，都府県の疎開実行本部（東京の場合は都防衛局と都計画局）が行うと述べた。では，軍は地区指定に何らかの影響を与え関与したのか，という点も検討したい。

　京都の場合を例にとると，1945（昭和20）年5月4日，中部軍管区参謀長が京都府警察部に宛てた文書を指摘して，軍から地区指定について要望があったとする見方もある[74]。文書では，鉄道防衛のため遅くとも5月下旬までに沿線の建物疎開を急速に促進するよう催促している[75]。そして，同年7月末に開始された第4次建物疎開では，実際に国鉄沿線が対象となったのである。

　だが，それをもって大規模な空地帯選定に軍の関与があったとまで推し量ることは困難だろう。資料的な制約があるのは当然であるが，あくまで軍の関心は道路の防空に向けられており，当時道路の防空と空地帯の概念は異なっていたためである。

　軍は，戦前に道路の拡幅に強い関心を持っていたが，具体的には破壊・閉塞された道路を復旧することや，応急の場合に備えて基本交通路線および迂回路線を決定し，防空目的に合致するように施設や資材の準備を行う

---

73) 石田頼房『日本近現代都市計画の展開 1868-2003』自治体研究社，2004年，p. 160
74) 入山洋子「京都における建物強制疎開について」『京都市政史編さん通信』第12号，2002年，p. 7
75) 京都府行政文書『第3次建物疎開事業関係綴』「中軍参空二〇四号　重要都市鉄道沿線建物疎開促進ニ関スル件通牒」

ことを目的としていた[76]。他方，建物疎開による空地や空地帯は，街路ではなく防火施設である[77]。

両概念の違いは例えば，防空法施行前の1936年，京都防衛訓練演習における第十六師団参謀木佐木久の挨拶にも窺うことができる。木佐木は，市内の道路について次のように述べている。

> 非常に狭いところがあるかと思ふと，又非常に広い所がある斯う云ふ風に感じます。（中略）道路と云ふものを防空の見地から見ますと，道路は交通量と云ふものよりも常に之を広くして置かなければならぬのであります」。その理由として挙げているのは，空襲や火災の際に避難したり，防空部隊の通過を円滑に行うためであり，「本願寺或は駅前の空地を見て非常に広いと思はれませうがあれではまだまだ狭いのでありまして，もう少し広場なり道を造らなければならぬと思ふ

当時の京都市の土木関係者は，1941年に京都師団（第十六師団）に，市と府の技術長や都市計画課長が呼び出され，「京都市にはいま7億円か8億円かの財産がある。それを軍が守ってやるが，そのかわりに100メートル幅で十文字にぶち抜け，明日からやれ」と命じられたと回想している。法律上できないこと，第一，居住者が立ち退かないと言うと，「立ち退かなければ火をつけて燃やせ」と言われたという[78]。

上記の京都師団の2例は，第2次防空法が公布されたり，都市疎開実施要綱が発表される以前の出来事である。既存建築物を除却して空地を作りだそうとする概念とは異なることから，軍が地区選定に直接関与したことを意味しない。既存道路を拡幅することで，軍事道路を設置したり，鉄道路線を保護して輸送路を確保しようとする点から，あくまで軍が道路の防空に関心を持っていたことを意味するに留まる。

---

76) 浄法寺朝美「防空上道路の重要性に就て」『道路』4巻1号，1942年，p. 34
77) 京蝶「丸ノ内通信―都市計画界管見―」『都市公論』27(1)，1944年，p. 45
78) 建設局小史編さん委員会『建設行政のあゆみ―京都市建設局小史―』京都市建設局，1983年，pp. 252〜253

第2部
建物疎開と京都

第4章

京都における建物疎開の実施

第 4 章　京都における建物疎開の実施

　1943（昭和 18）年末に発表された都市疎開実施要綱では，建物疎開にすぐ着手する重要都市を 12 あげている。この 12 都市のなかに京都市が含まれなかったことから，内務省が建物疎開の実施には人口の多さよりも，その都市の政治・経済・軍事上の重要性を重視して選んでいたことがわかる。戦争を遂行するための政治・経済・軍事・産業面の重要性を総合したものが，その都市の防空上の重要性となり，建物疎開を行う際の政府の判断基準となった。

　各都道府県の各都市で，防空上の重要性が異なるという事実は，都道府県単位で実施された建物疎開の場合，実施状況にもそれぞれ特徴や相違があることを予想させる。前章で触れた東京の事業とは異なる特徴が京都の事業に見出せるならば，結果として，建物疎開の全体像が立体的に掴めるのではないか。

　本章では，こうした見通しに基づき，京都における建物疎開の実態を明らかにしていきたい。

1　京都の建物疎開執行機関

　1944（昭和 19）年 7 月 21 日，京都府は第 1 次建物疎開の実施に合わせて，京都府疎開実行本部，京都府疎開委員会，京都府疎開事業補償委員会を次々と組織した[1]（資料 5）。

　なかでも，建物疎開の統制と推進を目的に設置された京都府疎開実行本部は，新居善太郎知事をトップに据えた総勢 140 名の大所帯であった（図 4-1）。本部のもとに指導部と事業部を備え，新居知事の命令で指導部長には警察部長，事業部長には土木部長が就任し，参与や部員には主に府の職員と内務省出身の技師があたった。

　指導部の役割は，実行本部の運営以外に，疎開者に対して建物疎開の内

---

[1]　新居善太郎文書『地方長官会議参考』「昭和 19 年 8 月疎開事業実施状況」，「京都府公報」第 1789 号，1944 年 7 月 21 日

第 2 部　建物疎開と京都

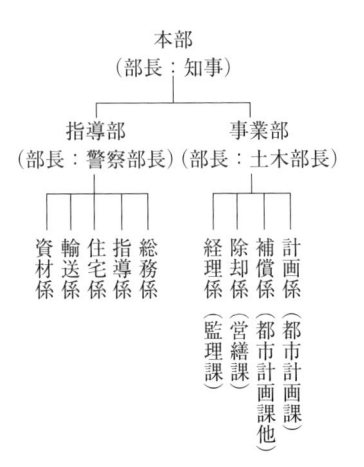

```
                        本部
                     (部長：知事)
              ┌──────────┴──────────┐
            指導部                事業部
        (部長：警察部長)      (部長：土木部長)
      ┌──┬──┬──┬──┐    ┌──┬──┬──┐
      総  指  住  輸  資    経  除  補  計
      務  導  宅  送  材    理  却  償  画
      係  係  係  係  係    係  係  係  係
                          （ （ （ （
                           監  営  都  都
                           理  繕  市  市
                           課  課  計  計
                           ）  ）  画  画
                                  課  課
                                  他  ）
                                  ）
```

図 4-1　京都府疎開実行本部組織図
(出典：『昭和十九年第一次建物疎開』
「京都府疎開実行本部規定」)

容を啓蒙したり，転出がスムーズに進むように住宅を斡旋し，家財道具を輸送する方法やそのための人手を確保することだった。総務係，指導係，住宅係，輸送係，資材係には，地方技師や地方事務官，警察，消防関係者を中心に計 89 名が所属していたが，各係の人数配分にはかなりばらつきが見られる。住宅係には，最も多くの人員が配置される一方で，指導係（疎開の指導相談や疎開者の実情調査を担当）は明らかに人手が足りていなかった（表 4-1）。

　他方，事業部は，現場での実務的な作業を担った。事業部には計画係，補償係，除却係，経理係の 4 課があり，疎開者に対する補償や除却（取り壊し）の指示，跡地整理の計画，土地や家屋の実地調査などを担当した[2]。よって事業部職員（計 90 名）には，都市計画課，監理課，道路課，河港課，砂防課，京都飛行場建設事務所，建築課出身の技師や技手が多い。補償係には，事業部職員の過半数にあたる 50 名を配置しており，事業部の主業

---

2)　「京都府公報」第 1789 号，1944 年 7 月 21 日

表4-1 京都府疎開実行本部業務内容

部署	係名	活動内容	人数
指導部	総務係	・委員会に関する事項 ・本部運営に関する事項　・宣伝啓蒙	19
	指導係	・指導相談　　　　　・疎開者実情調査	4
	住宅係	・転出先家屋調査　　・転出の斡旋	29
	輸送係	・輸送斡旋　　　　　・輸送用資材斡旋	17
	資材係	・労力資材斡旋　　　・古材等の利用統制	20
	計		89
事業部	計画係	・疎開計画　　　　　・跡地の計画	13
	補償係	・譲渡命令　　　　　・移転其の他の補償	50
	除却係	・建築物の評価　　　・除却工事	16
	経理係	・経理	11
	計		90

(出典：『昭和十九年第一次建物疎開』)

務が補償に関するものであったと言える。

　このように，京都では，知事をトップに据えた京都府疎開実行本部が，建物疎開の執行機関として指導的役割を果たした。東京都のように，都市計画課と建物疎開課を中心に事業を推進させる方法ではなく，京都府は建物疎開課を設けずに，関係諸課を組み合わせるようにして疎開実行本部を結成させた。東京都防衛局建物疎開課，都方面疎開事業所，都疎開小空地事業所の業務を一括したものが，京都府疎開実行本部の業務に相当すると考えられる。

　実際，東京以外の府県や大都市では，京都のような「疎開実行本部」を建物疎開の統括組織として設置することが一般的だったようである[3]。名

---

3) 実行本部の組織構成は府県により多少の差異もあった。例えば，山形県建物疎開本部では知事を本部長，本部の下に庶務部（庶務係，会計係，厚生係）・指導部（総務係，輸送係，労務係，調整係）・事業部（実施第一係，第二係，第三係）を置き，それぞれ内政部長，警察部長，経済第二部長を充てた（山形県警察史編さん委員会編『山形県警察史』下巻，山形県警察本部，1971年，pp.750〜751）。

第2部　建物疎開と京都

称は多少異なるが，大阪府実行本部や名古屋防空疎開実行本部[4]は，その一例である。つまり，建物疎開の組織編成には，東京のように既存の組織だけで対応する場合と，京都や大阪のように新しく「疎開実行本部」を設置する場合がある。

建物疎開の執行機関は，地域によって相違があるものの，都道府県と疎開者との間で交わす契約書の内容や，手続きの順序は，内務省が規定しているために全国一律だと考えて良いだろう。京都府の建物疎開実施予定表によれば[5]，住民へはまず疎開票を貼ることで，建物疎開を始めることを通達する。そして疎開空地ごとに建物所有者を招集し，譲渡命令書を交付する。この譲渡命令書は，府への譲渡命令であり「建物に対する赤紙[6]」とも呼ばれていた。

そのため，全ての建物所有者は，次のような建物売渡契約書[7]に署名しなければならない。

　　　建物売渡契約書
　　拙者所有ニ係ル左記建物ハ今般貴府ニ於テ執行ノ都市疎開事業ノ為御買取相成候ニ付テハ左記価格ヲ以テ正ニ売渡申候然ル上ハ之ニ関シ後日ニ至リ何等ノ故障ヲ申出ザルハ勿論如何ナル名義ニ依ルモ増金等ノ要求ヲ不仕且ツ該建物ニ関シ第三者ヨリ異議ノ申出又ハ権利ノ主張ヲ為シタル場合アリタルトキハ拙者ニ於テ之ガ責任アル解決ヲ為シ貴府ニ対シ聊モ迷惑ヲ相掛ケ申間敷本契約前該建物ニ付義務ノ生シタル公租公課ハ総テ売渡人ニ於テ負担可仕
　　　昭和十九年　　月　　日
　　　　　　　　　売渡人
　　京都府知事新居善太郎殿

---

4)　愛知県史編さん委員会編『愛知県史』資料編27（近代4：政治・行政4），2006年，pp. 770～771
5)　京都府行政文書『第2次建物疎開事業関係綴』「工程表」
6)　「この命令〔譲渡命令：引用者注記〕は建物に対する赤紙と同様のもので，都市武装のために喜んでこれに応ずべきこと」とされていた（『京都新聞』1944年7月20日）。
7)　京都府行政文書『昭和十九年第1次建物疎開（都市疎開関係書外）』「建物売渡契約書」

契約締結後は，税務署（登記所）が除却建物調書を作成する。除却建物調書は補償金算定の際の基本ともなるため，建物所在地，建物の構造または種目，用途，数量，建物延坪数，単価，価格などを記入する欄がある。その後，除却が始まるわけだが，除却は鳶や大工の組合が請け負うほか警防団や学生，婦人会なども従事し，さらに徴兵検査で第二乙種や丙種とされ現役兵としては兵役に従事しない者も一部招集された。

建物を取り壊した後は，古材を処分し跡地を整地し，防空壕や樹木など，防空のために必要な施設を設置する。税務署は，建物が滅失したという登記を行うため家屋台帳を整理し，ここに建物疎開が終了する。

ただし，このような手順はあくまで計画に過ぎず，実際の様相は異なっていた。京都が空襲を受ける危険が飛躍的に増した時期に行われた第3次，第4次建物疎開では，特にその乖離が甚だしかった。現場ではどのようなことが起こっていたのか，次に京都における建物疎開を第1次から第4次まで概観する。

2 大都市空襲以前の建物疎開

2-1 第1次建物疎開

1944（昭和19）年2月17日，内務省から京都府へ，国外の戦況を鑑み建物疎開を実施するよう通牒があった。これを受けて，府では建物疎開の実施計画を作成し始める[8]。

1944年2月と言えば，東京や大阪，名古屋ではすでに第1次建物疎開が始まっていた時期であった。はじめて「建物疎開」を実施してみると，都市疎開実施要綱では対応しきれない具体的な問題 ── 跡地の処理や建物の移築をどうするかという問題，損失補償や国庫補助金の額など ──

---

8) 新居善太郎文書『昭和20年5月地方長官会議参考事項書』「疎開事業実施計画」

表 4-2　建物疎開事業の国庫補助率

	国庫補助率（％）
用地買収費	55
用地賃借費	95
建物除却工事費	90
建物買収費／移築補償費	90
営業補償費	90
移転費	95
事務費	90

が発生しはじめた。そこで，防空総本部では，同年2月10日に「都市疎開事業実施要領」を発表し（資料3），これらの細々とした問題への対応を規定した。さらに，「都市疎開事業補助要領」で建物疎開の費用の9割以上を国庫補助金で支出することにした（表4-2）。

このように，1944年2月の内務省通牒は，都市疎開実施要綱で対象外だった都市，つまり京都のように，防空上の重要性が二次的な都市でも建物疎開が検討され始めた時期にあたる。そして，その背景には，今後費用の大半を国が負担することが決定し，都道府県にとっては，建物疎開を執行しやすい体制が整いはじめた時期であった。

さて，京都府都市計画課では，第1次建物疎開の事前準備を始めた。その際，疎開地区をどこに決めるかという調査は，住民への影響を考慮し秘密裏に進められたという。こうして，除却の範囲を示す図面が23枚作成された。図面の内訳は，「学区界町名入京都市街図」に京都市内の疎開地区を書き込んだ「一般地域図」（縮尺1万分の1）1枚と，各疎開地区とその近辺を個別に描いた図面（縮尺不明）22枚である[9]。

第1次建物疎開の口火を切るようにして，同年7月17日，京都府は臨時府会を開いた。臨時府会では，指定地区の内容と予算（約622万円，現

---

9) 京都府行政文書『昭和十九年七月　疎開建物除却工事並庁内疎開其他一件綴　事業部除却係』「右工事仕様書総説」

在の価格で約11億9千万円）が異論なく議決され[10]，18日には建物疎開に指定された地区（950戸）が発表された（内務省告示第416号）。ここに，京都市内で初めて建物疎開を実施することが公になったわけである[11]。翌日には市内警察署長が招集され，疎開区域内の居住者に対する調査方法や転出の指導方法が伝えられた。同じく19日，疎開区域内の関係者も地域の小学校などに集められ，建物疎開の実施を告げられた。移転（立ち退き）の期限は，特別な事情がなければ7月中とされた。

建物疎開では，期日までに全てを完了させるため住民の「協力」が不可欠である。そのため，府は疎開者の様子を観察しその反応にかなり神経を尖らせていた。

> 疎開区域内関係者ヲ召集シ疎開ノ実施ヲ発表後一両日間関係者ノ動静ヲ注視シタル後調査ニ着手セリ。調査時ニ於ケル掛員ノ言動ガ関係者ニ及ボス影響ノ甚大ナルヲ慮リ家屋立入時ニ於ケル挨拶ノ要領ヲ指示セリ[12]

という具合に，建物売渡契約書を交わし除却建物調書を作成するには緊張感が伴ったようである。

疎開票を貼ったり，建物や営業状況を調査するなどの現場調査は，数人の作業員で班を結成し，班ごとに担当地区を受け持った。例えば，疎開票を貼付する作業は，1班3名で10班結成され，目標は1班1日平均45戸だった。建物を測量する調査の場合，1班3名で6班結成されており，班1日30戸，6班で1日180戸の調査が課された。

国の命令に逆らうことが非国民とされる時勢において，疎開者の反応は極めて従順なものであった。家屋や土地の算定，評価を行う際，疎開者の対応は「甚ダ良好ニシテ何等ノ問題ヲモ惹起スルコトナク調査ヲ短時間ニ終了セリ[13]」と京都府庁文書には記録されている。しかし，実際は調査期間が大変短く，家主や借家人が立ち会って確認する余裕はなかったので，

---

10) 前注8
11) 前掲，『昭和十九年第1次建物疎開（都市疎開関係書外）』「事業計画書」
12) 同上資料「地区指定及之ガ調査準備」
13) 同上

借家人の申し出に従って建物の所有関係などを決定してしまった[14]。

　調査時間が短期間しかない場合は，所有関係を厳正に調査しなければならないような時間のかかる評価方法は避けても良いと，認められていた[15]。一部の地域では，買収価格を決定する前に除却の承諾を得て取壊したが，「家屋所有者モ右調査ニ基キ評価ヲ行ヒツツアル建物ヲ目撃セルタメ事業執行者ヲ信頼シ何等異議ヲ唱ヘル者ナク好結果ナルヲ得タリ[16]」，住民達は「何等ノ不平不満ナク疎開転出ニ積極的態度ヲ示シ[17]」た[18]。

　7月20日，家屋の取り壊しが始まったが，工事の方法には2種類あった。京都市土工鳶工事業統制組合への請負と，住宅営団や軍需工場への委託である。請負者へ指示を与えたり作業の成果を確認することは，京都府疎開実行本部除却係の業務だった。

　全体の取り壊し工事の8割以上は，京都市土工鳶工事業統制組合への請負で行われた。組合へは，京都府疎開実行本部から図面を添えた工事仕様書が渡されるので，それに沿って期日までに工事を終えなければならない。請け負った業務は，取り壊しだけでなく工事に必要な全ての手続き，工事に必要な道具や機材の調達，そして工事中に作業員が怪我をしたり，誤って隣接家屋へ損害を与えることも発生するが，その際の補償なども含む。

　第1次建物疎開の除却には，組合の鳶・大工・瓦工が担当地域ごとに割り振られて作業を行い，作業員の数は延べ2万2,626人に達した。そのうち約3,000人は除却後の整地工事にも携わった。

　府の直営工事として実施されたのは，古材の整理と処分である。この作業に携わったのは，約5,000人の警防団員であった[19]。

　このように，第1次建物疎開では，除却の大半は専門業者で構成された

---

14) 前掲，『昭和十九年第1次建物疎開（都市疎開関係書外）』「地区指定及之ガ調査準備」
15) 同上
16) 同上
17) 同上
18) 前掲，『地方長官会議参考』「昭和19年8月疎開事業実施状況」
19) 前掲，『昭和十九年七月　疎開建物除却工事並庁内疎開其他一件綴　事業部除却係』「除却工事費調」

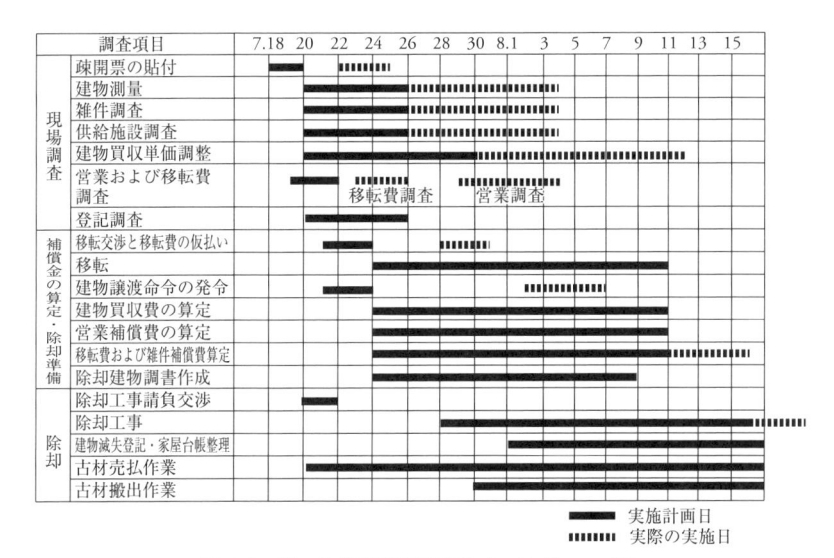

第 4 章　京都における建物疎開の実施

	調査項目	7.18 20 22 24 26 28 30 8.1 3 5 7 9 11 13 15
現場調査	疎開票の貼付	
	建物測量	
	雑件調査	
	供給施設調査	
	建物買収単価調整	
	営業および移転費調査	移転費調査　　営業調査
	登記調査	
補償金の算定・除却準備	移転交渉と移転費の仮払い	
	移転	
	建物譲渡命令の発令	
	建物買収費の算定	
	営業補償費の算定	
	移転費および雑件補償費算定	
	除却建物調書作成	
除却	除却工事請負交渉	
	除却工事	
	建物滅失登記・家屋台帳整理	
	古材売払作業	
	古材搬出作業	

　　　　　　　　　　　━━━　実施計画日
　　　　　　　　　　　▪▪▪▪　実際の実施日

図 4-2　第 1 次建物疎開予定表（1944 年 7・8 月）
（『第四次建物疎開事業関係綴附（家屋滅失復活通知控）（第二次）』「工程表」より作成）

組合が請け負い，請負者は工事開始から終了までの全ての作業の責任を負った。そして，工事の進捗状況を毎日，京都府疎開実行本部除却係へ報告した。

　ここまでの第 1 次建物疎開の様子を，進捗状況に注目してまとめたものが図 4-2[20]である。事業の開始から終了まで，当初は 1 ヶ月を予定していた。だが，どの作業も最低限必要な日数しか割り当てられておらず，時間の余裕がなかったことがわかる。現場調査は一つの作業が遅れると，そのあとに控えている別の作業が遅れるといった具合に遅れが生じやすく，全体的に遅れ気味だった。作業員の人手不足も，作業の遅れへつながった。

　もう少し詳しく見てみよう。例えば，疎開票を住民の家屋へ張り付ける作業は，7 月 18 日の内務省告示日から 2 日間で終了する予定であったが，7 月 24 日まで続いた。そのため，7 月 20 日から始める予定だった建物測

---

20) 京都府行政文書『第 4 次建物疎開事業関係綴附（家屋滅失復活通知控）（第二次）』「工程表」．工程表の内容は第 1 次建物疎開時のものである。

139

量，雑件調査，供給施設調査等は7月26日から始まり，8月3日まで行われている。営業調査や移転費調査も，7月19日から21日までの3日間で終了する予定であったが，疎開票を貼る作業が遅れたため，移転費調査は25日，営業調査は8月3日まで及んだ。

その結果，前述したように現場では調査を簡略化せざるを得ず，現場調査が除却工事と同時進行，もしくは取り壊した後に行う事態となった。補償金を算定するために，除却前に行う必要がある調査や書類の作成を後回しにし，先に建物を取り壊してしまったため，正確な調査を行うことはもはや不可能となった。このしわ寄せは，疎開者へ向かった。これらの状況について，詳しくは第5章で述べる。

疎開区域の発表から取り壊しに着手するまで約10日間を費やしたが，調査方法を簡略化・短縮化した結果，8月31日時点で92パーセントの取り壊しが完了した[21]。府は，このような状況について「現下ノ情勢ニ照シ極メテ短期間内ニ完了スルニアラザレバ十二分ノ効果ヲ期待スルコトガ出来ナイ[22]」ためにやむを得なかったと考え，取り壊しのスピードの速さを高く評価した。

ところで，京都府警察部では，第1次建物疎開で除却予定だった建物のうち3戸を使用して，前章で述べた破壊消防の演習を行なっていた[23]。建物疎開が火災発生前の防火措置であるのに対し，破壊消防とは火災発生後，家屋を破壊して延焼を防止する措置である。家庭や警防団による初期消火活動では対応できない場合に，破壊消防を行うことが想定されていた。

京都で，実際に破壊消防の手法が採用されたのは第3次建物疎開だった。

---

21) 前掲，『昭和十九年第1次建物疎開（都市疎開関係書外）』「建築物疎開進捗状況ニ関スル件」
22) 京都府議会『昭和19年7月10日京都府臨時府会決議録会議録』京都府議会，1944年，p. 23
23) 前掲，『昭和十九年七月　疎開建物除却工事並庁内疎開其他一件綴　事業部除却係』「疎開建物を破壊消防演習に使用するの件」

2-2　軍需工場の移転

　第1次建物疎開の特徴は，軍事上重要な施設周辺の建物を取り壊すような地区指定が行われたことである。対象となった重要施設は，島津製作所三条工場，京都瓦斯第一工場，日本電池九条工場と本社工場，寺内製作所工場，西陣警察署であった。西陣警察署以外の各工場は，1943（昭和18）年10月に公布された軍需会社法で軍需会社の指定を受けており[24]，生産・労務管理・資金調整・経理など一切の運営は，政府の命令権のもとで行われていた。

　さて，大小さまざまの機材・設備を備えていた軍需工場の建物疎開は，一般の住宅よりはるかに規模が大きい。工場には，生産活動に支障がないように移転せよ，という府の事前指導があったため，工場側は，建物疎開をしながら生産活動を維持するという矛盾を抱えた。そのうえで，工場を移転させ再び同じように業務を再開させることは困難だった。

　都市疎開事業実施要領の規定では，官営の軍需工場周辺の建物を取り壊した場合，空地は軍または工場が50パーセントを買収，40パーセントを賃借することになっていた。残りの10パーセントは，1年更新を原則として市が賃借する[25]。このように，軍需工場周辺の場合は建物疎開で発生した空地を軍で管轄するのに対し，軍需工場周辺ではない疎開空地は，公共団体が100パーセント買収または賃借する。扱いには大きな差があった[26]。こうして軍需工場は，工場の用地買収を進める一方で移転先を探さなければならなかった。しかし，移転先はそう簡単には見つからず，以後ずっと建物疎開が終わらないまま敗戦を迎える工場もあった程である。

---

24) 島津製作所『島津製作所史』島津製作所，1967年，p. 85
25) 前掲，『昭和十九年第1次建物疎開（都市疎開関係書外）』「都市疎開事業補助要領」
26) 内務省技師であった小宮によると，通常土地所有者は建物の除却によって地代または地代に相当する収入を失うので，公共団体が買収や賃借を行うのは補償の意味合いもあるという。この論理からすれば重要施設疎開空地の場合はその大半を防護される対象となる工場が買収・賃借しなければならない（小宮賢一「都市疎開事業の諸問題」『都市問題』38(3)，1944年，p. 27）。

市内を代表する軍需会社であった島津製作所の場合を見てみよう。1944年7月18日、島津製作所三条工場の周辺（京都市中京区・右京区）、約1万500坪が疎開対象区域に指定された。日中戦争以降、軍需設備の拡大を続けていた島津製作所は、1938年頃から次々に陸軍兵器本部、陸海軍航空本部、海軍艦政本部などの管理工場として指定を受けていた。1941年12月に対米英戦争が開戦し、さらに設備を拡充させていた最中の建物疎開であった。

島津製作所では、移転を行おうとしても作業員が不足し荷造りが進まず、移転に必要な電気や水道の工事も遅れた。移転先で新しい工場を建設するための資材が足りないなどの問題にも、次々と直面した。さらに、親工場はいくつもの下請け工場を抱えているため、下請け工場が先に移転すると親工場の生産活動に影響を与えてしまう。すぐに思い切った移転ができるわけではなく、工場側は何度も「疎開延期願」を京都府へ提出しながら準備を進めざるを得なかった[27]。結局、工場は移転準備中や移転完了直後に敗戦を迎え、疎開先で本格的に機能を発揮することはほとんどなかった[28]。

日本電池株式会社の場合も、島津製作所の場合と似通っている。日本電池は、九条工場（京都市下京区）が建物疎開の対象となり、工場設備の3分の2を疎開させるように命じられた。1944年9月には、軍の命令を受けて九条工場の周辺約6,600平方メートルを工場が買収している。

移転先探しは難航したが、1945年4月にようやく候補地を見つけ移転を開始する。第1次建物疎開の開始からすでに9か月が過ぎようとしていた。新しい移転先は京都府愛宕郡八瀬村（現京都市左京区八瀬近衛町）であり、山林や田畑2万4,780平方メートルを地主たちから買収し、「八瀬疎開工場」を建設し始めた。

しかし、八瀬疎開工場だけでは軍が要求する生産能力に対して不十分であったため、さらに2か所の用地と既存工場を買収しようとした。最終的

---

27) 京都府行政文書『昭和十九年　建物疎開（第一次）疎開関係綴総括表』「疎開延期願」
28) 前掲、『島津製作所史』p. 92

には，八瀬疎開工場は建物の一部約 1,650 平方メートルが完成したのみで敗戦を迎えた[29]。八瀬疎開工場の土地の大部分が傾斜地であったため，整地工事は思うように進まなかったのである。

2つの工場の例からも明らかなように，軍需工場の建物疎開を計画通りに進めることは非常に困難であり，移転先で生産機能を復活させることはほとんどなかったと言える。政府から軍需工場の指定を受けていたこれらの工場は，生産活動上の損失補償や利益補償など手厚い措置を受ける一方で，政府方針である建物疎開により，生産活動に打撃を受ける結果になってしまった。

このような皮肉な結果が明らかになった理由の一つに，京都市内が空襲をほとんど受けなかったことがある。中島飛行機武蔵製作所や全国各地の三菱その他の飛行機製造工場，飛行機部品工場は，1944年秋以降，幾度も空襲の標的となってきた。これらの軍需工場の周辺で建物疎開を行うことがどれほど防空上効果があったのかは不明だが，建物疎開を最終段階まで進めることができた京都市内の事例からは，軍需工場の建物疎開は，その規模の大きさに見合うだけの効果は得られなかったと言える。

2-3　第2次建物疎開と京都市内の消防

1944（昭和19）年7月にサイパン島を奪取した米軍は，マリアナ諸島を日本本土空襲の基地とするために，直ちに飛行場の建設に着手した。マリアナ諸島を飛び立つ B29 の航続距離範囲内には，北海道や東北の一部を除く大部分の日本本土が含まれたため，1944年秋以降の本土では，軍需工場だけでなく都市空襲も本格化し始めた。京都市内では，前述したとおり，1945年1月16日に京都市東山区馬町付近がはじめて空襲を受けた。

本土空襲が次第に激しさを増すにつれて，政府は1945年1月19日，空襲対策緊急強化要綱を閣議決定する。

---

29) 日本電池株式会社『日本電池 100 年』日本電池株式会社，1995 年，p. 99

第 2 部　建物疎開と京都

　空襲対策緊急強化要綱では，まず都市疎開の強化として人員疎開，衣料品等の物資疎開，建物疎開をそれぞれ強力に進めることを掲げている。そして，重要都市では堅牢建築物のうち一定規模以上のものを戦争遂行のために軍用に転用できること，官公庁職員や消火活動に携わる民間人などが地方へ疎開しないよう指導することを，防空法と国家総動員法に基づき決定した。さらに防空総本部では，今後の建物疎開の方針を，1945 年半ばまでを目途に，目標量を最大限繰り上げて追加実施するよう各府県へ通達を行った。

　空襲から市街地を守るため，防空のなかでも特に消火の占める比重は大きくなっていった。焼夷弾による攻撃を受けた際，都市の構造上，木造家屋が圧倒的に多い我が国において火災を完全に予防する手立てはなかった。防火改修を施しても延焼を完全に食い止めることは不可能であり，延焼しにくくなる程度であった。火災の発生および類焼を完全に防止することはできない以上，消火施設を拡充・強化し消火活動を徹底するしかない[30]。

　とは言えども，消火活動の際に水源となる貯水槽の数も不足していた[31]。1944 年には，京都市内に簡易貯水槽（30 立方メートル以上の容量を有する貯水槽）を 180 か所増築する計画があり，学校報国隊や警防団，町内会等から人員が集められ，日々工事が行われていた[32]。そのほか，企業整備で遊休施設となっていた市内酒造業者の酒樽 1,955 個さえも，貯水槽として利用せざるを得ないほど，貯水槽は不足していた。

　1945 年 2 月，防空総本部の通達を受け，急遽京都市内でも第 2 次建物疎開を実施することになった[33]。臨時府会を開く余裕はなく，実施は府参事会で決定した。第 2 次建物疎開の特徴は，消防力を強化するために消防用道路（消防道路）を造成したことである。

---

30) 磯村英一『防空都市の研究』萬里閣，1940 年，p. 354
31) 新居善太郎文書「京都府警察，消防，警備について　昭 19」R129, フイルム番号 0251〜0252
32) 第 2 章 5-2 参照
33) 防衛庁防衛研修所戦史室『戦史叢書本土防空作戦』朝雲新聞社，1968 年，p. 498

消防用道路とは，自然の河川や運河の沿岸で給水活動ができるように作られる小空地である。空襲で水道管が破壊され断水した場合に，消防ポンプ車や手挽ガソリンポンプ車が鴨川や市内各所を流れる疎水等に接近し，消火活動を円滑に行うことを想定していた。当時，消防車が携行する水管は，通常200メートルが限度のため，消防用道路は，家屋密集地域と河川を直接連結するようにして指定された。

当時，消防活動に必要な道路幅員は，消防自動車の放水量にもよるが，最低2間（約3.65メートル）以上と算定されていた。理想の幅員は4間（約7.3メートル）以上であり，特に，人家が密集し出火回数が多い区域では4間の幅員が必要とされていた[34]。

消防用道路の指定を受けたのは市内の5地区，合計7,770坪，256戸の家屋である[35]。この5地区には，221号から225号までの空地番号が付与された。順に，地区指定の状況を詳しく見てみよう。

221号は，蛸薬師通（河原町通新京極通間）沿いの北側である。周囲は映画館や飲食店，遊技場が建ち並ぶ繁華街であったが，営業をしていない遊休施設も多かった。図4-3から明らかなように221号の建物疎開を実施しても，近くの高瀬川や鴨川に直結するには距離が十分でなく，また消火活動に必要な幅員も確保できていない。よって，221号を指定したのは，消防用道路というよりは，延焼防止や避難道路としての意味合いが強いことがわかる。

222号は三条通の南に位置し，縄手通と川端通を連結させるように指定された（図4-4，4-5）。周囲は料理屋，旅館，商店が密集しており，五軒町内の3戸を取り壊すことで鴨川へつながる消防用道路を造成した。223号は，万寿寺通沿いの北側を六波羅蜜寺から川端通まで拡幅した疎開空地である（図4-6，4-7）。222号同様，鴨川を利用した消火活動を想定している。

---

34) 前掲，磯村英一『防空都市の研究』pp. 376～377
35) 入山洋子「京都における建物強制疎開について」『京都市政史編さん通信』第12号，2002年，p. 4

224号はおそらく高瀬川から，225号は堀川と接続することを想定した消防用道路である。224号の一部は，六条通沿いに烏丸通から河原町通まで造成されたが，東洞院通の東側は，住宅地内を強引に地区指定している（図4-8）。225号は，東本願寺と堀川通をつなぐように造成された（図4-9）。このとき造成された消防用道路は，既存の空地を全く利用せずに住宅密集地域のなかに造成している。225号の消防用道路は，戦後，街路として整備され，現在の名称は新花屋町通である。

以上から，第2次建物疎開の地区指定は，必ずしも既存の都市の形状を活かして行われたわけではないことが明らかになる。第1次建物疎開との大きな違いは，この点にある。建物疎開で空地を造成する際，その方法として，既存の道路や建物を利用した地区指定だけでなく，既存の都市の形状を無視した地区指定も可能であった。

第2次建物疎開の事業予定表によると，最初に着手する作業は，現場調査の方法と調査員の班編成である。この調査体制を整える作業には，1945年2月23日と24日の2日が用意され，2月24日ごろから建物調査や雑件調査などの現場調査を開始する。疎開票は2月28日から3月4日の間に貼付し，その後に対象建物の用途や庭園の調査，移転費調査，登記調査等を進める。

3月7日と8日には疎開者へ移転費の仮払いである前渡金を支給し，3月20日から取り壊し工事を始める。取り壊し工事は，4月9日までの約20日で行うことになっている。工事と並行して，4月1日から4月15日まで行なう建物滅失の登記と家屋台帳の整理が，最後の作業となる[36]（図4-10[37]）。

ただし，第2次建物疎開も当初の規定どおりには進まなかった。府会で第2次建物疎開事業の予算が確定したのは3月26日であり，地区指定が内務省告示で公表された日は3月27日であった。第1次建物疎開時に比べ，府会の機能が低下し，内務省告示を待たずに執行部の判断で事業を開始し

---

36)『昭和十九，二十年　疎開関係　中原技師』「第2次建物疎開工程表」（京都市歴史資料館蔵）
37) 実施予定表の3月分のみを示した。

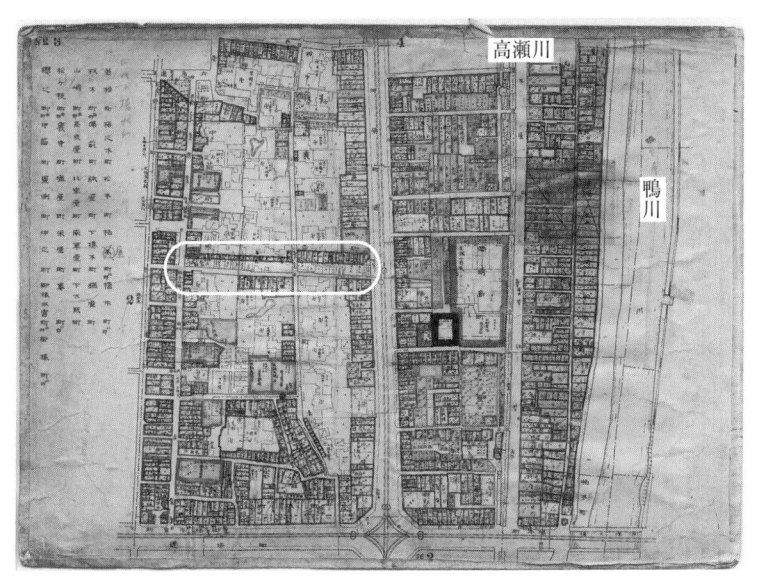

第 4 章　京都における建物疎開の実施

図 4-3 （221 号）

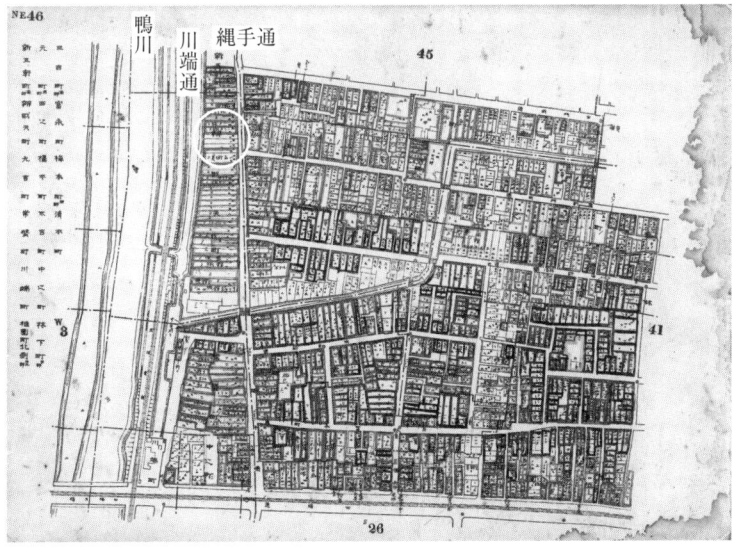

図 4-4 （222 号）

第 2 部　建物疎開と京都

図 4-5　川端通と縄手通を貫通させた疎開跡地 222 号は戦後，広場として整備された。

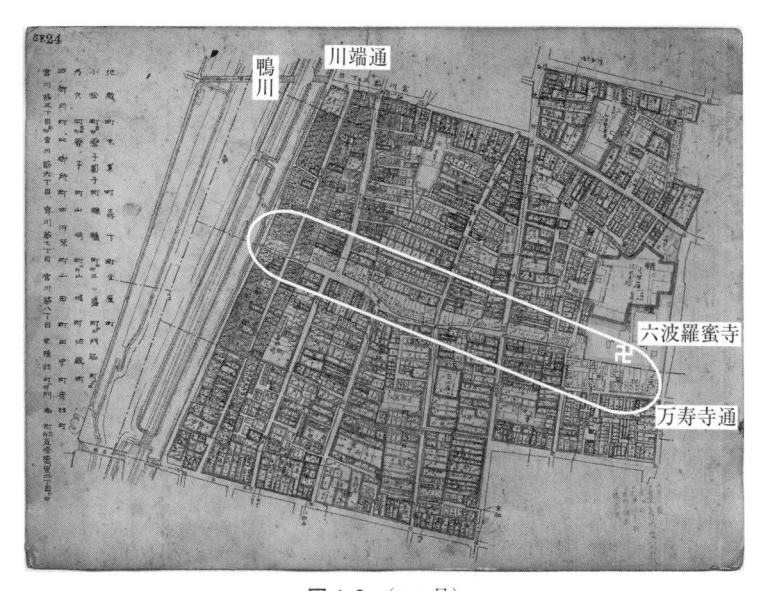

図 4-6　（223 号）

第 4 章　京都における建物疎開の実施

図 4-7　現在の万寿寺通（疎開跡地 223 号）

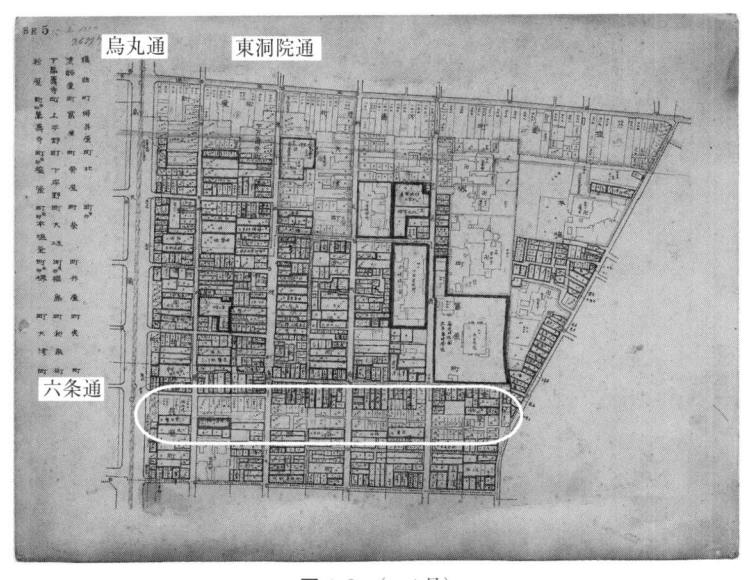

図 4-8　（224 号）

第 2 部　建物疎開と京都

図 4-9　（225 号）
（図 4-3, 4-4, 4-6, 4-8, 4-9, 出典「京都明細図」（京都府立総合資料館蔵））

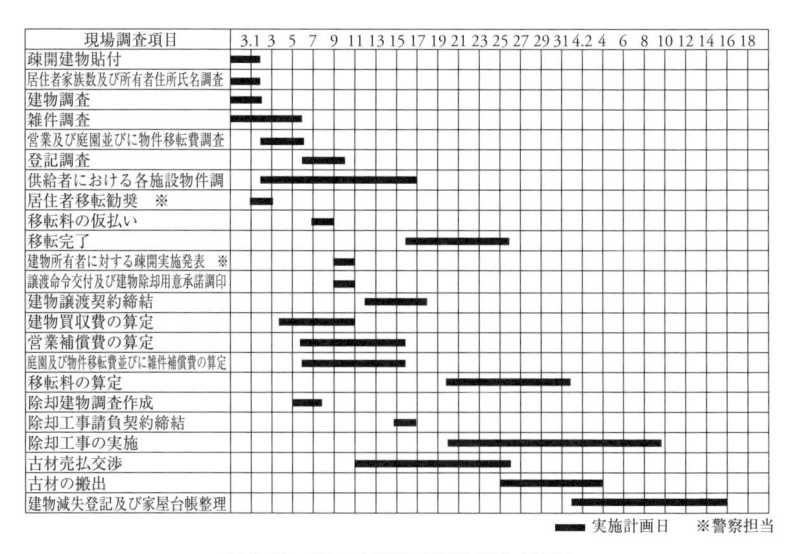

図 4-10　第 2 次建物疎開予定表（部分）
（『昭和十九, 二十年　疎開関係　中原技師』より作成）

たことがわかる。そのため，事業予定表の内容もあくまで予定であり，実際の作業にはもっと時間を要したことが推測される。

　事業開始から1か月足らずで終了した第1次建物疎開同様，第2次建物疎開も1か月以内に移転を完了させ，4月上旬に終了した。このように，第1次，第2次建物疎開とも短期間で事業が終了したのはなぜだろうか。その理由を整理すると，まず，既定のプロセスを経ずに特に現場調査を簡略化したことがあげられる。次に，地区指定を受けた家屋数が比較的少なく，事業規模も小さかったことがあるだろう。

　第1次，第2次建物疎開で指定された地区を見ると，京都では小空地や消防道路など比較的小規模なものから着手したことがわかる。東京のように建物疎開の初期段階から空地帯を造成したわけではない。初期段階に着手した空地の種類は，その都市が防空上どれくらい重要性が高いかによって異なる。重要性が高い都市ほど，空地帯の着手時期が早いようである。

3　大都市空襲以後の建物疎開

3-1　第3次建物疎開

　京都で第2次建物疎開が始まる時期に，米軍の本土爆撃作戦は大きく転換し本土空襲は急速に激しさを増していった。

　1945（昭和20）年3月9日深夜に大空襲を受けた東京をはじめ，名古屋や大阪が連日のように空襲に見舞われた。大阪の市街地は3月13日深夜から14日未明にかけて，274機のB29による焼夷弾爆撃を受けたが，たちまちにして被災戸数13万6,107戸，死者数3,987名，被災者数50万1,578名にのぼった。日本側の迎撃によって損害を受けた爆撃機数は,損失（墜落）

第 2 部　建物疎開と京都

2 機，損傷が 10 機であり，軍防空の脆弱ぶりは浮彫になった[38]。大阪市民のなかには絶望感や不信感を露わにした者も多く，当局を誹謗したり防空指導を批難する者も現れた[39]。

　同年 3 月 18 日付の，大阪府知事池田清から内務大臣大達茂雄あての報告書「空襲被害状況並同罹災者ノ動向ニ関スル件」では，一部の者達に「反軍反官的言動散見セラレ，治安上相当注意警戒ヲ要ス」ことが前文に記されている。報告書の内容に見られる罹災者の声をいくつか紹介する[40]。

「軍ハ此ノ際建軍以来ノ精神ニ還元，現在ノ政治責任ヲ痛感シ作戦ノ徹底ヲ期シ守勢態勢ヨリ攻勢ニ転移スルヨウ猛省スベキデアル」
「軍ノ方デハコンナコトニナル位ノコトハ世界ノ実例カラデモ少シハ判ツテ居タト思フガ，何等ノ対策モナカツタモノカ」
「配給モセズ，軍用ト言ツテ保存シテアツタ食糧ハ大変ナモノダ。コレヲ焼ク位ナラ一般ニ配給シテ置ケバ良イモノヲ」
「今度ノ様ナ大空襲ガ二，三度続ケバ大阪ハ全滅シ手ヲ挙ゲネバナラヌ。結局戦争ハ負ケダ」
「敵ノ物量ノ恐ロシサヲ泌々ト知ツタ，之レデ戦争ガ勝テルノカ」

　大阪大空襲直後の罹災者の声は，当時の心情を生々しく伝えており，空襲への恐怖から当局への不信や疑心が表出したことを確認できる。
　大阪の被災情報は京都へも伝わり，市民の間には，次に空襲を受けるのは神戸か，京都か，という強い不安と焦りが漂い始めた[41]。そこへ，3 月 16 日深夜に神戸が大空襲を受けたのである。次こそは京都の番だという焦りは確信へ変わったのか，京都ではすぐさま第 3 次建物疎開の実施が決

38）新修大阪市史編纂委員会編『新修　大阪市史』第 7 巻，大阪市，1994 年，pp. 704〜716
39）同上書，pp. 717〜718
40）同上書，pp. 717〜720
41）岡光夫編『辛酸　戦中戦後・京の一庶民の日記　田村恒次郎』ミネルヴァ書房，1980 年，pp. 78〜80

表 4-3　五条通・御池通・堀川通の建物疎開日程詳細

	除却対象家屋数（戸）	疎開票貼付開始日	除却開始日
五条通	1,261	1945 年 3 月 18 日	1945 年 3 月 25 日
御池通	805	1945 年 3 月 18 日	1945 年 3 月 23 日
堀川通	2,520	1945 年 3 月 18 日	1945 年 3 月 25 日ごろ

(『新居善太郎文書』『思い出の五条坂』『昭和二十年三月建物強制疎開につき記す』より作成)

定された。

　物資不足のなかで実行できる防空は限られており，そのうちすぐに結果を出せる防空として，建物疎開のほかに選択肢はなかった。当時の様子について，戦後京都市会で森川新太郎議員は，執行部も市民も「疎開ガ早イカアメリカ爆撃ガ早イカト言フ一種ノ競争的心理[42]」に陥っていたと証言する。

　「最近ニ於ケル空襲激化ハ之ヲ以テ都市防空全シト認メ難キ事態ニ急変シタル[43]」と判断した府の執行部は，はじめて京都でも空地帯を造成することに踏み切った。第 2 次建物疎開は，まだ終了しておらず進行中であったが，大阪大空襲の衝撃が，京都の第 3 次疎開計画の執行へ影響を及ぼした。

　こうして，京都の第 3 次建物疎開では，焦燥感に駆られるようにして，極めて短期間で市内を取り囲むように巨大な空地を造成した。この広幅員の防火帯として指定されたのは，五条通，御池通，堀川通，京都駅周辺である。五条・御池・堀川通の 3 空地帯の建物疎開はもっとも早く着手され，3 月 18 日の午前中に疎開票が貼付され始めた[44]（表 4-3）。

　第 3 次建物疎開が始まった日は 1945 年 3 月 18 日と言えるが，地区指定はその後 3 回行われた。小空地や消防用道路は，空地帯の取り壊し作業

---

42) 京都府行政文書『建物疎開一件（第四次疎開関係綴）』森川新太郎議員質問答弁（タイトルなし）
43) 京都府行政文書『第 3 次建物疎開事業関係書類綴』第 3 次建物疎開実施理由（タイトルなし）
44) 前掲，『昭和二十年五月　地方長官会議参考書』「疎開事業実施状況ニ関スル件」

表 4-4 第 3 次建物疎開指定総括表

番号	種別	個所数	面積（ha）	戸数
1	疎開空地帯	4	82.77	5,753
2	交通疎開空地	6	6.18	268
3	消防道路	17	22.97	1,716
4	疎開小空地	113	38.38	2,763
計		140	150.3	10,500

(『第 3 次建物疎開事業関係書類綴』「第三次指定総括表」より作成)

の進み具合に応じて順次指定されたのである。第 3 次建物疎開の地区指定は、3 月 18 日から 4 月 6 日までの間に 4 度行われたことになる[45]。

まだ進行中だった第 2 次建物疎開は、3 月 9 日、10 日に疎開者への前渡金が支払われ、移転準備が進められていた。3 月 20 日から取り壊しが予定されていたが、3 月 18 日に突如第 3 次建物疎開が始まったのである。

現場では、参事会の決定を待たず、第 3 次建物疎開の取り壊しが始まっていた。営業調査や移転費調査、雑件補償費の算定等は、もはや行われる余裕はなかった。議会は、臨時府会を召集して議決すべきところを、手続きを履行する余裕がないほど喫緊だと判断し、府参事会で 3 月 31 日の事業実施を議決した[46]。内務省告示は、すでに 9 割近くの除却が終了したと報じられた 4 月 25 日であり、規定の手順は大幅に乱れてしまった。

第 3 次建物疎開の対象地域は、前述した 3 つの通りを含む疎開空地帯、交通疎開空地、消防用道路、疎開小空地の 4 種類、計 140 か所、約 45 万坪以上である。対象家屋は 1 万 500 戸にのぼった[47]（表 4-4）。

空地帯は事業規模の飛躍的拡大を招き、対象家屋数は第 1 次、第 2 次と比較にならない。従来の体制では、到底人手も足りない。疎開票の貼付作業さえままならず、五条空地帯では、3 月 27 日急遽学徒動員がなされ、

---

45)『京都新聞』1945 年 4 月 6 日
46) 京都府議会『昭和 20 年 7 月京都府臨時府会決議録会議録』京都府議会、1945 年、p. 18
47) 前掲、『第 3 次建物疎開事業関係書類綴』「第三次指定総括表」

表4-5 京都市内警防団消防ポンプ所持状況（1945年6月現在）

署別区域		上	北野	加茂	下	八坂	深草	計
自動車ポンプ	大型		1					1
	小型	1	2		3			6
	計	1	3		3			7
手挽ガソリンポンプ	大型	24	9	6	33	8	6	86
	小型	36	23	13	27	13	10	122
	計	60	32	19	60	21	16	208
その他のポンプ	自動三輪車	1	1		1		1	4
	蒸気		1		1	1	1	4
	腕用	8	24	4		23	13	72
水管	動力	383	219	95	400	118	97	1,312
	腕用	19	94	8		43	89	253

(『昭和二十年六月　新居前知事三好知事事務引継演説書』より作成)

（旧制）中学生と五条署署員が管内の対象建物に貼付してまわった[48]。消防用道路も，前回の規模を上回った。焼夷弾で延焼する近隣都市の様子を見ると，消防力の強化は当然急務の課題であった。しかし，市内の消防ポンプ数は，依然不足したままの状況が続いていたと推測されるため（表4-5），消防活動用の空地は，避難路的な役割も期待されていただろう。

　空地帯のなかでも最大規模となったのは，堀川空地帯である（表4-6）。従来とは異なり，疎開地域の範囲は，請負者や工場主以外の者が加勢しなければ実施できないほど大規模であった。空地帯の除却は府直営で行い，消防用道路と小空地は所轄署が担当し，重要工場周辺は工場が自力で実施することになった。

　取り壊し工事には，市内でのべ約42万6,600人が動員されたが[49]，その内訳は軍隊，警防団，警察・消防の後援会をはじめ，町内会，飲食組合な

---

48) 前掲，『第3次建物疎開事業関係書類綴』「復令書」
49) 前掲，『建物疎開一件（第四次疎開関係綴）』「疎開事業実施状況ニ関スル件」

第 2 部　建物疎開と京都

表 4-6　第 3 次建物疎開／疎開空地及び空地帯調書

番号	位置	幅員 (m)	延長 (m)	面積 (坪)	戸数	備考
1	京都市上・中・下京区地内	約 60	6,100	117,500	2,520	堀川空地帯
2	下京区地内	約 50	1,400	33,900	1,167	京都駅空地帯
3	中京区地内	約 60	2,000	41,800	805	御池空地帯
4	下・東山区地内	約 60	2,800	57,200	1,261	五条空地帯
計			12,300	250,400	5,753	

(『第 3 次建物疎開事業関係書類綴』「防空空地帯及防空空地調書」より作成)

どの組合団体，そして学生である。京都府行政文書に残された学生動員の記録を見ると，動員した学生の数が特に多いのは京都府立医科大学と，京都商業学校（現京都市立西京高等学校）である。それぞれのべ約 3,000～4,000 人にのぼる（表 4-7）。

そのほか，京都繊維専門学校（現京都工芸繊維大学），府立農林専門学校（現京都府立大学農学部），京都帝国大学附属医学専門部（当時。附属医専は戦時中の医師速成のために設けられ，戦後廃止された），同志社工業専門学校（現同志社大学工学部）の学生が，数十人から数百人規模で動員された。

除却に加勢した者へは，府から謝礼金が支払われた。警防団や警察・消防関係者は一人概ね 6 円，町村町会・軍隊には一人 4 円，町内会や組合には一人 3 円，学生へは一人 2 円（京都商業学校生のみ一人 1 円 50 銭）が支払われた。

こうして，支払いを受けた者は，のべ 11 万 1,607 人にのぼる。ただ，聞き取り調査を行ったところ，教師に引率されて多くの中学生も除却作業に動員されていたことが明らかになった[50]。彼らは，謝礼金の支払対象とはならなかったために記録に残っていない。中学生は，3 年生になると軍需工場への動員が始まるため，除却作業に携わったのは，主に 1，2 年生であった。

---

50) 著者ヒアリング（2009 年 8 月 30 日），吉岡秀明『京都綾小路通　ある京都学派の肖像』淡交社，2000 年，pp. 16～18

表 4-7　第 3 次建物疎開謝礼金支払内訳

団体名		従事者数	金額	一人あたり概ねの金額（円）
軍隊		5,722	20,000	4
警防団		86,334	51,800	6
警察練習所　仰楠会		2,687	16,100	6
上消防署後援会		366	2,100	6
下消防署後援会		136	800	6
警備隊　篤敬会		611	3,600	6
西陣町内会連合会		750	2,250	3
料理飲食組合		276	828	3
和洋料理組合		61	183	3
麺類飲食組合		125	375	3
街商組合		171	513	3
増産協力隊		70	210	3
興亜会西陣支部		472	1,416	3
学徒動員	京都工業専門	485	970	2
	京都師範	270	540	2
	医科大学	4,000	8,000	2
	繊維専門	504	1,008	2
	第三高等	89	178	2
	帝大　医専	200	400	2
	同志社工専	83	166	2
	京都薬専	383	766	2
	龍谷大学	200	400	2
	農林専門	1,000	2,000	2
	京都商業	3,393	3,590	1.50
	京都農林専門	1,000	2,000	2
町村町会		2,219	8,876	4
計			593,273	

(『昭和十九年七月　疎開建物除却工事並庁内疎開其他一件綴　事業部除却係』「謝礼金内訳」より作成)

当時御池通で作業を実見した住民は，除却の方法を次のように語った。

> どんなして潰すかと，大変で，瓦も下ろすの危ないですしな。でも瓦も下ろすもくそもあったもんではなくて，まず外側の二階の壁をみんな抜け，いうことでやっとこやなんかでわあわあと抜けますわね，落ちますわな。主なところは外側の壁だけ抜けてしまって，のこぎりで引きよんねん。何でもええねん。切りよんねん，下のところ。で，上のほうの柱に紐，縄つけてな，みんな寄ってたかってわあわあって。家はがたがた言うてばしゃばしゃ言うて潰れるわけです。それで終いや。それで一面家が潰れたようになるわけね[51]。

まず，大工や鳶職が対象の建物を見てまわり，家屋の主要な柱に切り込みを入れ，縄を柱に括りつけた後，中学生らに力任せに引っ張らせ，壊したという。

この発言から，第3次建物疎開の除却の方法が，文字通り破壊消防であったことがわかる。五条通や京都駅周辺でも，同様だった[52]。家が潰されると，家の中に長年積もっていた埃や塵がたちまち舞い上がり，前方が見えないほどであった。視界が開けると近所の住民たちが群がるようにして，燃料に使うために古材を持ち帰ってしまった。それでも余った場合は，隅に固めて寄せておくこともあった。

除却作業に参加した者の中には，昼飯が出されたことを記憶する者もいる。兵隊が，味噌が入っているバケツのようなものに湯を入れて味噌汁を作り，各自持参した飯盒に注ぎわけた。そのほか，米，裸麦，白豆，高粱，かぼちゃやじゃがいもを刻んだものをまぜた握り飯や梅干が配られたとい

---

51) 著者ヒアリング（2009年6月13日）。
52) 当時，御池通付近に居住し，旧制中学1，2年生であった者らは，五条通と京都駅周辺の除却に動員された。教師から壊すために役に立つものは何でも持ってくるようにという指示があり，壊した家の釘をバケツに拾って集めた。壊すときの心理は綱引き感覚やゲーム感覚で，特に意識しなかったため記憶していない。また，御池通の除却には，五条通に住んでいた者も動員され，五条通と御池通の住民は互いに家を「壊しあった」状況にあったことがわかった（著者ヒアリング2009年8月30日）。

第4章　京都における建物疎開の実施

う[53]）。

　第3次建物疎開時の除却の様子は，近年公開された米軍撮影の航空写真からも知ることができる[54]）。米軍は，1945年4月2日と4月13日に，京都市内の上空から市街地の様子を撮影している。吉田守男に従えば，この時期に京都市内を撮影した理由は，原子爆弾を投下するための情報収集や下見，飛行ルートの確認であったと推測される。航空写真は，撮影高度や使用カメラにより縮尺にばらつきがあるが，4月2日撮影分は縮尺1/16,750，4月13日撮影分は1/16,000である。

　堀川空地帯を例にあげると，現在の堀川通は，戦前の西堀川通を拡幅したものであり，西堀川通の片側または両側を約60メートルほど除却し，造成された[55]）。その様子を示した概念図が図4-11である。図の一条通から下立売通付近までの堀川空地帯は，西陣と呼ばれる地域に含まれ，機屋をはじめ家内工場が密集していた。西堀川通の両側には商店が立ち並び，堀川京極と呼ばれた商店街もあったが，堀川京極をすっぽり覆うように空地帯が指定されている[56]）。

　堀川今出川北側付近（A地区）と三条堀川付近（B地区）に注目して，それぞれ4月2日と4月13日に米軍が撮影した航空写真を見比べてみる（図4-12〜4-15）。

　すると，4月2日の時点では除却作業が進んでいない地域でも，10日余りの間に除却がかなり進んでおり，作業スピードの速さが窺える。4月13日の時点では，紫明通の南側一部で作業が続いているが，五条空地帯や御池空地帯，京都駅周辺の除却はほぼ終っている。当初，第3次建物疎

---

53) 著者ヒアリング（2009年6月13日）
54) 航空写真は，米国国立公文書館が所蔵しており，我が国では財団法人日本地図センターが写真を複製・取得し，公開した。米軍が空襲や原爆投下の前後に撮影したものである。
55) 四条通以南は，堀川の両側が対象となった。
56) 堀川京極は，戦前，一条通から竹屋町通にあった商店街であり，1939（昭和14）年現在で238店の小売商店があった。顧客の多くが比較的中流階級以下の西陣機業関係者であり，食料品や衣料品などの日用品扱う商店が多く並び，享楽の場といえば映画常設館1館および飲食店20軒程度があった（飯野一『西陣機業と西陣地域に於ける商業との相互依存関係』京都市立第二商業学校，1940年，p.74，pp.91〜93）。

第 2 部　建物疎開と京都

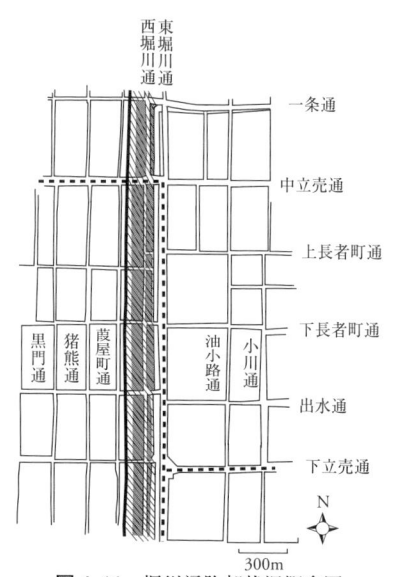

図 4-11　堀川通除却状況概念図
斜線部：除却範囲　　■：堀川京極
点線：京電路線（狭軌）

開は，5 月上旬に全ての除却作業が完了する予定であったが，ほぼ予定通りに進み 5 月 8 日現在で，市内の 98 パーセントの除却が終了した[57]。

　第 3 次建物疎開は第 1 次，第 2 次建物疎開と異なり，差し迫った状況下に執行されたため，執行部，住民ともに，集団心理として特に慌てふためいていたことは容易に想像がつく。しかし，京都だけでなくこの時期に行われた建物疎開は，他都市でも強い焦りのもとで進められていた。1945 年 3 月に実施された 4 大都市の建物疎開の執行日を分析してみよう。

　3 月 19 日は，東京で第 6 次建物疎開の実施が決定された日であるが，大阪で第 4 次建物疎開が開始された日でもある（表 4-8）。大阪では，同年 1 月上旬から開始した第 3 次建物疎開の最中の 3 月 13 日に，大空襲を受

57）前掲，『建物疎開一件（第四次疎開関係綴）』「疎開事業実施状況ニ関スル件」

表4-8　大阪市における建物疎開概要

実施次数	開始日	終了日	実施箇所数	対象戸数
第1次	1943年12月20日	1944年6月30日	34	9,039
第2次	1944年7月1日	1944年12月20日	252	14,582
第3次	1945年1月10日	1945年3月31日	280	9,757
第4次	1945年3月19日	1945年6月15日	111	34,902
第5次	1945年6月18日	1945年7月30日	138	9,281
第6次	1945年8月1日	1945年8月15日	1	25
計			816	77,586

(『米国戦略爆撃調査団報告書(大阪関係部分)』より作成)

けた。そこで、3月19日に「工場周辺建築物緊急疎開実施ニ伴フ施設撤去方ニ関スル件」を受け、第3次建物疎開の工場周辺疎開に新規分を加え、緊急疎開として第4次建物疎開を実施したのである[58]。

　川崎市の場合、それまで空襲被害が比較的軽微であったが、3月10日の東京大空襲直後に建物疎開が本格化し[59]、3月17日に第3次建物疎開を開始した。第1次、第2次建物疎開では小規模な地区指定にとどまり、それぞれ1か所、3か所が指定されたにとどまった。それが、第3次建物疎開では指定か所数は不明だが、一気に市内の4,640戸が指定を受けた[60]。都市疎開実施要綱で対象12都市から外れた広島市でも、呉市の軍港が空襲を受けた3月19日の直後、3月21日に第3次建物疎開を開始した。それまで進められていた第2次建物疎開と同時進行になってしまった(表4-9)。

　よって、東京大空襲を契機とする1945年3月の都市空襲の衝撃は、まだ大空襲を受けていない都市にまで次々と波及し、建物疎開の実施に拍車

---

58) 石原佳子「大阪の建物疎開―展開と地区指定―」『戦争と平和』14巻、2005年、pp.37～38
59) 神奈川県県民部県史編集室『神奈川県史』通史編5　近代・現代(2)、財団法人神奈川県弘済会、1982年、p.499
60) 前掲書『神奈川県史』通史編5、同箇所

第 2 部　建物疎開と京都

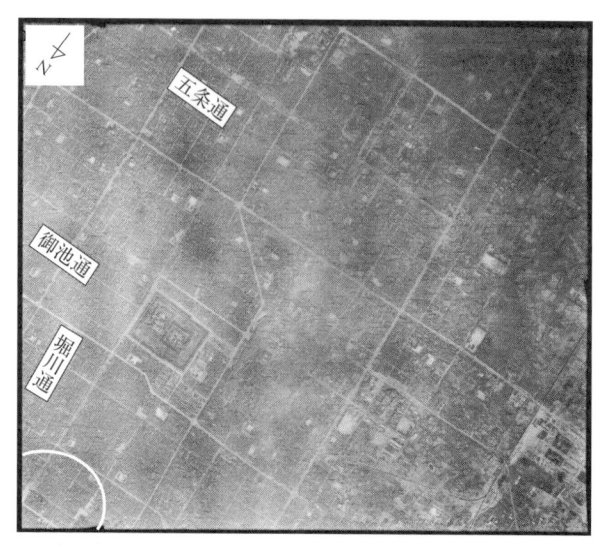

※写真 1（A 地点）

※写真 2（B 地点）

図 4-12，4-13　1945 年 4 月 2 日除却進捗状況

第 4 章　京都における建物疎開の実施

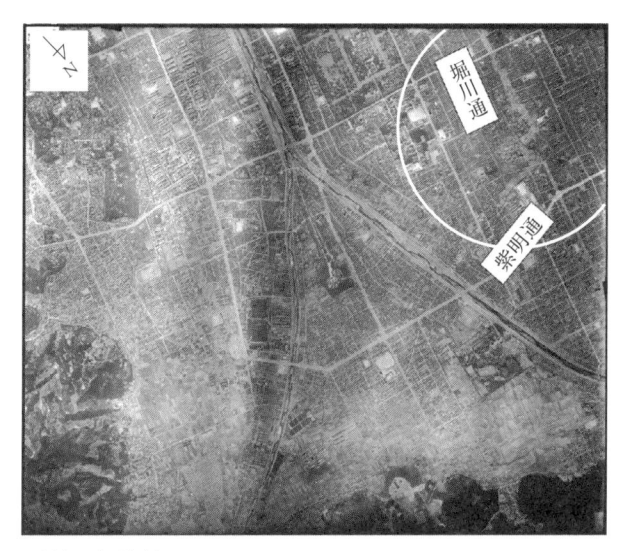

※写真 3（A 地点）

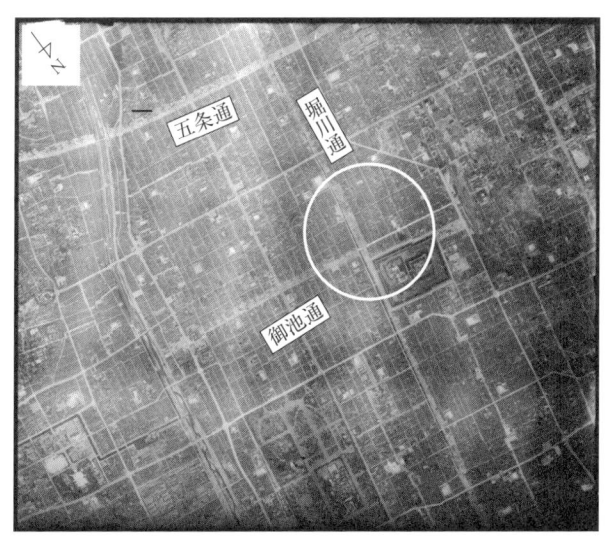

※写真 4（B 地点）

図 4-14，4-15　1945 年 4 月 13 日除却進捗状況
（図 4-12〜4-15，出典　米軍撮影航空写真（米国国立公文書館所蔵　（財）日本地図センター）

表4-9　広島市における建物疎開概要

実施次数	日程	実施規模（戸数）
第1次	1944年末実施	400
第2次	1945年2月〜3月実施	2,154
第3次	1945年3月21日開始	1,400
第4次	1945年5月実施	2,180
第5次	1945年6月〜7月実施	167
第6次	1945年7月23日開始	2,500
計		8,801

（出典：石丸紀興「建物疎開事業と跡地の戦災復興計画に及ぼした影響に関する研究―広島市の場合―」）

をかけたと言える。都市の混乱ぶりは連鎖的に波及し，防空の一手段として緊急に建物疎開が執行された。この時期に行われた建物疎開は，事業規模が拡大し，取り壊しの方法が破壊消防に変わったという点において，それまでの建物疎開とは異質であった。

　このような状況下で行われた京都の第3次建物疎開は，疎開計画では実施予定とされていても，実際は省略した作業が多数ある。3月から4月にかけて実際に行われた作業は，疎開票を貼付することと除却であった。除却が最優先で行われ，補償金の支払い等に必要な書類，例えば除却家屋調書[61]や家屋買収証明書の作成は，大幅に遅れた。事業規模が大きく，配給分の用紙だけでは書類の作成が追いつかないことも遅れの原因であった。府都市計画課では，4月13日に模造紙3,000枚の特別配給を商工課へ依頼している[62]。

　これらの書類の作成は戦後まで長引いたが，それでも全世帯の手続きが完了したわけではない。京都府立総合資料館所蔵の京都府行政文書には，

---

[61] 家屋所在地，所有者住所氏名，家屋価格などが記された調書。建物売渡契約書も簡略化され，未記入のものが目立つ。
[62] 前掲，『第3次建物疎開事業関係書類綴』「都市疎開事業実施ニ伴フ事務用紙特別配給方ノ件」

家屋滅失通知書[63]，移転先などを記した個別調査書，使用された形跡のない等級調書など，用途が似通った調書が現在でも多数残されており[64]，混乱した状況下で様々な契約書が行き交ったことを今に伝えている。

第3次建物疎開完了後の1945年6月には，「短時日ニ急速施行シタルニモ不拘疎開者ノ理解ト協力ニ依リ茲ニ完了ノ運ビト相成候ニ付テ[65]」新居善太郎知事から当事者へ次のような礼状[66]が送付された。

　　謹啓　愈々御清穆之段奉慶賀候
　　陳者政府は先に防空緊急施策として都市疎開の方針を闡明全国重要都市の建物疎開を急速に断行都市防衛の完璧を期する事と相成候就而本府も最近に於ける空襲の実情に鑑み京都及び舞鶴の両市に於て建物疎開を実施し空襲に依る災禍を最小限度に止め以て戦力増強に寄与せんことを企図し直ちに実施仕候処各位に於かせられては時局下諸般の事情極めて困難なるにも不拘理解ある御協力に依り何等の支障もなく然も短時日に殆ど疎開を完了仕候段洵に感激に堪えざる処に御座候時局下とは申乍ら歳久しく住馴染まれし土地家屋を急に御遠立退被下るることは情に於て誠に忍びざる事に御座候処何かと御困り御不便の御事と御察し申上候此の戦を勝抜くために私情を捨てて御支援を賜はりたる段感謝之至存候茲に衷心より深甚なる謝意を表し併て御健闘を祈上度如斯御座候

　　　　　　　　　　　　　　　　　　　　　　　敬具
　　　　　　　　　　　　　　　　　　　　昭和二十年六月
　　　　　　　　　　　　　　　　　　京都府知事　新居善太郎

取り壊しが終わると，疎開跡地では残存した土を利用して周辺住民が食糧増産のための野菜畑を作り始めた（図4-17，4-18）。繁華街にある疎開

---

63) 除却家屋に対して，家屋所有者を適宜連記したもので対象者に提出させ，府が取り纏める事になっている。（前掲，『昭和十九年度第1次建物疎開（都市計画関係書外）』「疎開建物登記及税務関係事務打合事項」）
64) 特に，京都府行政文書のなかで『第3次建物疎開（七条）』（簿冊番号：昭20-118-2）に多く残されており，類似した調査書や使われていない調書が実に多い。
65) 前掲，『第3次建物疎開事業関係書類綴』「疎開者ニ対シ感謝書状発送ニ関スル件伺」
66) 新居善太郎文書　疎開礼状（タイトルなし）

第2部　建物疎開と京都

図 4-16 1946年ごろの堀川通（御池通より南を望む）と同地点の現在
1945年第3次建物疎開により，西堀川通（写真上・左端）から岩上通（同右端）まで幅約60メートル分の建物が取り壊された（出典『建設行政のあゆみ』p. 225）。跡地は耕され野菜が栽培されているが，取り壊すことができなかった土蔵だけは残されたままである。疎開跡地は戦後堀川通になるとともに現在中京区役所や中京区総合庁舎，マンション等の敷地にもなっている（写真下・右側）。

第 4 章　京都における建物疎開の実施

図 4-17　1948 年ごろの堀川通と同地点の現在
堀川今出川の交差点南側から北を望んだ写真（上）。疎開跡地は畑になっているが畑の中に建つ電柱がそこで確かに人々の生活が営まれていたことを示している（出典『建設行政のあゆみ』p. 225）。戦前の堀川通は今出川通で屈曲していたが，現在の堀川通からは屈曲していた痕跡を窺うことはできない（写真下）。

跡地では、ヤミ市が立ったり塵芥捨場と化して不衛生な環境を生み出した場合もある（表4-10）[67]。なお、土蔵は除却できなかったために、疎開跡地にポツポツと残されたままだった。京都で本来防火帯の役割を担っていたものが、これらの不燃建築物である土蔵であった[68]。

戦後、府と市は、戦時下に行うことが出来なかった分の建物疎開の事務を進めようとした。土地・建物の測量や評価、建築物の買収（譲渡）、移転費や補償金の算定・支払いなどの諸手続きが残されていたが、すでに建築物は存在しないため、正確な査定を行なうことはもはや手遅れであった。

3-2　第3次建物疎開地区選定の特徴

建物疎開の実態を解明しようとするとき、なぜその場所が地区指定を受けたのかという問題は避けては通れない。空地帯のように事業規模が大きく、取り壊された建物が多くなればなるほど、それほど大規模な建物疎開を行う理由がその地域にはあったのだろうか、という疑問が生まれる。取り壊しを経験した当事者であれば、なおさらである。戦時下とは言え、自宅が建物疎開で破壊されるに相当する「納得できる理由」を見つけることができなければ、やり切れないほどの代償を払っているからである。

聞き取り調査で「あなたの自宅が建物疎開の対象地域に選ばれた理由をどのように考えていますか」という質問をしたところ、「わからない」という答えが圧倒的に多かった。「取り壊すのに問題があるような大きな建物がなかったから」、「建物疎開を受けても路頭に迷わない裕福な家が多い地域だったから」という回答もあった。

しかし、残念ながら第3次建物疎開における疎開空地帯の地区選定理由

67）前掲、『第3次建物疎開事業関係書類綴』「五保発第二十九号　疎開跡地ノ処理ニ関スル件」
68）松井清之助（京都府建築課長）は、除却後、京都の住宅が如何に多くの土蔵を有していたかを実感したと語る。軒を連ねるようにして土蔵が残っている地域もあり、鉄筋コンクリートよりも耐火性に優れ、立派に防火壁の役割を果たすため心強いという（『京都新聞』1945年5月4日）。

表 4-10　疎開小空地の状態（1946 年 1 月ごろ現在）

区域	場所	現状
先斗町蛸薬師付近	同上	一部塵芥蓄積
木屋町仏光寺付近	同上	菜園
新京極四条上ル東入	第二京極	街商地帯
新京極六角付近	第二京極	街商地帯
蛸薬師通	寺町河原町間	街商地帯
高辻通	室町河原町間 （消防道路跡地）	殆ど菜園地
吉忠製作所周辺	四条室町西入北側	錦室町角塵芥捨場其他大体菜園
中央電話局京都郵便局周辺	三条通烏丸東洞院間	概ネ菜園地
大丸百貨店周辺	高倉四条上ル及東洞院四条東入	高倉四条上ル東側空地西側菜園地　東洞院四条東入菜園地
中京区役所周辺	東洞院蛸薬師東角	空地一部菜園地
生祥国民学校周辺	六角通富小路東入	菜園地
中京配電局周辺	河原町蛸薬師下ル	菜園地
西木屋町六角付近	西木屋町六角下ル	空地一部塵芥捨場
西木屋町南部付近	西木屋町四条下ル	菜園地
西木屋町松原付近	松原河原町東入	菜園地
有隣国民学校周辺	富小路五条上ル西入	菜園地
矢田町付近	綾小路西洞院東入	菜園地
永松校周辺	仏光寺寺町東入	菜園地
同上	河原町仏光寺西入	殆ド菜園化セルモ南側ノ一部ニ塵芥蓄積ス
成徳校周辺	高辻新町東入及下ル	菜園化セルモ一部塵芥蓄積ス
修徳校周辺	松原新町西入及万寿寺新町西及東入	菜園地

（『第 3 次建物疎開事業関係書類綴』「疎開小空地一覧表」一部抜粋）

を直接示唆する資料は，管見の限りは存在しない[69]。

　先行研究が推測した広島や名古屋の場合と同様，京都においても，空地帯位置の選定と都市計画が関係していることは推測できるが，必ずしも全てが重なるわけではない。そのため，現時点では道路計画と空地帯指定の関連を断定はできない。

　田中清志が記録する都市計画資料によれば，五条通と御池通に関しては，市街地西部と計画街路が決定されていたが，計画されていた幅員は空地帯とは大きく異なり，22メートルである[70]。また，御池通や五条通では道路の南側が疎開対象地区となったが，なぜ片側（南側）のみが指定されたのかという疑問も消えない。

　当時，防空総本部が作成した，国民一般向けの建物疎開に関する広報番組を見ると，空地帯は道路の片側拡幅を指定している[71]。そのため，片側のみ指定する理由は地域的な特殊性ではなく，防空総本部で，空地帯は片側指定と取り決めていた可能性もある。

　一方，第3次建物疎開では空地帯のほかに消防道路や交通疎開空地，疎開小空地も選定されている。疎開小空地は新居知事の指示の下に，防空指揮所の周辺に造成された。防空指揮所とは，民防空を指揮統率する重要施設のことである。大阪と神戸の大空襲の被災状況について，新居知事は罹災戸数，罹災者数，罹災箇所数，死者数等の詳細を調査している。その際，空襲時に防空指揮所やラジオ・電話などの通信設備を稼動させる必要性，重要性に注目し，第3次建物疎開では京都府庁，警察署，消防署，病院，

---

69) 京都駅周辺の空地帯が，駅および鉄道の保護を目的としていることは明らかである。
70) 田中清志『京都都市計画概要』京都市役所，1944年，pp. 333～336。　ちなみに，1923年の関東大震災直後，京都では防火地域および計画路線を見直す動きがあった。その際，10月30日に開かれた京都市都市計画部第四回協議会では，すでに指定されていた四条烏丸両幹線に御池・堀川・五条通の三線を加えることでまとまった（『京都日出新聞』1923年11月2日）。しかし，これらの議論は最終的に防火地区の変更に関する都市計画決定には結びつかなかった。また管見の限りではこれらの三線と建物疎開の空地帯指定との関連を見出すこともできない。
71)「築け防空都市」『日本ニュース』第198号，1944年3月15日（NHK「戦争証言アーカイブス」URLhttp://cgi2.nhk.or.jp/shogenarchives/jpnews/movie.cgi?das_id=D0001300326_00000&seg_number=001）

通信施設の防護を指示したのである[72]。

防空指揮所周辺を建物疎開によって防護することは，全国的に建物疎開が開始された1944年頃から，防空総本部が事業目的として掲げていた。しかし，市民に対していかにも役所のみが安全を期しているように考えられる，との理由から，全国的にもほとんど進んでいなかった。そこで1944年10月，防空総本部は改めて，「都市の要点における防護空地の造成」として推奨していたのである[73]。

以上から，第3次建物疎開の地区選定の特徴は，京都ではじめての大規模な空地帯が造成されたこと，それまで実行を延期していた戦争遂行のための重要施設の防護を行ったことと言える。空地帯の地区指定の背景に関しては，本来の目的である防空的側面からの調査が，今後必要となるであろう。

3-3　第4次建物疎開と疎開跡地

1945（昭和20）年6月以降，本土では中小の地方都市や東京の郡部も空襲に見舞われ，無差別爆撃が繰り返されるようになった。政府は生産増強よりも罹災者の帰農促進対策等に忙殺され，生活が窮乏し飢餓に陥った国民の多くは戦意を喪失し，厭戦気分が広がっていた[74]。

京都市内でも，6月頃から米軍機が宣伝用のビラを投下するようになり，京都府警察部はビラを見つけたら警察署へ届け出るよう指導を行っていた[75]。

4月に組織された鈴木貫太郎内閣は，水面下では和平工作を進めていたが国民にはあくまで本土決戦を唱え，同年7月10日「空襲激化ニ伴フ緊急防衛対策要綱」を閣議決定した。要綱では，緊急措置として，建物疎開

---

72) 新居善太郎文書「手帳」R331，フィルム番号0371
73) 牧野邦雄「建物疎開の再検討と今後の方策」『道路』6巻，1944年，pp. 426〜428
74) 東京都編『東京都戦災誌』明元社，2005年，p. 22
75) 警察史編集室『京都府警察略年表』京都府警察学校所蔵，1988年，pp. 178〜179

をさらに実施することを掲げている。そのほか，都市に残留する必要のある施設や工場等の要員を確保し，人員疎開を促進させることなど，民防空を徹底的に強化させる方針が採られた。建物疎開の対象都市は，地方長官が必要と認める概ね人口3万人以上の市街地とされたため，それまで建物疎開を行わなかった地方都市や地方の町村も含まれるようになった。それらの街では，重要施設の防護を目的とした建物疎開を，8月末までに完了させるよう指示された。

京都では，第3次建物疎開以降は建物疎開を断行しない方針であった。しかし，これらの戦況により，1945年6月4日勅令で第4次建物疎開の地区指定が行われた。対象建物数は7,680戸であった。

同年7月25日，臨時府会で第4次建物疎開事業の予算が可決された[76]。府が作成した事業計画書を見ると，敗戦が目に見えているこの時期に建物疎開を行う理由を，「空襲の規模，頻度が急激に増大した現段階では戦力を確保する必要がある。そのためには生産機能や交通機能を持つ重要施設を防護することが喫緊に必要だ」としている[77]。古都としての京都の特殊性も注目され，臨時府会では「建物疎開こそが千年の歴史を紡ぐ古都を守るために必要」とか「京都御所をはじめ皇室に縁のある重要な建物を守るために建物疎開が必要だ」という論理が展開された[78]。こうして，第4次建物疎開は「敵前疎開」と位置付けられた。

7月27日に地区指定が告示された[79]。詳しく見ると，国有鉄道の輸送を確保することを目的とした空地が，東海道線，山陰線（丹波口―花園駅間，南側50メートル），奈良線（京都―稲荷駅間，南側50メートル）を中心とした鉄道沿線に指定され，2,361戸が対象となった。そのほか，国民学校周辺（3,107戸），堅牢建築物周辺（707戸），官公衙・倉庫その他重要施設周辺（674戸），重要工場周辺（823戸），計約86ヘクタールが指定を受け

---

76) 前掲，『昭和20年7月京都府臨時府会決議録会議録』p. 23
77) 前掲，『建物疎開一件（第四次疎開関係綴）』「事業計画書」
78) 前掲，『昭和20年7月京都府臨時府会決議録会議録』p. 44
79) 前掲，『建物疎開一件（第四次疎開関係綴）』「防空空地（第四次疎開）指定ニ関ス件」

た[80]。

　第4次の地区指定の特徴は，このように鉄道に沿って空地帯のように帯状の空地を設けようとしたことであり，さらに間引疎開を予定したことである。間引疎開とは，建築物相互に一定の間隔を設けるために，その中間にある建築物を取り壊す方法であり，間隔はおよそ10メートルと設定された。間引疎開は単に実施区域内の住宅を防護するためだけでなく，いずれ焼失を免れない建築資材を焼失前に活用し保存することも目的にして行われた[81]。つまり，1945年7月時点での建物疎開計画は，空襲である程度都市が被災することを想定した上で作成されていた。

　第4次建物疎開では，重要工場周辺も多数指定を受けている。重要工場周辺は，第1次建物疎開でも対象となったが，その際は，特に重要かつ規模の大きい軍需工場や警察署が該当した。今回は，軍需関係以外の工場が対象となり，郵便局，病院，京都市役所，伏見憲兵隊なども対象になった（表4-11）。

　8月6日，市内に先駆けて国鉄沿線のなかでも五条通北側付近の建物取壊しが始まった。一刻も早く空地を造成するため，執行部では，留保していた食料や物資を作業従事者に与えることで，人員を確保しようとした。夕方，その日の取り壊し作業が終わると，1日分の米（2合5勺）を礼として全員に渡し，さらにくじ引きも行った。くじに当たった者は，米や日用品，布などを受け取り帰宅したという[82]。

　8月15日，防空総本部次長から各都道府県知事へ，建物疎開事業の中止を伝える電報が送られた。京都では，当日は第4次建物疎開の最中であったが，正午，玉音放送がラジオから流れた直後，作業に携わっていた者へ中止が知らされた。なかには午前中に家を取り壊されたところで玉音

80）京都府行政文書『第4次建物疎開（五条）』「(1)京都防空空地」
81）前掲，『建物疎開一件（第四次疎開関係綴）』「防試二〇発第一一四号　緊急防衛対策要綱ニ基ク建物疎開ニ関スル件依命通牒」
82）『内政史研究会旧蔵資料　三好重夫氏談話速記録』第5回，pp. 226〜227（国立国会図書館憲政資料室蔵）

第 2 部　建物疎開と京都

表 4-11　建物疎開の対象となった軍需工場・重要施設

第 1 次建物疎開
島津製作所三条工場（※）　京都瓦斯第一工場　　日本電池九条工場（※） 寺内製作所工場（※）　　　西陣警察署

第 4 次建物疎開
神武菊工場　　　京都無線第一・第二工場　　京都鋳工工場　　西陣製パン工場 住江織物工場　　大報恩寺　　　西陣航空螺子工場　　島津小川工場 西陣電話分局　　長崎屋工場　　日本電池七本松工場　　放送局　　商工経済会 京都市役所　　　中京製パン工場　　三谷伸銅疎水工場・山田科学研究所 左京郵便局　　　法観寺　　　大野木製作所　　中村救急薬工場　　蓮華法院 第一日赤病院　　三洋油脂工場　　東洋砥石工場　　浅田合金工場 島津九条楠工場　京都缶詰工場　　平井電機製作所　　京都晒染工場 帝国水産八条工場　唐橋井園町　　神武六二六二工場　　電話中継所 日本新薬吉祥院工場　倉敷工業京都工場　　高山耕山工場　　帝国水産七条工場 品川製作所　　　神武八七三七工場　　京都機工工場　　日本新薬壬生工場 帝国水産壬生工場　三吉屋製作所　　西京製パン工場　　菊水製作所 サガライト工場　京都師団司令部　　伏見憲兵隊　　津田電線工場 日本冶金伏見工場　堀野久造工場　　伏見電話分局　　帝国水産伏見工場 丸竹醤油工場　　大倉恒吉工場　　伏見病院　　森田製作所　　山科電話分室 神武楠工場　　　神武蔦工場

※防空法第三条により，行政庁以外の大規模事業主であり，防空計画設定者に指定された者。
他にも壽重工業株式会社（九条工場・十条工場）も指定を受けた（『建物疎開一件（第四次疎開
関係綴）昭二〇年』より作成）。

放送を聞くという悲劇も生まれた[83]。

　第 4 次建物疎開の取り壊しは，当初の計画に対してどれくらい進んだのだろうか。京都府疎開実行本部は正確な算定を行っていないが，移転者数を計画の 7 割，除却戸数を同じく 3 割と仮定している[84]。同年 9 月 14 日の『京都新聞』は，除却戸数を 1,000 戸と報道しているから[85]，おおよそ

---

83) 小林啓治，鈴木哲也『かくされた空襲と原爆』機関紙共同出版，1993 年，pp. 106〜108
84) 除却後に支払った前渡金を当初の計画戸数の 7 割をもって計算している（前掲，『建物疎開一件（第四次疎開関係綴）』「疎開移転費前渡金支出伺」）。
85)『京都新聞』1945 年 9 月 14 日

第 4 章　京都における建物疎開の実施

計画の 15〜30 パーセント程度が終了していたと推測できよう。

　中止が決定すると，京都府疎開実行本部は一部の例外を除き，これ以上除却を進行させないこととし，契約を解除し除却前の状態に戻すことを目指した。移転完了者には移転費を支給し，買収が完了していたものの取り壊していない建物は，なるべく買収価格で前所有者に売却するという方針をとった[86]。

　例えば，除却工事に未着手のもの，着手していても完了していないもので建物の補修具合が軽易なものは，住民に譲渡し契約を解除した。解約したことで生じる損害は府が負担し，建物買収価格相当額に破損の割合を乗じた額を補償することになった。同じく，解約したことで移転が完了していない者が損失を受けた場合には，費用の一部を府が補償した[87]。除却に着手していなくても空家になったことで破損し，補修が必要な場合は，補修費の一部も補償対象となった[88]。

　敗戦とともに，戦時下の防空体制は解体され始めた[89]。同年 8 月 31 日，内務省防空総本部が廃止され，その残務整理は警防局関係事務は警保局（空襲被害統計整備関係事務，防空気球隊および防空訓練の予算配分関係事務，防空監視隊設備資材処分関係事務担当）へ，施設局関係事務は国土局（防空研究所関係事務，資材課関係事務担当）へ移管した。総務局関係事務は国土局，人事局（防空従事者関係者救済事務担当），会計課（防空実施費予算配分関係事務担当），警保局へ移管した。業務局は，会計課と国土局へ移管した[90]。建物疎開の残務整理は，国土局が引き継いだ。

86）前掲，『建物疎開一件（第四次疎開関係綴）』「建物疎開事業ノ中止ニ対スル措置ノ件」
87）同上資料「第 4 次建物疎開補償処理方針」
88）同上資料「議案第六号」
89）内務省では一部の組織で分権化が進んでいたが，GHQ は内務省を中央集権的統制の根幹と見なし権限の分散化と民主化の実現を企図した。GHQ の強い意向により，1947（昭和 22）年 12 月 31 日内務省は廃止され，戦後復興関係業務は 1948（昭和 23）年 1 月 1 日に国土局と戦災復興院の合併によって新設された建設院に引き継がれた（前掲，大霞会編『内務省史』第 3 巻，pp. 1002〜1009）。
90）「防空総本部廃止後に於ける残務整理に関する件」『警保局長決裁書類・昭和 20 年　内務省訓令 585 号』内務省警保局，1945 年 8 月 26 日（国立公文書館蔵）

175

第2部　建物疎開と京都

表4-12　京都における建物疎開地区概要

	第1次 1944.7.17～ 1945.8.26	第2次 1944.2.27～ 1945.4.1	第3次 1945.3.18～ 1945.5上旬	第4次（※） 1945.7～ 1945.8.15
疎開空地帯			4 (66.78)	3 (23.4)
消防用道路		5 (1.96)	17 (18.13)	
交通疎開空地			6 (3.63)	
疎開小空地	22 (10.44)		113 (31.78)	171 (62.55)
合計	22 (10.44) 〔950〕	5 (1.96) 〔256〕	140 (120.32) 〔10,500〕	174 (85.95) 〔7,680〕

上段は箇所数，中段は面積 (ha)，下段は対象家屋数〔戸〕
※敗戦により途中中止のため事業実績は不明。第4次の疎開空地帯は鉄道沿線を指す。
(出典：『京都府百年の資料7』，『第4次建物疎開（五条）昭20』)

　しかし，体制は「解体」されたとは言え，建物疎開によって破壊された町と国民の生活再建が，戦後政府へは求められた。京都市内には，第1次から第3次建物疎開による疎開空地約130ヘクタールが存在していた（表4-12）。これらは，防空を目的として生じた空地とはいえ，当時の都市全体に与えた現象としてみると，市内の空地面積がほぼ倍増したことになった[91]。近代京都の都市計画事業においても，これほど大規模なオープンスペースが僅か1年余りで生まれることは前例がなかった。

　建物疎開が行われた当時の疎開空地は，一部は公共団体や軍が買収したが，空地帯を含むほとんどの空地は，防空法に基づき公共団体が所有者から一時的に賃借していた。そのため戦争が終わり防空法が廃止されると，公共団体が賃借する根拠法が存在しなくなった。すなわち，本来の土地所

91）1944年時点の市内の公園面積は74ヘクタールである（伊従勉「都市計画史からみた景観―近代京都の都市景観政策の両義―」『京都の都市景観の再生』日本建築学会，2002年，p.30）。

有者へ返還されるべきであった。しかし，都市計画の空地という観点に立つと，かつてないほどのオープンスペースを活用し，都市を改造するまたとないチャンスでもあった。戦後京都ではこれらの疎開跡地を利用して広幅員道路を整備し，児童公園や街路広場を設置したのである。

　次章以降ではこのような観点から，戦時下の建物疎開事業が含んでいる問題点に焦点を当てる。第5章では住民に対する補償問題，第6章では建物疎開の戦後処理問題を取り上げる。

第5章

建物疎開を生き抜いた
住民たち

第5章　建物疎開を生き抜いた住民たち

　建物疎開の実施にあたり，執行者である京都府は住民の心情や反応を特に注視していた。当時の行政資料からは，住民が極めて協力的な態度をとったことが窺える。だからこそ短時間に事業を終了させることができた，とも言えるが[1]，実際のところ，建物疎開の対象となったことを知らされた住民が抱えた不安と戸惑いが大きいことは，多くの疎開者が疎開相談所を訪れた事実からも明らかである。

　京都府疎開実行本部と警察署は，第1次建物疎開の開始にあわせて，1944（昭和19）年7月下旬に疎開者向けの相談窓口として京都府疎開相談所（京都府産業報国会館内）と方面相談所（各警察署内）を設置した。これらの相談所では，実行本部の指導部係員や警察署員が「表裏一体的関係」[2]で事務を行い，建物譲渡の手続きや荷物の運搬，資材の相談や住宅斡旋の世話を行った[3]。

　第1次建物疎開を例にとると[4]，疎開相談所が受け付けた相談件数は1,853件にのぼった。そのなかでも特に，輸送と住宅の斡旋に関する相談が多く，それぞれ29.5パーセント（547件），28.4パーセント（527件）を占めている[5]（表5-1）。「その他」の相談も22パーセント（409件）を占めており，移転先での就職，子供の転校手続き，廃業や営業再開のための準備など，各家庭が様々な事情を抱えていた。

　建物疎開を強いられた者は，物理的・精神的・経済的に重い負担を背負った。戦時体制の解体とともに住民感情は表出するようになり，ある者は府へ抗議文を送り，ある者は新聞へ投書し，またある者は子供や孫へ伝えるための記録や備忘録を作成した。

　本章では，事業を執行する側ではなく，建物疎開を受けとめた住民の視点から，事業の本質を捉えてみたい。その際，行政資料を用いた分析のみでは限界があるため，筆者は聞き取り調査を行った。聞き取り調査を行っ

1）　第4章2-1参照
2）　『新居善太郎文書』「地方長官会議参考」「疎開事業実施状況」
3）　『昭和十九, 二十年　疎開関係　中原技師』「建築物疎開指導要領」（京都市歴史資料館蔵）
4）　第2次，第3次，第4次建物疎開に関する疎開相談所の記録は，管見の限りは見られない。
5）　京都府行政文書『昭和十九年度第1次建物疎開（都市疎開関係書外）』「疎開相談状況」

表 5-1 疎開相談所へ寄せられた建物疎開の相談内容

相談内容種別	相談件数	%
疎開地区に該当することについて	92	5.0
輸送の斡旋	547	29.5
輸送物資の斡旋	124	6.7
住宅の斡旋	527	28.4
資材の斡旋	146	7.9
転入学の斡旋	6	0.3
就職の斡旋	2	0.1
その他	409	22.1
計	1,853	100

(出典:『昭和十九年第一次建物疎開』「疎開相談状況」)

た地域は、主に京都市内の五条坂、堀川五条(醒泉学区)、御池通、堀川商店街である(口絵「京都市内三疎開空地帯模式図」参照)。地域の世話役となる方へ調査を申し出て、建物疎開の経験者を紹介してもらい、経験者を訪問して約1〜2時間程度の話を伺った。各回の調査の終わりに、近辺に住む別の経験者を紹介してもらい、芋づる式に調査を進めた。

聞き取り調査に応じて頂いた方のほぼ全員が、第3次建物疎開の経験者であったため、本章での分析の対象は、第3次建物疎開に限定することを断っておく。

1 除却および移転の実態

1-1 五条坂の除却

現在、京都市内を走る国道1号線の一部となっている五条通は、大和大路通から東大路通までに挟まれた部分を特に五条坂と呼ぶ。なだらかな坂

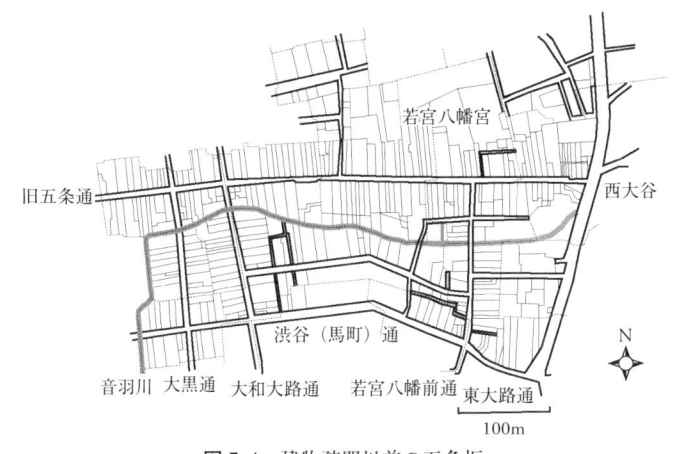

第5章　建物疎開を生き抜いた住民たち

図5-1　建物疎開以前の五条坂
（ベースマップ出典：稲津近太郎他『京都市及接続町地籍図附録第一編上京区之部』）

が続く五条坂は、清水焼発祥の地であり、陶芸作家や窯元、卸店、小売店が軒を並べている。

　五条坂で聞き取り調査を行った理由は、次の3つである。まず、行政文書において、契約書や補償金支払調書等、資料の残存状態が他の地域より良好であること、次に、五条坂陶栄会の編による記録集『思い出の五条坂』や、藤平長一・北沢恒彦著『五条坂陶工物語』に見られるように、住民自らが伝え残そうとしている地域の歴史書があること、最後に、聞き取り調査の際に、五条通北側（疎開区域外）と南側（疎開区域）の両者から話を聞くことができたため、疎開者と非疎開者の比較が可能と推測したためである。

　疎開前の五条坂地区を図に示す（図5-1）。五条坂には、五条橋東三丁目から五条橋東六丁目までの4つの両側町（コラム2参照）があり、北側には陶器の町、五条坂のシンボルとも言える若宮八幡宮を据えている。若宮八幡前通は、若宮八幡宮から南へ伸び、通りの周辺は門前の雰囲気を持った

町並みが続いていた[6]。

疎開前の五条通の幅員は，狭い部分では 2.90 メートル，広い部分では 3.45 メートルほどである[7]。その狭さは，両手を広げたら指先が両方の店先に届きそうなほどであった，という回想もある[8]。五条通と並ぶようにして，音羽川という小川が通りの南側を流れている。音羽川は，西大谷の東に位置する清水寺の音羽の滝から続いている。

『思い出の五条坂』や『五条坂陶工物語』の記録をもとに，一例として五条橋東五丁目の建物疎開の状況を再現してみよう。疎開前は，若宮八幡前通に面して，向かい合うように東側に金光院，西側に清水寺の窯元である清水六兵衛家が建っていた。

金光院は，1648（正保 4）年西山浄土宗総本山光明寺の道場として建立された寺であった。約 700 坪の境内には，本堂，書院，客殿が配されていた。寺の中庭には，清水寺音羽山の音羽の滝に源を発する音羽川が流れ，飛び石が配置されていた。その様子を『思い出の五条坂』は，「めだか，亀，蟹がみられる風雅なものだった」と伝えている[9]。清水六兵衛家は，三代六兵衛が江戸時代末期に窯をひらいたところで，約 700 坪の敷地には住居のほかに，やきもの工場や登り窯が建っていた。清水家の北側の塀沿いには，「つぼ谷」と呼ばれている小路があった。

1945（昭和 20）年が明けて間もなく，五条坂では，五条通が建物疎開の対象になるのではないかという噂が流れた。このタイミングで噂が流れた理由は，同年 1 月 16 日に馬町空襲があったためである。馬町のすぐ近隣である五条坂では，馬町で空襲があったという噂が流れだし，噂が噂を呼び，防空のための建物疎開が始まるのではないか，という憶測も飛び交うようになった。

この噂を耳にした清水六兵衛は，憂慮し始めた。『五条坂陶芸のまち今

---

6) 山崎正史他「五条坂の景観変遷とその保存修景計画」『日本建築学会近畿支部研究報告集』1983 年，p. 479
7) 『道路台帳図五条通』京都市役所蔵
8) 五条坂陶栄会編『思い出の五条坂』五条坂陶栄会，1981 年，p. 105
9) 同上書，p. 140

昔』は，その様子を次のように伝えている。

　五条通りが強制疎開になる，という噂が流れだしたのは，昭和二十年が明けて間もなくのころだった。住民はおびえた。
　陶芸家清水正太郎（のちの六代清水六兵衛）もその一人だった。五条坂の北側にある若宮八幡宮の鳥居の前から南へ向かって，清水は一歩，二歩，三歩と歩幅をそろえて歩いた。大柄な清水の脚では，四，五歩も歩けば二間（3.6 メートル）幅の五条通を横断できた。さらに南へ，八幡宮の正面にのびる道筋へ，清水は歩幅をかぞえた。
　五条通の強制疎開が北側に指定されるか，南側となるかは，まだ住民には知らされていなかった。北側なれば，清水家は疎開を免れる。だが，南側になれば……。（中略）
　清水が歩幅をかぞえるかたわらを，三女の満稚子も小走りについて歩いた。「三十四，三十五」清水が立ちどまったのは，つぼ谷と呼ばれている小路の前だった。清水家は北側の塀がつぼ谷に沿っている。疎開幅が 30 メートルなら，この小路までだろう，と清水は満稚子をふりかえって言った。だが疎開幅が 30 メートル以上になれば，清水家の敷地にくいこみ，工場も 2 年前に改築したばかりの住まいも，その中に入ることになる[10]。

　同年 3 月，大都市空襲の影響を受け，噂は現実のものとなった。3 月 18 日に京都市内で第 3 次建物疎開が始まると，五条坂地区の東側では，音羽川が除却範囲（南端）の目安とされた。五条通歩道北側から音羽川付近までの南側，幅約 60〜65 メートルが，除却の対象となった。
　図 5-2，5-3 は，五条坂全体で除却が進む状況を段階的に表している。図 5-2 は，4 月 2 日時点での除却状況である。疎開区域では，除却が一律に進行したわけではなく，除却のスピードには明らかな差が生じていることが伺える。金光院や清水家がある若宮八幡前通の両側は，除却の目安となる音羽川まで既に取り壊しが済んでいる。他方，除却がまだ手つかずのところもある。
　約 10 日後の 4 月 13 日の除却進捗状況を表したものが，図 5-3 である。

10）田村喜子『五条坂陶芸のまち今昔』新潮社，1988 年，pp. 10〜11

第 2 部　建物疎開と京都

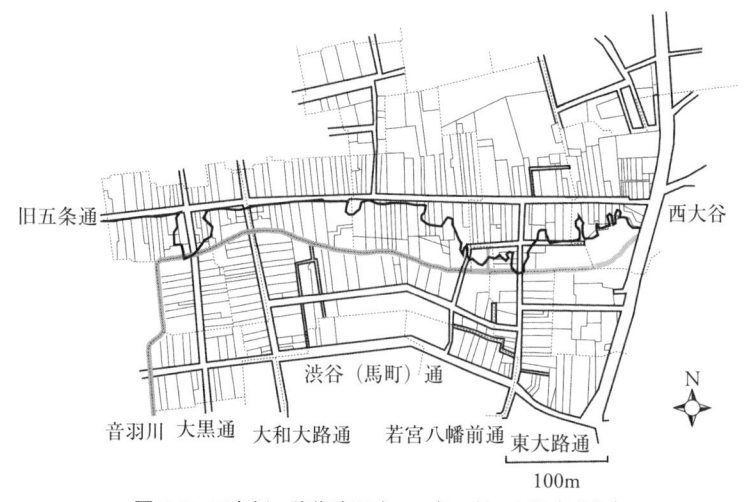

図 5-2　五条坂の建物疎開（1945 年 4 月 2 日除却状況）
（1945 年 4 月 2 日米軍撮影航空写真を地図に重ね，除却範囲を描き出し図 5-1 に加筆した。）

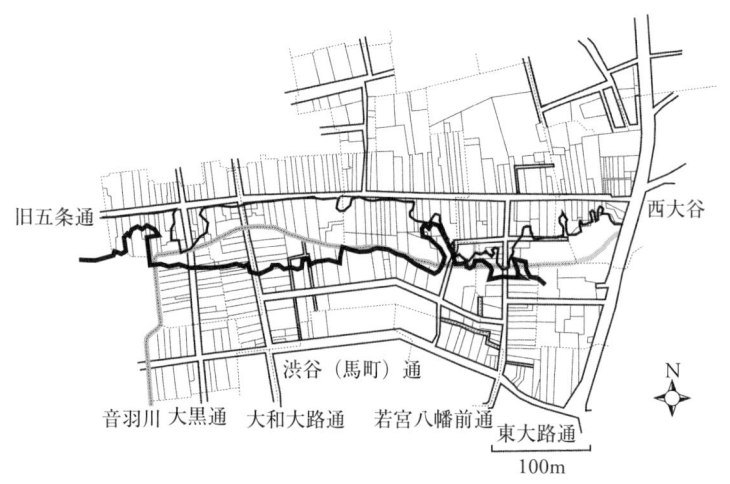

図 5-3　五条坂の建物疎開（1945 年 4 月 13 日除却状況）
（1945 年 4 月 13 日米軍撮影航空写真を地図に重ね，除却範囲を描き出し図 5-2 に加筆した。）

約10日余りの間に，南へ約60～65メートル地点まで除却されており，建物疎開の開始から3週間後には空地帯が完成している。第4章で述べたように，規定のプロセス，特に補償に関する調査や事務手続きを省略し，建物の取り壊しを最優先で実施したために成し得た事業であった。

　疎開跡地には，堅固で除却できなかった土蔵だけが点々と残った。防空施設が設置されなかったため，疎開跡地は放置されるまま，近隣住民の食糧増産の場と化した。疎開跡地には所々に壊れた水道管がむき出しになっていたため，漏水を利用し，畑を作り野菜を育てたのである。食糧難の時世，盗難も頻発したという。京都市はすぐに疎開地跡食糧増産要綱を定め，一般へ無償で開放し種苗を交付することにした[11]。町内会は，疎開跡地を借地したいという各戸の要望を地域ごとにとりまとめ，市へ提出し，貸与を受けた[12]。6月頃からは，市内全体で疎開跡地の菜園化が本格的に始まった[13]。

　戦後，疎開跡地は子供たちにとっては絶好の遊び場となり，野球場にもなった[14]。五条坂北側に住んでいた者は，当時の風景を振り返り，「戦時下の疎開の跡の五条坂　ただ広々と流れ星見し」と詠んでいる[15]。陶芸家河井寛次郎（東山区鐘鋳町。現在の河井寛次郎記念館に居住）は，跡地に表れた第三期層の土を見つけて持ち帰り，信楽の土をブレンドしながら晩年の作品に利用したという。

　1947年，1948年頃には，疎開跡地で盆踊りが流行した。五条坂でも櫓が組み立てられ，その回りに二重三重の踊りの輪ができて，レコードや大太鼓に合わせて踊ることもあった[16]。残った北側のみで出店を並べ，戦時中に途絶えていた陶器祭も復活させるなど，少しずつ生活を再建し始めた。

　防空法廃止後の1947年3月に，京都市内の建物疎開跡地を街路または

---

11)『京都新聞』1945年4月17日
12)『京都新聞』1945年5月24日
13)『京都新聞』1945年5月28日，1945年6月29日
14) 前掲，五条坂陶栄会編『思い出の五条坂』p. 84
15) 同上書，p. 161
16) 同上書，p. 79

図 5-4　五条坂の疎開跡地
1949年頃の五条坂。東山を背景にした五条坂の町並みは，建物疎開で南側の建物が取り壊されたことで失われた。非疎開区域である北側は戦前の風景を残している。南北の空間の違いは，建物疎開に遭った者と免れた者の生活環境の違いでもある（出典『東山区誕生70周年　ひととまちの歩み』p. 11）。

街路広場とする都市計画決定がなされ，同年6月に京都市は，五条通の拡幅に着工していた。だが，財政難・資材難のためなかなか進まず，疎開跡地は，上記のような住民達の生活の場となったままであった。

　1949年時点でも，未だに土がむき出しの状態である（図5-4）。5月に五条通は統一メーデー会場となったが，まだ瓦礫の散乱している状態であった。数年間残されたままの土蔵は曳家により移動させ，ようやく歩道と車道の区別はできたものの，「ゴロゴロの砂利しきで，ここを通る物ずきの車などはな[17]」かったという。それがかえって，集会場には適していたのかもしれない。

　また，烏丸通と河原町通間の五条通は，道路の境界線だけはできているが，寺院の庭や取り払われた屋敷の塀や垣も，まだ直されずに放置されたままだった。町並みとは言えないような風景が続いていた[18]。

　都市計画事業に必要な疎開跡地は，主に京都市が買収した。その際，図

---

17)『都新聞』1949年5月2日
18) 西山夘三『地域空間論』勁草書房，1968年，pp. 118〜119

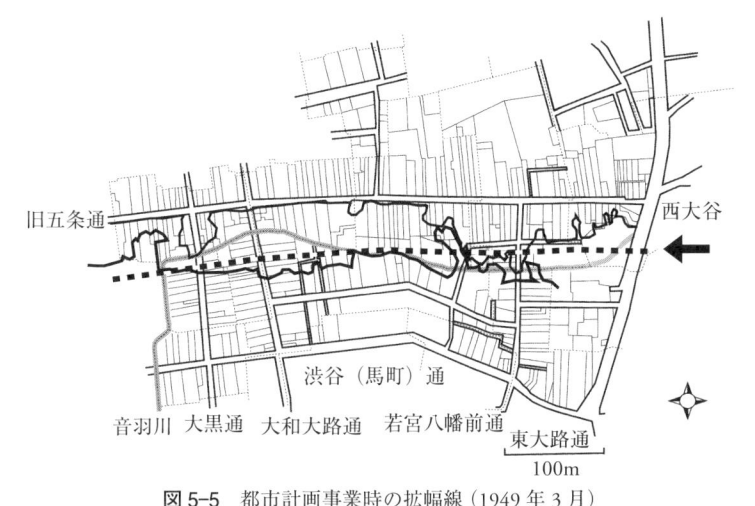

第 5 章　建物疎開を生き抜いた住民たち

図 5-5　都市計画事業時の拡幅線（1949 年 3 月）
(『五条通自東大路至大和大路通道路拡築工事平面図』による街路の幅員（南端）を，図 5-3 に点線で加筆した。)

5-5 から明らかなように，街路の幅員より除却幅が広く，言わば取り壊しすぎた部分が 10〜15 メートル分あった。これらは都市計画事業には不要な土地であり，登記上は土地を数筆に分割するなどして，元所有者が払い下げを受けることになった。

このように，戦後，払い下げに応じることで疎開跡地に元の所有者が戻ってくる場合もある。金光院，清水六兵衛家は，このケースに該当する。京都市建設局が所蔵する疎開跡地道路整備工事の図面を見ると，残地を払い下げる境界線は金光院，清水六兵衛家の敷地を 2 分割するように引かれている[19]。なお，払い下げられる土地は，元の地積のままとは限らず中途半端な不整形地であり，居住や営業に向かないような土地も少なくない。

金光院の場合，寺の本堂や建物は全て除却されていたが，道路整備の際に払い下げを受けることになった。街路と私有地に線引きされた土地は，

---

19)『五条通自東大路至大和大路通用地丈量図』(京都市建設局道路課蔵)

189

分筆させて所有することで解決した。寺は残地の半分を取り戻し，1948年8月に小さなお堂を建てて，復興の第一歩を踏み出した[20]。その後，10年単位で静守堂，本堂を建て直し活動を継続してきたという。

清水六兵衛家の場合，居宅から200メートルばかり離れた，五条橋東六丁目にある料亭の敷地に空家を見つけ引っ越した。戦後は登記を分筆し，元の所有地は払い下げを受けた[21]。

金光院と清水六兵衛家の場合，元の土地へ戻ることができた例だが，商売上の都合や人間関係などの事情から元の土地へ戻りたいと願いながら，叶わない者も多かった。彼らはどこへ行ってしまったのだろうか。詳しくは後述する。

その後，1953年3月に五条通の整備工事は一応完成し，舗装も行われた（図5-6，5-7）。一部の地域では仮設店舗が建てられるなど[22]，道路の開通には，各所で立ち退き問題が発生した。1971年9月，現在の国道1号線として国の管理下に置かれ，現在の五条通の幅員は50〜51メートルである。

1-2　五条坂の住民の記憶

五条坂で行った聞き取り調査は，第3次建物疎開当時五条坂に居住しており，建物疎開を経験もしくは見聞きしたのべ12名である[23]。そのうち8名が，五条通南側に住んでおり，自宅が取り壊された。8名のなかには，

20）前掲，五条坂陶栄会編『思い出の五条坂』p. 139
21）「土地売渡契約書」（京都市建設局道路課所蔵）
22）五条大橋以東から大和大路までの五条通はもともと京都市内の老舗商店街の随一で，衣料品，食料品店を中心とした商店が軒を連ねていたが（近現代資料刊行会編『京都市・府社会調査報告書Ⅱ（大正7年〜昭和18年）』近現代資料刊行会，2002年，p. 193），建物疎開後，跡地に間口二間奥行き三間程度の仮建築が35軒建ち並んだ。道路の占有だと判断して立退きを勧告する市と，立退きは死活問題だとして拒否し続ける店舗側が長らく対立していた（『京都新聞』1956年6月15日）。店舗側は府へ陳情したが，府は疎開跡地における建物は京都市全体のため今後も抑制する方針であるとし，陳情を不許可にした。
23）2006年9月から現在まで継続して聞き取り調査を行っている。調査対象者の中には現在亡くなった方もいるため，年齢は調査時点の年齢とする。1945年時点の年齢，性別を併記した。

第 5 章　建物疎開を生き抜いた住民たち

図 5-6　1953 年の五条通

図 5-7　舗装された五条通（1954 年頃）
（出典『東山区誕生 70 周年　ひととまちの歩み』p. 11）

北側の本宅におり建物疎開を免れたものの，南側に所有していた複数の土地を除却された地主も含む[24]。他の4名は北側に居住しており，建物疎開を免れた。現在，経験者の高齢化が急速に進んでおり，当然ながら全員が当時の状況を克明に記憶しているとは限らないが，本節では彼らの記憶の一部を紹介したい。

まず，疎開前の五条坂の雰囲気や生活の様子について全員に尋ねたところ，隣や向かいの店の様子，人の動きを感じながら共に生活をしている感覚があったという。A氏（疎開区域外　年齢80歳，当時16歳，男性）は「ほとんど陶器屋さんだからね。その関係で商売敵みたいなところもあるし，融通してもらって自分のとこになかったら取りに行ってもらってそれを売るいうこともありましたし，まあそこは適当に上手く立ち回ったと思う[25]」と，陶器の町として一つのコミュニティが出来上がっていたと教えてくれた。

焼物の町というのにふさわしく，問屋や窯屋，作家など個々の特徴ある家と細い路地が一体となった家並みが続いていた[26]。五条坂の緩やかな傾斜に沿って，屋根が重なり流れるような景色は特に美しかったという。

次に，取り壊しの対象となった者へ，建物疎開にあった事実をどのように考えるか調査した。調査対象者たちの口からは「建物疎開は仕方なかった」という発言が頻出したことから，強い諦念感を抱いていると言える。これは，当事者か否かにかかわらず共通する発言である。

まず，疎開区域外（北側）に住んでいた者の声を聞いてみよう。B氏（疎開区域外　年齢78歳，当時15歳，男性）は，「もう否応なし。背景にはその軍国というか戦いのため，天皇陛下のため言われたらどうしようもない。そうでないならいてられへんのやからその世界に。叩き込まれた時代だからね，反対せえへん。何もできない」と戦時期の社会体制を繰り返し強調

---

[24] 本人は「自分も建物疎開の当事者である」と述べ，調査を行った結果，特に補償面において大きな損失を受けていたことが分かった。北側の住民であるが，建物疎開対象者として扱った。
[25] 著者ヒアリング（2006年9月30日）
[26] 前掲，五条坂陶栄会編『思い出の五条坂』p. 93

した。また，現在の五条通が主要幹線道路として機能している事実を評価し，「逆にいうと，今の五条通，堀川通，御池通がこんだけきれいに整備されて，ていうのは京都市のためにはなっているからね。皮肉やけど。あの戦争の疎開がなかったら，いつかはやってるやろうけど，こう綺麗にはいかんと思うな」と語る[27]。

B氏は，建物疎開は戦争中の出来事であり仕方がないが，将来的にこれだけ役に立ったのだからなおさら止むを得ないことだった，と考えていると言えよう。

同じく北側に自宅があったA氏は，仕方ないと思いながらも，1945（昭和20）年当時の五条坂の風景画を書き残している[28]。建物疎開当時，南側の家々が取り壊される様子を見ていたA氏は，1980年代以降，当時の様子を回顧して描き，「散華の図」と名づけた。疎開前の五条坂の風景を「心象風景」と題し描くなど，戦前の町への強い追憶を窺わせる。

次に，疎開対象者（南側）たちに調査を行うと，「仕方がないのかもしれないが」という割り切れない思いが現在でも残っていることがわかる。

C氏（疎開区域　年齢79歳，当時14歳，女性）は自宅に疎開票が貼られた朝のことをよく記憶している。1945年3月のある朝，隣の夫人が飛んできて「お宅の表に赤い札を貼って行ったけど，何ですやろ」と教えてくれたという。母も自分もすぐには事態がのみ込めずに混乱していたが，義兄の将校がすぐに大工を3名連れてきて，柱や天井板，床板，欄間をきれいにはずし，近所の空家に預けるよう手配した。

だが，一代で小間物問屋を築き上げた父親は，家に対する思い入れが非常に強かった。和風住宅二階建てで，壁や天井，床板など建材にこだわり3年かけて改築したところを建物疎開で潰されることになり，すっかり塞ぎこんでしまっていたのである。C氏は，落ち込んでいる父親に「一人息

---

27) 著者ヒアリング（2006年6月20日）
28) 風景画は三枚確認することができた。「昭和20年五条坂南側町並散華の図」（1992年4月10日），「昭和20年強制疎開立退前の五条坂南側心象風景」（1983年8月8日），「昭和20年3月強制疎開立退き前の五条通り南側町並」（1990年3月）

子をお国に差し上げている人もいるのに、家ぐらい差し上げたら良いじゃないの！」と叱咤激励したという。現在ではこの自分の行動を悔やんでおり、また、建物疎開があと半年伸びていたら、敗戦を迎え取り壊しを免れていたと思うと余計に無念だと語る。

　自宅が壊される際、C氏は向かいの建物の一階からその様子を眺めていた。栩普請だった自宅は、川東（鴨川より東の五条通地域）で一軒だけ残り、なかなか潰れなかったという。ようやく壊された直後、作業に携わっていた者たちが先を争って庭石まで持ち帰ってしまったため、自分たちは床下の木だけを持ち帰った[29]。

　C氏は、戦後、母親が家業を立て直すために様々な努力を重ねたことも語った。そして「強制疎開にあった旧友のそれぞれが、何代も続いた家柄で、1人1人が小説になるような悲運に苦労した」ことも細かに記憶していた。

　D氏（疎開区域　年齢91歳、当時28歳、女性）は、明治時代から続く呉服屋の娘で、疎開時には軍需工場で働く夫と結婚していた。店舗や住宅がある敷地は300坪以上あった。和風建築二階建ての住宅は、瓦1枚1枚が銅線で組んであり除却の際に難儀したという。叩いたり引っ張ったり「もうむちゃくちゃに壊さはりました」。

　住む場所の確保が一番心配であったが、近くの馬町に借家を見つけて移転した。家財道具は、漬物や醤油の樽が何丁もあり、それらを大八車で運び出し、約9キロメートルほど離れた松尾大社（京都市右京区）周辺の寺に置かせてもらえたという。

　移転のため隣近所が「ひっくり返って」おり、D氏自身、家財道具を運び出すのに必死だったために、当時の感情はあまり記憶していない。ただ、取り壊された自宅の材木に人々が群がるその様子を見て、「それだけは悲しかったですわ。家の、襖の縁が燃えますやろ、木だしね。だから情けないなあと思いましたわ。もうどうすることもできないような」と強い

29）著者ヒアリング（2009年12月22日）

無力感を感じた。しかし，母親は「お国のためには」と愚痴を一つもこぼさず，それを見て「偉いなあと思いました」と語った[30]。

E氏（疎開区域　年齢93歳，当時30歳，女性）も，兵役を免れた夫と暮らしていたが，建物疎開を仕方ないと強く感じつつも，移転に精一杯だったため特別の感情が湧かなかったという点において，D氏と共通する。「もう，それは出て行かならんのと，自分の出て行くと何とで，そんなどんな気持ちも何も。もう出て行かならんというので一生懸命になってね。今だったらもう出て行かん言うて文句言うでしょうけど，その時分はもうお上が言わはったらねえ。1週間で潰せ言わはったらへえー言うて出て行くんですもんね。」という。

自分の家を壊されるのを見ても悔しさや感傷に浸る暇も無く，移転先の確保や家財道具の整理，運び出しに必死だったと語る。「疎開になった人と，疎開にならへんかった人は雲泥の差」であった[31]。

移転や取り壊しの様子を見て，まだ子供だったF氏（疎開区域外　年齢73歳，当時10歳，女性）は事態を理解できなかったが，取り壊された家の大人が泣いていたのを覚えている[32]。

他方，G氏（疎開区域　年齢78歳，当時17歳，男性）は強い怒りを抱いた。大久保の飛行場に動員されていたG氏は，五条坂の自宅に帰ると妹が泣いており，建物疎開になったことを知らされた。父を亡くしており，長男である自分が陶器屋の家を守っていかねばならないという自覚が強かった分，潰される家を見て「はらわたが煮え返るような気分」だった。何も悪いことをしていないのにという理不尽な気持ちや，自分が何もできない空しさや情けない気持ちでたまらなかったという[33]。

取り壊された後の自宅について，「燃料のないときであったから材木を拾って帰る人が群れをなしてやってくる。家屋が倒されて土煙りのあがる

---

30) 著者ヒアリング（2006年11月8日）
31) 著者ヒアリング（2007年9月9日，9月21日）
32) 著者ヒアリング（2006年6月21日）
33) 著者ヒアリング（2006年8月30日）

さま，まことにあさましいことであった[34]」と回想し，C氏，D氏，E氏と同様の感情を抱いている。

除却後の自宅に人々が集り材木を持ち帰った光景は，彼らの記憶にトラウマのように刻まれている。疎開に遭わなかった者との立場の違いを目の当たりにし，嫌悪感にも似た不平等意識を抱く原因の一つになった。

疎開当事者は，建物疎開になった事実を知らされると驚きや不安を感じるが，まずはその事実を受け入れざるを得ない。先の疎開相談所の相談件数を見ても，自宅が疎開地区に該当することに説明を求めたり陳情するなど，建物疎開になった事態への説明を求めた者は，わずか4.9パーセントであった（表5-1）。

ただし，その受け入れ方には，軍国教育の影響で建物疎開を当然だと思って受け入れた場合と，受け入れざるを得なかったが心底では怒りや悔しさを感じていた場合など，その姿勢に差異がある。差異の背景には，性別や当時の年齢が影響を与えている。

両側町の南側に住んでいたものの，ぎりぎりのところで除却範囲から外れ，疎開を免れたH氏（疎開区域外　年齢83歳，当時21歳，女性）は，建物疎開を他人事とは思えないと話す。「直接自分の家を壊された方の思いは違うと思うんですよ。私等でも悲しかったからね。（中略）だってすごくいい御家を短時日に潰してしまわなくてはいかんでしょう。考えれられないことでしょう。うちの家だってね，1週間以内に潰せ言われたら気がおかしくなりますよ」と複雑な心境を語る。

除却に動員された父親が，食事も取らず3日ほど呆然としていた様子をよく覚えている[35]。疎開区域を外れていても，見知っている者の自宅を壊す心境は穏やかなものではない。気の毒さや心苦しさなどが入り混じっていた，というのである。

以上から，当時住民達が疎開命令に従わずに非国民として扱われること

---

34) 前掲，五条坂陶栄会編『思い出の五条坂』p. 70
35) 著者ヒアリング（2006年7月4日）

を恐れ，極めて従順に行動したことは明らかである[36]。そのため，全員が「建物疎開は仕方ない」という思いで共通しているのである。しかし，H氏が他人事とは思えないと発言したように，当事者かどうかということは，同じ「仕方ない」という言葉のなかにも意識の違いが見受けられた。

　南側の住民は「確かに仕方ない，けれども……」というやり切れない思いを抱えている。聞き取りでは，仕方ないことだったのだと自らに言い聞かせるようにして，記憶をたどり語り出すのである。当然ながら，疎開対象区域外の住民に対して，対象区域の住民のほうがはるかに複雑な感情を抱いている。G氏のように諦めと怒りの相反する感情を持った者，D氏，C氏のように無力感や情けなさ，空しさという脱力感を感じた者など，記憶している感情は様々である。移転先の確保や家財道具の運び出しで頭がいっぱいで感情が湧かないというのも，一時的なショック状態と捉えることもできる。

　逆に，取り壊しに携わった者でも，あまり特別な感情を抱かなかったというケースがある。当時，旧制中学2年生で，教師の指導で五条通での取り壊しを行った者は「壊すことはあまり覚えていない。お国のためになっているという思いがあったし，命令は絶対だしその命令に従っただけである。仕事をした，授業の一環，という感覚。農業動員などで常に動員されていたから。他人だし，学校の命令であるという大義名分もあるし，壊される人の気持ちなんて考えていない。当時は，そんな気持ちで物を見ていない」と回想した[37]。

　ところで，聞き取り調査では，五条坂の建物疎開に付随する状況として，1945年1月16日深夜の馬町空襲についても尋ねてみた。住民の間では，馬町が空襲を受けた理由として様々な説が発生し，噂となっていた。北陸を攻撃した帰りの米軍機が余った爆弾を処理するために落としたとい

---

[36] 建物疎開の命令執行者として，軍であると発言したケースがあった。「軍の命令には逆らうことが出来ひんかった」「家は全部軍隊に取られるから出ていかならん」ということである。建物疎開の執行者は府であるが，第3次建物疎開では除却には警察，軍も加勢したためであろう。
[37] 著者ヒアリング（2009年8月30日）

第 2 部　建物疎開と京都

う噂，大津から京都につながる東山トンネルを封鎖するためだったという噂，馬町にある京都女子専門学校（現在の京都女子大学）で学生が試験勉強をする明りが漏れていたため標的になったという噂などがあった。

近年，米軍資料を使った調査により，馬町空襲の実態が明らかになりつつある。市民団体「戦争遺跡に平和を学ぶ京都の会」は，「第 21 爆撃機団作成　作戦概要 12 号」に「午後 11 時 59 分，高度約 2 万 9000 フィートから 250 ポンドの高性能爆弾 20 発を京都市内に投下し，市中心部に爆発が起こるのを確認した」という記述があると発表している。B29 の当初の第 1 攻撃目標は，名古屋の陸軍造兵廠熱田製造所であったが，曇りで視界不良のために予定を変更して京都に爆弾を落としたという[38]。

1-3　御池通の老舗旅館の建物疎開

京都市中京区中白山町（麩屋町姉小路上ル）に，京都を代表する老舗旅館柊家がある。著者は御池通の建物疎開について，2009（平成 21）年 7 月に柊家旅館に聞き取り調査を申し込んだが，その際，大女将から『昭和二十年三月　建物強制疎開につき記す』と題した資料の存在を教えて頂いた。この資料は，日記調で書かれており，大女将の亡父（以下，旅館主人と記す）が記した柊家旅館の建物疎開の記録であった。

聞き取り調査では，時々個人が所有する資料を見せて頂く機会もあるが，柊家旅館の資料は，時間の経過とともに建物疎開が進む様子が詳細に記されている。旅館主人は，敗戦を迎えてそう時間が経過していないうち，おそらく 1945（昭和 20）年内あたりにこの記録を書きとめたと推測できる。建物疎開を受けた者の様子を伝える資料として，非常にリアリティーがある貴重な資料だと判断した（図 5-8）。

建物疎開前の御池通（以下，旧御池通と記す）は，堀川通～木屋町通間の通りであった。行政資料によれば，1945 年 3 月 18 日午前に第 3 次建物疎

38）『京都新聞』2010 年 8 月 3 日，朝刊（1 面，26 面）

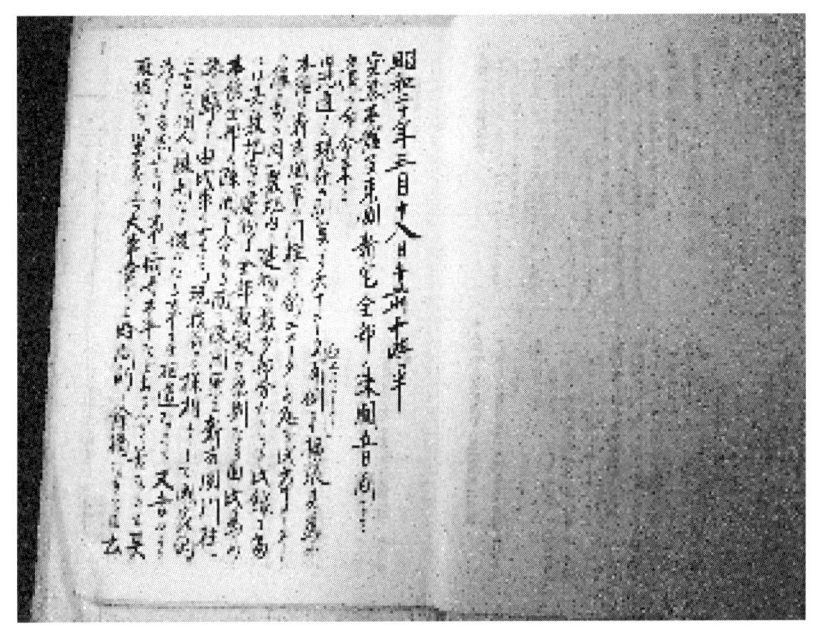

第 5 章　建物疎開を生き抜いた住民たち

図 5-8　『昭和二十年三月　建物強制疎開につき記す』(柊家旅館所蔵)

開の疎開票が家々へ貼付されはじめ，3 月 23 日から除却が行われた[39]。以下，柊家旅館の記録に即して，建物疎開の様子を再現してみたい。

・1945 年 3 月 18 日

午前 10 時半，旅館敷地内にあった家族の新宅の玄関門柱に疎開票が貼付された。疎開票を貼る作業は数名で手分けして進めており，作業員の一人はその場にいた旅館の小間使いに，建物疎開が始まることを口頭でも伝えた。こうして，当時の御池通を南側へ 60～100 メートルほど拡張させて防火用の空地帯をつくるため，柊家旅館にも 5 日間で立退くように命令が下った。

---

39)『昭和二十年三月　建物強制疎開につき記す』(柊家旅館蔵)

旅館にとっては突然の出来事であった。当時，在宅だった旅館主人は，疎開票のことを伝え聞き，自分が在宅にもかかわらず，疎開票を貼るだけで連絡を済ませられてしまったことが不親切だと腹を立てた。記録には，

> 現戦局の様相よりして国家的に言へば個人の疎開など微々たる事には相違なきも，又吾々より考へても当然止むなき事と何等不平などあるべき筈なきも其取扱ひが，緊急且つ大事業にて時間的に猶予なきとは云ひながら，受疎開の責任者在宅なるに其責任者たる私に面談下令もなく疎開票を只張て行て仕舞ふ如きは余りに不親切の限りと思ふ

と記されている。

建物疎開そのものについては，同時期に大都市が次々と空襲を受けている時局柄，防空に必要であれば自発的に実行するつもりである。「建物，営業にも未練などは寸毫もない」と断言している。しかし，5日間という猶予期間には不満があり，旅館の備品をどこへどのように運び出し保管すれば良いか，全く当惑してしまった。

取り壊しの対象になったのは，旅館の本館と，東側の家族の新宅全部である。本館の新玄関の門柱は，除却区域内に約2メートル分ほど含まれていたが，建物疎開では除却対象区域に建物の一部が含まれていれば，原則としてその建物はすべて壊さなければならない。そのため，本館の門柱に疎開票が貼られた柊家旅館では，本館および本館と接続する建物すべてを壊さなければならなかった。

しかし，疎開票を貼った作業員の一人が，旅館の外観を見て次のような助言を言い残した。防火帯の幅60メートルの地点で，ちょうど建物が別棟に分かれているので，別棟から南の部分は壊さずに残してもらうように，府に話に行ってはどうかと勧めたのである。敷地内にある建物が複数の棟に分かれていたため，離れの部分を残してもらえるよう陳情することを提案したのである。

この話を伝え聞いた旅館主人は，少しの望みを持ち，さっそく行動を開始した。旅館の図面を手にし，まず所管の中立売警察署を訪れたが，警察

署では府の建築課へ行くよう指示される。府庁へ行くと，建築課長は建物疎開が始まったばかりで興奮しており，原則論を持ち出し取り合ってくれなかった。そこで，知人が勤める情報課へ行くと，知人は警防課長に面談できるように電話を掛けてくれるが課長は不在だった。そこで，今度は都市計画課へ行くよう指示される。

都市計画課を訪れた旅館主人は，職員へ事情を話したところ同情され，都市計画課主任技師の後藤正三のところへ案内してくれた。旅館主人は，旅館を取り壊す際に，60メートル付近から南の建物をできることなら残していただきたいと後藤に話したところ，後藤は意外な反応を示した。

> 聞いて居られた同氏は六十メーター以南を残して旅館としての機能を発揮出来るや，而て其線付近にて棟別れて居るか，その質問あり。両者共然りと答へる。然らば僕が責任を負ふて残してやる。最近東京に於ても斯様な処は残して来た。宿泊施設の完備されて居るものを残せるものなら残すことは国家的に必要であるとて，名刺を渡されて疎開票を張りに行った人にその名刺を示して残す様話をせよと，後は僕が責任をもってやる。早く帰って善処せよとの事。

これには旅館主人も感激し，「こちの願いが叶へられたから云ふのではないが，その人は原則は原則として大所高所より考へて国家的に処理された点，規則原則の運用に臨機応変の妙を把握。而も自分が責任を負はれる胆のすわった実に立派な偉大な人物」だと急いで旅館へ帰った。

午後3時ごろに，東側の新宅にも疎開票を貼るために作業員が訪れたが，旅館主人は後藤技師の名刺を見せて事情を説明した。作業員は，明日家屋調査の担当者が来るので，その人物に話すようにと言い残して去って行った。こうして，慌しい一日が終わった。

・1945年3月19日

この日は，土木部河港課の職員が家屋調査に訪れた。旅館主人は，再度後藤技師の名刺を示し図面を見せながら事情を詳細に説明したところ，職

員は屋根に上がって実地調査を行った。そして，後藤の計らいは道理にかなっていると納得し，残す部分は新館の便所北側から南の部分であると判断した。職員は，明日後藤にその旨を説明するので旅館主人も府庁へ来るようにと伝えた。融通が利き，多少「欲がでた」旅館主人は，除却区域に一部だけが含まれている別の棟も残してもらえないか，職員に頼んでみた。しかし，幅60メートルの除却区域が幅約1.5メートルほど狭まってしまうので，認められなかった。

　職員の行動からわかるように，決定した除却区域の範囲それ自体を変更することは不可能であった。わずか幅1.5メートル分の土地でも融通は利かず，一切例外は許されなかったことがわかる。

・1945年3月20日
　旅館主人は午前8時半に河港課を訪れ，昨日の職員が出勤するのを待った。約束の時間の9時に職員と会い，二人で都市計画課へ出向いたが後藤は風邪で欠勤していた。職員は旅館主人を都市計画課長のところへ連れて行った。課長は，「今回の疎開は急であり且つ戸数も非常に多いので補償を一々戸口について調査出来ぬ故，税務署台帳の賃借価額を基礎とする故，建物の一部毀ちは査定不可能である」として認めようとしなかった。そこで，主人が補償金の受け取りを辞退すること，後藤技師が全責任を持つと言った旨を告げた。すると，後藤技師がそこまで言うならば後藤とよく相談して指示を受けるようにと告げ，面会は終わった。

　旅館主人と都市計画課長に話をしている間にも，都市計画課には大勢の疎開者が陳情のために訪れていた。だが，皆同情されることもなく職員に拒否されて帰って行った。

　その日は，建物疎開についての首脳者会議が深夜まで行われ，同一敷地内の建物一部が除却区域に含まれる場合にどう対処するか，激論が交わされた。会議の結果，どのような事情があっても同一敷地内の建物の一部が除却範囲にかかれば，たとえ棟が全く離れている離座敷でも壊すことに決定した。

第 5 章　建物疎開を生き抜いた住民たち

・1945 年 3 月 21 日

　3 月 21 日，昨夜の会議のことを伝え聞いた旅館主人は不安になった。後藤が欠勤のために会議を欠席していたこともあり，だめになるかもしれないと思った。しかし，当日は祝日のために府庁が休みであったため，陳情へ出向くことはできなかった。

・1945 年 3 月 22 日

　3 月 22 日朝，旅館主人は都市計画課へ後藤を訪れ，都市計画課長の話を伝えた。後藤は直ちに府の印の入った用箋を使って，柊家旅館の離れは取り壊さないとする証明書を書きはじめた。そのとき，都市計画課の職員が後藤に 3 月 20 日夜の会議の結果を報告しに来たが，後藤は，「原則は原則なるも総て特例と云ふものがある。常識的に判断して柊家の場合の如きは当然残すべきである。斯く取扱ふ事が即ち行政運営の道である。兎角現今の官吏はその点が欠けて居る」と職員へ力説したという。そして，最終的に警察部長を説得するため，後藤は部長室へ向かった。

　相当時間がかかったのち，ようやく後藤が戻ってきた。そして，旅館主人に「その図面を見せては可とは誰も言ひ難い，疎開票が北の門に張ってあれば又補償不要なれば早刻帰て何とか人手を都合して敏速果敢に毀して仕舞へ，跡は僕が責任を持てあげる」と急いで帰るよう勧めた。旅館主人はこれで残されることは確実になったという確信を得安心し，心の底から後藤に感謝を捧げ，伏し拝むような気分でただ一言「ありがとう」と礼を述べて帰った。このとき旅館主人の心のなかでは，旅館を存続できる喜び，後藤や警察部長の配慮に対する感謝の気持ちなど，筆紙に尽くせない感情が湧いて来たという。

　旅館へ戻ると，主人は荷物の運搬を手伝っていた大工 2 人に，除却の対象になっている棟をすぐに壊し始めるよう指示した。そして，まず最初に取り壊す棟と離れの棟を切断した。

　取り壊し始めても，旅館の取り壊しと備品の運びだしには思いのほか時間がかかりなかなか終わらなかった。取り壊しが遅れると強制除却になる

第 2 部　建物疎開と京都

ため，4 月 2 日には大工棟梁が連れてきた「毀し屋」と呼ばれた大工やとび集団が請負い，取り壊した。

　以上で旅館主人の記録は終了する。記録からは，府の対応に一喜一憂しながらも，陳情し続ける旅館主人の揺れ動く心情がよく伝わる。そこから，建物疎開は多くの人間が経験した戦争体験とは言え，一人ひとりの生活史そのものであることが窺える。
　また，これほど当時の様子を詳細に記述した資料は，建物疎開を経験した市民が残した文字資料として希少性も高い。聞き取り調査を行う際は，戦後社会の枠組みのなかで体験者が意識的または無意識的に記憶を更新したり作り直す，言わば記憶の再構築がなされることも少なくない[40]。この点においても，このような市民が残した文字資料は語り手の記憶を支え，再構築された記憶を確認する作業を行う際に有用なものとなり得る。
　さて，話を柊家旅館のことに戻そう。戦時下，宿泊機能を兼ね備えている旅館は，移転先が見つからない疎開者や空襲被災者の収容施設と見なされていた[41]。ただし，執行部には，建物疎開を行ったあとにこれらの施設に疎開者を収容させる余裕はなく，空襲で旅館が焼失した場合には，当然収容など不可能となる。
　大女将の話によると，当時の柊家の顧客は，米を持参することができる軍隊の上層部が多かったという[42]。第 3 次建物疎開直後の 1945 年 4 月 26 日に，元厚生大臣相川勝六が柊家へ投宿していることが確認されたが，政府首脳部の宿泊施設でもあった。同年 3 月の大空襲後，地方視察に訪れる高級官僚の宿泊施設として，空襲を免れていた京都の施設は需要を増したと考えられる。柊家旅館の離れが取り壊しを免れたのは，老舗旅館だからというだけでなく，地方を視察する際の政府や軍の関係者の宿泊施設を確

---

40) 冨山一郎編『記憶が語りはじめる』東京大学出版会，2006 年参照
41)「帝都の第 3 次疎開指定」『都市公論』27(4)，1944 年，p. 25。山田正男「大阪市の都市疎開に就て」『道路』6 巻，1944 年，p. 11。ほかにも寺院や公会堂，休廃業店舗，料理屋，下宿屋等も一時収容施設に割り当てられていた。
42) 著者ヒアリング（2009 年 7 月 3 日）

保しておくためであった，という理由も強いと思う。

しかし，ある大きな疑問は残ったままである。旅館主人と「後藤」と書かれた人物の間に個人的な繋がりは一切なく，建物疎開前には面識も無かった。柊家旅館に配慮した後藤とは，どのような人物だったのか。

旅館主人は後藤のことを，「都市計画課の主任技師であり建物疎開の執行官」と記している。これにより，内務省地方技師（高等官）であることは明らかである。旅館主人の訴えに対し，都市計画課長が「後藤技師がそこまで言うなら後藤技師とよく相談して指示を受けるように」と述べていることから，後藤技師は，都市計画課長（高等官）より官等（等級）が高いことも分かる。

後藤という人物を知るもう一つのキーワードは，後藤の発言として記されている「僕が責任を負ふて残してやる。最近東京に於ても斯様な処は残して来た。」という言葉である。後藤は，東京の建物疎開にも何らかの関わりを持っていた人物だとわかる。ただし，これらの情報を基にして当時の内務省人事録を調査しても，後藤という名前の技師は存在しないため，旅館主人の判断で仮名にして記した可能性も捨てきれない[43]。

建物疎開後の柊家旅館について，大女将の話によると，建物疎開により柊家旅館の客室数は一時的に減少したが，その後の経営にはさほど影響を及ぼしていないという[44]。現在，新館は近代的施設が完備されているが，取り壊しを免れた本館は年季の入った床板や階段の手すり，手入れの行き届いた苔むした庭など，戦前の雰囲気をそのままに残している。戦前のままの本館と，取り壊しを受けて戦後新築した箇所とは現在廊下で繋がっており，その接合部分のみが建物疎開の記憶を伝えている（図5-9）。

御池通全体に目を移すと，御池通で建物疎開の対象となった805戸の家屋のほとんどは，一般の商店や町家であり，例外なく取り壊しが進めら

---

43) 後藤という地方技師は，京都府にいた内務省地方技師ではなく直前まで大都市の建物疎開に携わり，京都の第3次建物疎開時に京都に言わば加勢に来た技師と推測される。京都の第3次建物疎開が，第1次，第2次とはその規模が全く異質である理由として，加勢に来た内務省地方技師が，京都に大都市並みの建物疎開を執行したためとも考えられるのである。

44) 著者ヒアリング（2009年7月3日）

第 2 部　建物疎開と京都

図 5-9　現在の柊家旅館の廊下
柊家旅館の廊下には建物疎開で取り壊した境界線を示す敷居が現在も残っている（矢印部分）。矢印より奥は取り壊しを免れた本館。矢印部分で建物の棟が分かれていたため，本館は取り壊しを免れた。取り壊された新宅部分は矢印手前で戦後の建築である。矢印から奥に向かってゆるやかな傾斜がつけられているが，これは床面から地盤面までの高さが，本館部分は市街地建築物法（大正 9 年），戦後の建築部分は建築基準法（昭和 25 年）に基づくためである（2013 年 6 月 9 日　著者撮影）。

れた。御池通沿いの自宅が取り壊されることになり，ある母親が「二人の息子を戦地にやったのに，なぜ家まで潰すのか」と柱にしがみついて泣き崩れていた様子を記憶する者もいた[45]。

　寺町御池下がる東側に商店兼自宅のあった I 氏（年齢 80 歳，当時 16 歳，男性）は，大阪の軍需工場に動員されていたが，御池通の建物疎開の経過を数度にわたり確認している。その確認方法は定点観測的である。I 氏の見た御池通の様子をまとめると，次の通りである。

　1945 年 3 月 14 日朝，大阪大空襲直後に I 氏は京都の自宅の様子を見るために，京阪電車で一時帰宅した。大阪が大空襲を受けた直後であったため，京都に戻ると，御池通も建物疎開になるのではないかという近所の噂を耳にしたという。そのときには，諦めにも似た覚悟を感じた。

　I 氏が次に御池通を見たのは 3 月 27 日であった。戦闘機秋水の開発のため，千葉に動員されることに決まった際に，臨時外出が許可されて自宅

45）著者ヒアリング（2009 年 6 月 26 日）

へ一時帰宅した。友人と再会し，町をゆっくり見て歩いたときに御池通には既に家はなく，材木や瓦・土の山であったことを記憶している。I氏の自宅は建物疎開を免れており，家で使う燃料用として跡地に散乱していた材木を持ち帰った。そのときの心境は，「戦争だから仕方がないし，どうせ京都も燃えるだろう」という強い諦めであった。

次に自宅へ戻ったのは8月25日ごろであり，動員先の千葉で戦争の後始末を終え，国鉄に乗って帰京したときである。このときの御池通は，すでに畑となり野菜が植えられていた。

戦後，I氏は御池通近くで商売を続けているものの，建物疎開による様々なネットワークの断絶が，営業に影響を及ぼしてきたという。何より，それまで贔屓にしてくれていた顧客が，どこへ移転したのかもわからないまま音信不通となったことは，大きな痛手になったと語った[46]。

1-4　移転時の状況とその特徴

疎開票が貼られてから建物の取り壊しまでには，若干の時間がある。その間，疎開者たちはどのようにして，どこへ移転していったのだろうか。次に，当時の移転をめぐる問題を取り上げたい。

聞き取り調査では，「移転するときに府も市も何もしてくれなかった」という不満の声が多かった。府の規定では，京都府疎開実行本部が住宅を斡旋したり移転先までの輸送手段を確保する業務を負っていたが，実際はなされなかったという[47]。

疎開票を自宅に貼られた住民は，1～2週間（短ければ数日）のうちに縁故などを頼りに自力で移転先を探し出さねばならない。その結果，多くの疎開者は，本宅ではなくとりあえずの仮住まいを見つけるだけで精一杯で

---

46) 著者ヒアリング（2009年9月5日，2009年11月3日）。
47) 東京都では住宅営団に仮収容の建物を作ってもらう計画もあったが，そもそも膨大な疎開者を近場に収容することは不可能であり，できるだけ地方に疎開するよう奨励していた（東京都編『東京戦災誌』明元社，2005年，p.184）。

あった。縁故を頼って京都市内から離れた人よりも，市内の親戚の家の離れや，建物疎開の対象とならなかった隣近所に一時的な居住場所を見つけてしのいだ者が多い。

　五条坂のG氏の場合，まずは母親の実家である園部（現京都府南丹市園部町）に移転した。荷物は，五条通北側の住民に預かってもらったり他の家を購入して移動させ，その後，分散させて運んだ。

　同じくE氏も，家財道具を夫の実家がある奈良県に送り，タンスなどは知り合い宅に預け，北側にあった旅館の離れを借りながら本住まいの家を購入した。しかし，購入した家では，以前から住んでいた借家人が既得権を理由に立ち退かなかったため，裁判にまで発展した。どうにか立ち退いてもらい，E氏一家が購入した家に住むことができたときには，建物疎開から20年が経っていた。

　D氏の場合も，一家は近くの空き家へ引っ越したが，荷物は市内西部にある寺の空部屋を貸してもらい，大八車で移動させた。五条坂は荷物を積んだ大八車で溢れており，混乱のあまりに輸送の途中で大八車ごと消えてしまうこともあった。

　このように，住民達が移転を始めていたちょうど同じ時期，府は住民の移転調書の作成を開始した。移転調書とは，移転世帯の名簿のようなものであり，住所，世帯主，職業，持家・借家の別，住宅の用途と建築形態，移転先が書かれている。調書を作成する目的は，補償金の支払いなど，事務的手続きを進めるために必要な個人情報を集めることにある。ただし，疎開者が移転準備を進める慌しい時期に行われた調査であったために，調書には，疎開者全員の情報が記されているわけではない。

　移転調書に従い，町レベルでの移転状況を見ると，例えば上京区（当時）紫野宮東町（全89世帯[48]）で移転先が記されている77世帯のうち，同じ上京区内に移転した者は82パーセント（63世帯）にのぼることがわかる。他方，京都市外や他府県へ移転した世帯は18パーセント（14件）にすぎな

---

48) 調書のうち空家，倉庫，工場を除く。

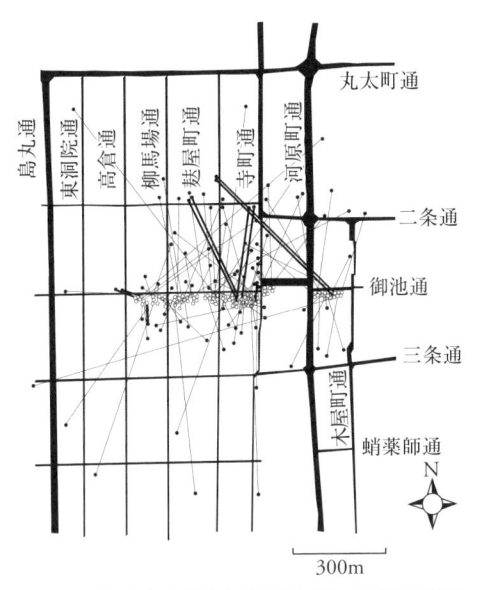

第 5 章　建物疎開を生き抜いた住民たち

図 5-10　御池空地帯移転状況図（第 3 次建物疎開）
（図 5-10〜12 ベースマップ出典：1936 年製版都市計画図）

い[49]。

　このような分析方法で，町や地域ごとの移転先の傾向なども知ることができる。そこで，市内における移転状況の全体像を把握するため，御池通と堀川通について住民が移転する様子を図に示した（図 5-10〜5-12）。元の居住場所を○，移転先を●で示している[50]。

　図 5-10[51] は，御池空地帯のなかでも木屋町通から堺町通の間にある 11 の町，92 世帯の移転状況である（表 5-2）。御池通の南側が除却の対象となったため，5 日間の猶予期間の間に○から●へ移転が進んだ。移転先は半径 500 メートルほどの限られた範囲内に集中しており，移転というより移動という言葉のほうがふさわしいくらいで，除却対象区域を避けるよ

---

49) 京都府行政文書『第 3 次建物疎開（中立売）』「移転先調書（第一号空地帯）」
50) 移転調書の移転先はあくまで一時的なものにすぎないことに注意する必要がある。
51) 前掲，『第 3 次建物疎開（中立売）』「移転先調査」により作成。

第 2 部　建物疎開と京都

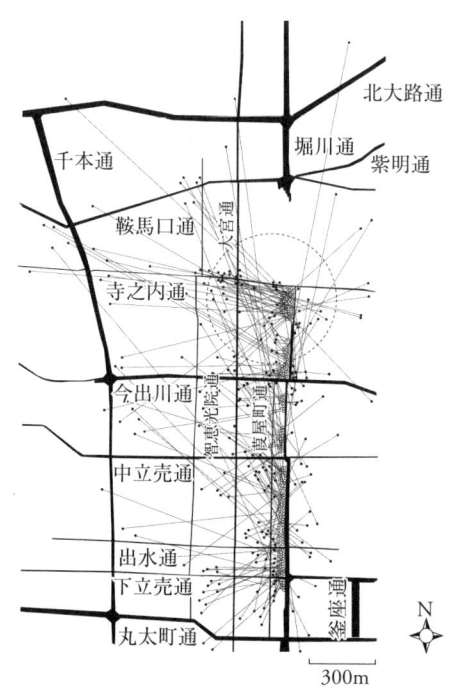

図 5-11　堀川空地帯移転状況図（第 3 次建物疎開）

うにして，辛うじて除却範囲外に一時避難場所を確保していたことがわかる。

　隣近所で同じ住所へ移転した，共同移転のケースは太い実線が示している。図中では，12 世帯が 6 地点へ移転した。

　移転の方角に何らかの傾向があるかを分析すると，御池通より北側への移転が目立つ。北側へ移転した世帯は，全体の 64 パーセントにあたる 59 世帯なのに対し，南側への移転は 36 パーセント（33 世帯）である。

　●で示した地点は，疎開者の移転先を示すと同時に，建物疎開当時に存在していた空家の数と分布状況も示している。戦時下，都市部の空家の数は，地方へ疎開する者が増えるにつれて増加した。1944（昭和 19）年 5 月

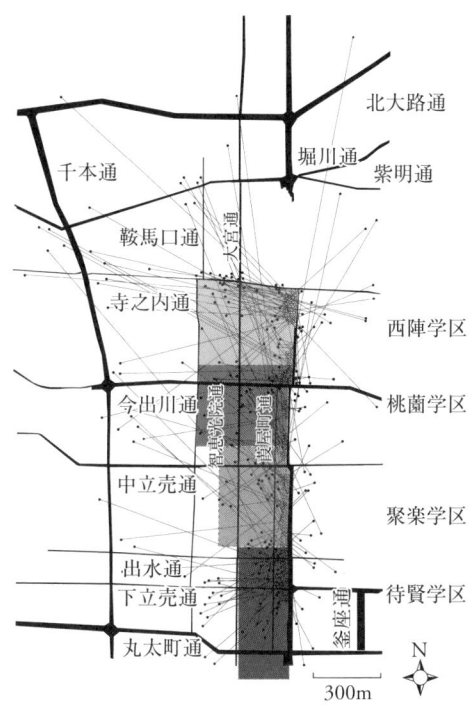

第5章　建物疎開を生き抜いた住民たち

図 5-12　堀川空地帯における疎開者の移転状況と旧学区の範囲

10日時点で，京都市内には 5,593 戸，うち上京・中京・下京区には 4,586 戸の空家があった[52]。

当時の寺町通沿いの商店街（丸太町通から五条通まで）は，1926（大正15）年に市電河原町線が五条通まで開通した後，やや勢いを失っていた。1939年から 1940 年に市内の主要商店街を調査した報告書によると，「嘗ては四条，新京極と共に最も繁栄を誇つたものであつたが市電河原町線開通以後は衰退の色濃く最近はもはや中心的商店街より付近の顧客層のみを対象とする地方的商店街に堕ちている」と述べている[53]。鉄筋コンクリートや

52）新居善太郎文書「手帳」R331　フィルム番号 0325
53）近現代資料刊行会『京都市・府社会調査報告書［Ⅱ］』近現代資料刊行会，2002年，p. 4

図 5-13　1930 年代の寺町二条付近（寺町二条より南望）（個人蔵）

純洋式建物，和洋折衷のビルなど欧米風の町並みが続く河原町通とは[54]，対照的である（図 5-13）。寺町二条付近に空家が多く存在した背景には，このような商店街の事情，つまり転廃業による空家，空店舗の増加も考えられよう。

次に，堀川通周辺に住んでいた住民の移転先を示したものが図 5-11[55] である。堀川空地帯は，西堀川通に沿って地区指定が行われた。現在の堀川通は市内を南北に通っているが，疎開前は貫通しておらず五条通以南が閉塞していた。堀川空地帯の幅は約 50〜60 メートルであり，約 4.5 メートル（2 間半）ほどの西堀川通の両側が，指定を受けたのである。空地帯の発端は堀川鞍馬口であり，そこから東へ紫明通に沿って，琵琶湖疏水の南

---

54) 『日出新聞』1926 年 7 月 7 日
55) 前掲，『第 3 次建物疎開（中立売）』「移転先調査」により作成

第 5 章　建物疎開を生き抜いた住民たち

表 5-2　移転調査数詳細

調査対象地区	家屋数 (うち空家)	借家率 (%)	市内への移転数 (移転不明数)	図中に示された家屋数
御池空地帯　　11 町 (木屋町通～堺町通)	239 (1)	83.9	192 (15)	92
堀川空地帯①　15 町 (寺之内通～一条通)	233 (18)	83.4	161 (36)	131
堀川空地帯②　6 町 (中立売通～椹木町通)	209 (33)	77.1	159 (8)	108

(『第 3 次建物疎開 (中立売)』「移転先調査」より作成)

側が地区指定を受けた。

　堀川通の移転図では，寺之内通から一条通までの地区 (以下，寺之内地区) と，中立売通から椹木町通までの地区 (以下，堀川京極地区) の 2 つの地区の状況を示した[56] (表 5-2)。

　これらの地域の住民には，1945 年 3 月 18 日夕方，建物疎開地域に指定されたことが知らされた[57]。西堀川通両側の建物が対象となり，1 週間後には一斉に取り壊しが始まった。取り壊しの最中，警察官が「3 寸角 5 尺以上の物は持ち出してはならん。真ちゅうなど銅版は全部はがして学校に運ぶように。」と指示したことを記憶している住民もおり，川べりの家を堀川へ落としながら除却が進められた[58]。移転調書に書かれている日付によれば，寺之内地区と堀川京極地区の除却完了日は 3 月末日の予定である。

　図 5-10 からは，疎開者が極めて近場に移動したことは明らかである。当時の様子を日記に書き記した者によれば，堀川通では「(中略) この凍寒

---
56) 堀川空地帯は他の空地帯より事業規模が大きいため，調査対象地域を移転調査の残存状況の良い 2 か所に設定し，移転状況の広範囲の把握を試みた。
57) 待賢小学校創立百二十周年記念誌編集委員会編『待賢校百二十年史』待賢小学校創立百二十年誌記念事業実行委員会，1989 年，p. 26
58) 同上

表5-3 調査対象家屋数と同学区内へ移転した世帯の割合

	西陣学区	桃薗学区	聚楽学区	待賢学区
学区内の家屋数（A）	75	56	44	64
同学区内への移転家屋数（B）	29	26	27	31
同学区内へ移転した世帯の割合　B/A（％）	38.7	46.4	61.4	48.4

に汗だくだく,命が惜しければ,家財も金も何のその[59]」と荷物を載せた大八車が行き交ったという。3月20日には「疎開の荷物は南へ,北へ,東へ,西へ,東西南北皆な疎開ならざるはなし,京都市中には人はおらない[60]」というほどの混乱ぶりであった。

そして,堀川通の東側よりも西側への移転が多い。その理由として,旧学区の影響が考えられよう。明治以降,京都市独自の住民自治組織として機能してきた学区制度(コラム3および第6章参照)は,国民学校令の実施によって1941年3月末に廃止されていた。しかし,疎開者が移転先を見つけようとしたとき,近所の者が空家を紹介したり荷物を預かるなどした行動は,旧学区制度が維持してきた住民同士のネットワークがある程度機能したためと考えられるのではないだろうか。

旧学区の範囲も重ねて示したものが図5-12である。西陣,桃薗,聚楽,待賢の4つの学区で,同じ学区内へ移転先を見つけた世帯割合を示したものが,表5-3である。学区間で多少の差はあるものの,調査対象とした地域では,おおよそ半数の世帯が同じ学区内に移転したと推測できる。

以上から,堀川空地帯で疎開者が探し出した移転先は,御池空地帯同様,元の居住地から極めて近場の場合が多く[61],五条坂の証言と同様に混乱のなか除却が進んだと言える。

---

59) 岡光夫編『辛酸　戦中戦後　京の一庶民の日記　田村恒次郎』ミネルヴァ書房, 1980年, p. 79
60) 同上書, p. 80
61) なお,第1次建物疎開でも住民の移転先を調査した府の記録が残っている。それによると第1次建物疎開では,1944年8月20日現在疎開者の85パーセントが市内へ移転している（前掲,『昭和十九年度第1次建物疎開（都市疎開関係書外）』「建築物疎開進捗状況」)。

第5章　建物疎開を生き抜いた住民たち

2　疎開者への補償

2-1　補償制度と組織

　建物疎開が根拠とする防空法には，建物疎開の補償をどのように行うかという方針が記されている。

　1937（昭和12）年に施行された防空法施行令（勅令548号）では，防空のために家屋や土地を収用した場合には，その損失を補償することを定めてきた（第13条）。そして，建物疎開が実施されるようになると，補償体制の内容はより具体的に規定されるようになった。

　1943年の第2次改正防空法では，「第五条ノ六，第五条ノ九又ハ第八条ノ三ノ規定ニ依ル住居ヲ転ズルニ至リタル者ニ対シテハ地方長官ハ命令ノ定ムル所ニ依リ移転費ヲ給スベシ」（第12条2項）と移転費の支給を定めている。同法第13条2項でも「地方長官第五条ノ四又ハ第五条ノ六ノ規定ニ依ル建築物（工事中ノモノヲ含ム）ノ除却，改築其ノ他ノ措置ヲ命ズル場合ニ於テハ勅令ノ定ムル所ニ依リ其ノ損失ヲ補償スベシ」と，建物疎開によって生じた損失（家，土地，仕事など）を全般的に補償することを定めている。

　防空法に規定されたこれらの内容を受け，都市疎開事業実施要領や内務省令では，土地の買収費，賃借費，建物買収費，移築補償費，営業等補償費，移転費などを補償金として用意し，それぞれについて詳細な金額を定めている。まず，補償金の種類について説明すると，支払われる補償金には，前渡金，移転費，建物買収費（又は移築補償費），営業等補償費，一般補償費の6種類が確認できる。そのほか，土地に対する買収・賃借代金もある。疎開者全員が受け取る補償金は，前渡金と移転費，建物買収費，一般補償費である。営業活動を休廃止せざるを得ない者に対しては，さらに

表 5-4　前渡金規定表

距離 世帯員数	50粁未満			概算 （丙の八割）
	甲（建坪30以上）	乙（15〜30坪）	丙（15坪以下）	
一人	200 円	180 円	160 円	128 円
二人〜四人	400	360	320	256
五人，六人	500	450	400	320
七人以上	600	540	480	384

　　　　　　　　　　　　　　　　補償予定額　　　　　前渡金

(『昭和十九年第1次建物疎開（都市疎開関係書外）』「疎開区域内居住者移転補償金前渡払ノ件」より作成)

営業等補償費が用意された[62]。

　それぞれの補償内容を見ると，前渡金とは，移転費の一部前払い金のことである。家の建坪，家族の人数，移転する距離に応じて移転費が決定され，その8割が前渡金として移転前に支払われる（表5-4）。建物買収費は，建物の経過年限，補修程度，耐用年限，構造用途，単価等を見取図を使って評価し，額を決定する[63]。

　一般補償費は移転後の家賃補助として用意された。家賃の額が30円以上の場合は90円（現在の生活レベルでの価値としては約5万2,500円），30円未満15円以上で60円（同約3万5,000円），15円未満で30円（同約1万7,500円）の補償金となる[64]。営業等補償費とは，営業補償費と立退料を合わせた補償金である。

---

62) 営業補償費は国民更正金庫（政府指導の下の財団法人。中小企業の合理的な整理統合のため，転廃業を進め更生に必要な援助を与えることを目的として設立された）の利用者には支給されない。国民更正金庫非利用者のみに，最近3年間の営業純益決定額の1か年平均額に一定の比率を乗じ算出した額の1か年分が支給された（前掲，『昭和十九年度第1次建物疎開（都市疎開関係書外）』「都市疎開事業実施地区内ノ商工業者ニ対スル補償取扱ニ関スル件」）。
63) 京都府行政文書『第3次建物疎開事業関係書類綴』「建物買収価格評価標準案」
64) 前掲，『昭和十九年度第1次建物疎開（都市疎開関係書外）』「議案第四号　一般補償費算定標準案」

これらの補償金は京都府が国庫補助を得て支払うが，金額を決定するのに事前の実地調査や書類調査が必要であり，これらの調査は府内のいくつかの部署の職員らが担当した。その結果，補償金に関する事務は庁内の複数の既存組織にまたがる業務に拡大した。

　第1次建物疎開の場合，補償事務は京都府疎開実行本部の補償係と[65]，京都府疎開委員会が担当した。京都府疎開委員会は，第1次建物疎開が始まった直後の1944年7月27日に，補償金の方策を審議し，関係方面へ協力を依頼している。

　他方，疎開跡地を買収したり賃借する費用（用地買収費や用地賃借費）の支払いは，京都市の担当だった。そのため，1945年2月初めに，京都市疎開事業補償審議会が新たに発足した。京都市疎開事業補償審議会は，市長を会長としながら府と市の経済・警察・土木・都市計画等の関係者30名から成る[66]。土地の価格やそのほかの損失補償をどのように行うか審議した結果，2月9日に都市疎開事業土地補償基準を議決し，土地の価格は建物疎開当時を基準にすることにした。その上で，位置や形質，環境，賃貸価格，売買実例，相続税，登録税等を斟酌して評定することになった。

　その結果，土地の賃借料は，建物疎開当時賃借契約がなかった土地は，土地価格の年額4分2厘，契約があった土地は土地価格の年額4分2厘を上限とした契約の額とすることを決定した[67]。このように，土地への補償方法が具体的に定まったのは，第1次建物疎開からすでに半年以上が経過した頃であり，第2次建物疎開が始まろうとしていた。

　では，第1次，第2次建物疎開より事業規模がはるかに大きい第3次建物疎開では，どのような体制で補償を進めたのだろうか。

　京都府は1945年3月27日，中立売・西陣・松原・堀川・五条・七条警察署内に京都府疎開事業事務所を設けた。京都府疎開実行本部だけでは

---

65) 第4章1節参照
66) 前掲，『昭和十九年度第1次建物疎開（都市疎開関係書外）』「京都市疎開事業土地補償審議会議事規則」
67) 前掲，『昭和十九年度第1次建物疎開（都市疎開関係書外）』「京都市疎開事業土地補償基準」

事務処理が追いつかないため，京都府疎開実行本部の業務の一部を疎開事業事務所に移したのである。6か所の京都府疎開事業事務所は，警察署の管轄区域と同じ区域を担当し，補償事務だけでなく，執行から疎開跡地の処理まで一連の業務を取り扱った[68]。京都府疎開実行本部の地域版のような存在であった。

同年7月26日には，第3次建物疎開以降の補償金額の基準を決めるため，京都府は都市疎開事業補償委員会を開催した[69]。都市疎開事業補償委員会は三好知事以下，府の関係者を中心に舞鶴市の助役等も含み，総勢26名の幹事・委員からなり，「建物買収価格標準案」「移転費算定標準案」「営業補償費算定標準案」「一般補償費算定標準案」の4つの議案について，算定価格や基準をどのようにするか審議した[70]。

しかし，委員会が開かれた時期には，すでに第3次建物疎開の取り壊しは終わり，疎開跡地は野菜畑となっていた。そのため，1万世帯以上の補償事務を処理するためには，第1次，第2次建物疎開と同じように補償費算定標準案を基準にし，評価，算定していては膨大な時間がかかる。都市疎開事業補償委員会は，第3次建物疎開では必要な調査を簡略化，場合によっては省略すると決定した[71]。

第3次建物疎開の補償体制をまとめると，補償事務のみを専門とした組織はなく，家屋取り壊しから数ヶ月経ってからようやく補償問題に対応しようとした。そのため，従来のあり方を簡略化するという徹底的な戦時方式を採用したのである。

2-2　実際の支払方法や受領額

第3次建物疎開では，疎開者は具体的にどのようにして補償金を受け

---

68)「京都府公報」第1857号，1945年3月27日
69) 前掲，『第3次建物疎開事業関係書類綴』「都市疎開事業補償委員会開会ノ件伺」
70) 同上資料「第3次建物疎開補償委員会議事要領」
71) そのほか，議案1. 建物買収価格標準案については対象範囲を京都市から京都府に拡げたのみで，2. 移転費算定標準案，4. 一般補償費算定標準案には変更点はなかった。

とったのだろうか[72]。

　前渡金を例にすると，第3次建物疎開で支払われた前渡金の総件数は1万1,389件であり，平均金額は206円（現在の価格で約3万9千円）であった。参考までに他の時期の前渡金の平均金額を挙げると，第1次は264円，第2次は179円，第4次は200円である[73]。

　前渡金は疎開者の移転距離に応じて決まるため，建物疎開の執行時期や規模に応じてその額は変化して当然である。平均金額だけでは，第3次の金額が特別高いとも安いとも言えないが，設定された単価が低かったのは確かである。前渡金は移転費を決定し，その8割分の金額が支払われる。移転費の単価は第1次建物疎開のときには500円とされたが，第3次建物疎開では400円に設定された。

　営業等補償費の単価も，第1次建物疎開のときには600円だったが，第3次建物疎開では500円に設定され，実際に支払われた際は211円まで下がっていた[74]。

　補償金額を決めるための補償基準や設定額が毎回変動するのは，これらは空襲の激しさに応じて，その都度基準額が変わるからである。京都で第1次建物疎開が行われた当時は，全国的にみても補償基準は相当高率に設定されていた。だが，第2次建物疎開が始まった1945（昭和20）年2月以降は，空襲の頻度が増え，建物疎開を行わなくても建物が空襲で破壊・焼失する危険性が急激に増した。そのため，建物疎開地域内の建物価格は次々に低下し始めた。

---

72) ただし，補償金については，家屋の広さ，営業形態，家族構成，移転距離などそれぞれの住民の生活様式によって受け取る額に大きな差が生じる。さらに，受領するはずの補償金を受け取ったかどうか，受け取った方法に加えて特に金額については，個人の記憶に頼る部分が大きい。行政文書のなかには支払った証書が多少は残されているものの，すべての世帯分ではなく補償問題の全容解明を困難とさせている。

73) 京都府行政文書『第4次建物疎開事業関係綴附（家屋滅失復活通知控）（第2次）』「疎開移転補償費前渡金支出並びに支払の件」，同文書『建物疎開一件（第4次疎開関係綴）』「疎開移転費前渡金支出伺」

74) 前掲，『第3次建物疎開事業関係書類綴』「第3次建物疎開事業費表」（件名なし），『建物疎開一件（第4次疎開関係綴）』「建物疎開ニ関スル件」

この事態を見て，政府は補償単価の基準を多少低く設定するようになり，京都府も第3次建物疎開を行ったときにはこの低い補償基準を適用した[75]。

つまり，空襲の危機が迫っており建物価格が下落傾向にあったため，補償金の単価が下がってしまったのである。1945年3月の大都市空襲後，建物疎開を執行する内務省は，空襲でも建物疎開でもどちらにせよ，建物はいずれ焼失するか破壊されてなくなると推測していた。どちらでも建物は破壊されて無くなるのだから補償金を余計に支払う必要はないという，言わば執行部の諦念感も補償基準には反映されていた。

第3次建物疎開では，処理しなければならない補償金の件数が1万件を超えたため，疎開事業事務所は4月から女子学生約60名を動員し，作業を急いだ。さらに，4月末からは疎開事業事務所だけでなく都市計画課，監理課，道路課，河港課，砂防課でも支払い手続きを進めることになった。

都市計画課は，市内全地域の移転費・営業補償の支払いを担当した。建物および付属施設補償（登記を含む）は，五条・七条・堀川地域は監理課が，中立売地域は道路課が，西陣地域は河港課，松原地域は砂防課が担当した[76]。このようにそれぞれの課は，地域別に補償事務を引き受けた。京都府疎開実行本部や既定の事務所だけでは対応しきれずに，次第に関係組織が総出で補償の事務処理に追われるようになったのである。

しかし，家屋の値段や坪数も一々実測する暇はない上に，4月末ではすでに除却が終了し建物は存在していない。そこで，建物台帳や登記簿に頼りながら建物買収額を決定したところ，家屋の形態に補償金額が全く合わないという事態が発生し始めた。建物台帳に記載されている建坪より，実際の建坪がはるかに多いケースがあったためである[77]。

5月になり，前渡金の支払いが始まった。場所は，各警察署内に設置さ

---

75) 前掲，『建物疎開一件（第4次疎開関係綴）』「府会ニ於ケル知事説明参考資料」
76) 前掲，『第3次建物疎開事業関係書類綴』「第3次疎開事務分掌ニ関スル件」
77) 京都府会編『京都府通常府会会議録　昭和20年』京都府会, 1946年, p. 58

第 5 章　建物疎開を生き抜いた住民たち

表 5-5　第 1 回前渡金支払予定表（第 3 次建物疎開）

支払場所	金額（円）	件数	支払日
松原疎開事務所	106,494	513	5 月 8 日
七条疎開事務所	306,588	1,463	5 月 9 日，10 日，11 日
五条疎開事務所	20,364	97	5 月 15 日
堀川疎開事務所	330,713	1,605	5 月 12 日，13 日，14 日
中立売疎開事務所	269,388	1,304	5 月 12 日，13 日
西陣疎開事務所	287,008	1,331	5 月 14 日，15 日
計	1,320,555	6,313	

（『第 3 次建物疎開事業関係書類綴』「第 3 次疎開前渡金支払予定表（小空地ヲ除ク）」より作成）

れた京都府疎開事業事務所である[78]。5 月 8 日から 1 週間は空地帯や消防道路に該当した者[79]，6 月 13 日から 5 日間は小空地に該当した者が対象となり，2 グループに分けて現金で払われた（表 5-5，5-6）。

　その後も事務手続きは混乱し続け，他の補償金の支払いはさらに遅れた。7 月に入り第 4 次建物疎開が始まっても，第 3 次建物疎開の補償金額を算定する作業が続いており，「事務煩雑ニシテ之ハ処理ニハ相当ノ日時ヲ要[80]」することは明らかであった。

　五条坂の聞き取り調査では，数名が補償金の額まで記憶していた。G 氏の自宅は，50 坪の敷地に建つ新築 2 階建の洋風住宅だった。補償金として総額約 7,000 円（現在の価格で約 134 万円[81]）を受け取った，と証言した

---

78) 第 1 次建物疎開の前渡金支払の場合，14 か所の国民学校で 914 件を支払った。そのときの様子について，「居住者ニ対シテハ移住ヲ促進スル方策トシテ移住費ノ概算ヲ前支払ヲ為スコトトシ各空地ノ地元国民学校ニ居住者ノ参集ヲ□□□時支払ヲ為シ居住者□好感ヲ以テ迎ヘラレ移住促進ニ好結果ヲ齎シ」たという（前掲，『昭和十九年第 1 次建物疎開』（都市疎開関係書外）「地区指定及之ガ調査準備」）。
79) 前掲，『第 3 次建物疎開事業関係書類綴』「第 3 次疎開前渡金支払予定表」
80) 前掲，『第 3 次建物疎開事業関係書類綴』「動員学徒受入ニ関スル件」
81) 当時の金額を現在の貨幣価値に直すことは，モノやサービスの種類によって物価上昇率が異なるために難しいが，ここでは企業物価戦前基準指数（平成 24 年は 674.3，昭和 20 年は 3.503）を元に計算した（日本銀行 HP 参照　http://www.boj.or.jp/announcements/education/oshiete/history/j12.htm）。そのほか参考となる情報として，1945（昭和 20）年当時，警察官の

第 2 部　建物疎開と京都

表 5-6　第 2 回前渡金支払予定表（第 3 次建物疎開）

支払場所	金額	件数	支払日
西陣疎開事務所	73,614	370	6 月 13 日
〃	87,470	415	6 月 14 日
七条疎開事務所	91,182	445	6 月 13 日
〃	107,110	583	6 月 14 日
中立売疎開事務所	102,306	500	6 月 15 日
〃	126,374	635	6 月 16 日
堀川疎開事務所	112,814	550	6 月 15 日
〃	153,072	749	6 月 16 日
松原疎開事務所	124,020	595	6 月 17 日
五条疎開事務所	47,106	234	6 月 17 日
合計	1,027,768	5,076	

（『第 3 次建物疎開事業関係書類綴』「第 3 次疎開前渡金支払予定表（第 2 回）」より作成）

（表 5-7）。この額は，当初「引越しのお金ぐらいかなあ思ってたらそれっきりだった」と言うほど，少なく感じたという。結局引越したり荷物を運搬するための費用として使い，生活の再建には到底及ばなかった。

200 坪以上の敷地で老舗の呉服屋を営んでいた D 氏は，「3 万円ぽっちか」と家族が呟いていたのを記憶している。C 氏もまた裕福な家庭で，約 180 坪の土地と自宅があったが，受け取った額は 2 万円であった[82]。五条坂南側に複数の土地を所有していた I 氏は，1950 年ごろになって為替を受け取った。具体的な金額は不明だが，「家 1 軒取られてタバコ 1 つ買えない値段」「今の貨幣価値に対してタダみたいなもの」と表現した[83]。

これらの補償金をいつ疎開者が受領したのか，受領した補償金は前渡金か，営業補償費か，などその種類まで特定することができなかった。行政

初任給が月額 60 円，終戦直後のインフレで足袋一足が 31 円 20 銭，ラーメン一杯 20 円（1946 年東京での価格），牛乳コップ一杯 5 円（1945 年銀座での価格）を挙げておきたい（小林啓治，鈴木哲也『かくされた空襲と原爆』機関紙共同出版，1993 年，p. 109）。
82）著者ヒアリング（2009 年 12 月 3 日）
83）著者ヒアリング（2007 年 5 月 13 日）

第5章　建物疎開を生き抜いた住民たち

表 5-7　実際の補償金受領額

	疎開前の住所	職業	疎開対象家屋の住宅形態	土地（坪）（戦前期の坪当たり地価）	補償金受領総額（円）
D	五条東山西入る五条橋6丁目	陶芸家	洋館2階建	43坪 (18,300円/坪)	7,000
G	大和大路五条下る石垣町西側	呉服屋	和風住宅 2階建	316坪 (33,392円/坪)	30,000
J	五条大和大路東入る五条橋3丁目	卸問屋	和風住宅 2階建	179坪 (66,950円/坪)	20,000

（著者聞き取りによる）

　資料の情報を参照すると，松原疎開事務所が管轄していた五条坂地区は，前渡金を5月8日に支払われていたことがわかる[84]。

　金額の安さは，戦後府会でも，「家屋ノ建値ガ非常ニ安イ，之ハ公平ニ眺メマシテ只今建築致サウトシマスナラバ府ノ買上価格ノ二十倍位出シテモ出来ナイト云フヤウナ安イ値段デ建値ヲシテ居ラレル[85]」と指摘されるほどであった。なお聞き取り調査では，補償金をそもそも受け取っていないという発言が，調査を行ったすべての地域で必ず確認できたことを断っておく[86]。

　戦後を迎えても，各種補償金を受け取りに来た疎開者たちが，府の会計課の窓口に毎日列をなしていた。後手にまわる府の対応に対して，不満を露にする者もいた。1945年11月8日付で，府へ寄せられた抗議文の一部を少々長いが抜粋したい。

　　取壊作業が所有者に通告する暇なき程早急迅速に行はれしに反しその報償
　　行為の何故斯く緩慢遅延致し居り候や何度く貴方より何等の指示すら無き
　　為め当方より乗車不便の程再三再四に渉り貴庁へ出頭問合せ候も一向要領

84）前掲，『第3次建物疎開事業関係書類綴』「第3次疎開前渡金支払予定表」
85）前掲，『京都府通常府会会議録　昭和20年』p. 49
86）調査対象者の多くが当時子供であったため，そのような事実はわからないという回答も多かった。

得ず六ヶ月余を経過せる十月十九日に到り漸く報償金額の決定を見るに到り候。是とて印鑑証明持参せよ等の面倒臭き手続を当方のみに負はせその価額も貴方独断のものにて若し仮りに取壊ちを免れ居りとせば時価は少く共十万円以上の価値あり。而も，即金売却出来得るものを九ヶ月経過するも代金の受領も出来ずその価額の如き拾分之壱にすら及ぼさるは如何に国家的事業と云い乍ら少しは人民共の身になり御考慮願度く，当方としては目的が公共の為めになされし事にて，その犠牲となりし為め取壊ち並に価額の点に就き，今更異議を申し述ぶる所存は無之候も，せめて報償金の支払のみは迅速に願度く，価額決定の折には十月末位には支払ふとの事に候らいしも其事なく其後催促致候らへば十二月中旬には支払ふ旨の由係員より承知仕候も是亦何等の通知もなく今日に至り候[87]（全文，資料6）

書簡の内容から，差出人は同年2月から4月に建物疎開を受けていることがわかる。そのため，第3次建物疎開の対象者だと考えられる。

差出人は「公共のため」と思って建物疎開の犠牲になったと言い，事業自体については抗議の意はないが，補償金の支払が遅すぎることに腹を立てている。府が補償金の金額を決定したのは10月であったが，なかなか代金を受け取ることができず，再三支払の催促をしているにもかかわらず，支払通知さえ来ないという。家屋の取り壊しが対象者に通知する暇さえないほど迅速に実施されたことに反し，補償金の価格決定・支払いがいつまでも遅延している状態に業を煮やしている。

補償金の額は戦時法制の基準により決定されるため，補償金を受け取ることができても僅かな額であったことは，差出人も理解していたはずである。支払いにこだわり，催促を繰り返す行為の真の目的は，補償金を受け取る権利を行使することで，疎開者の存在を執行者に確認させる点にあったのかもしれない。

聞き取り調査によると，戦後堀川通，御池通，五条通の一部有志が協力し，土地に対する補償の請願を目的とし，代議士を立てて国会請願を試みたことが確認できた。正確な時期は不明であるが，戦後を迎えてから数十

---

[87] 前掲，『第3次建物疎開事業関係書類綴』抗議文（文書番号，執筆者住所不明）

年後の出来事だろう。結局は，当事者の年齢的な限界と健康上の理由により実現しなかった[88]。

2-3 建物疎開に対する住民の評価

　一般的に，建物疎開そのものに対する戦後社会の評価は，戦時下の強権的事業であったために止むを得ないというものである。非疎開者，疎開者とも，当時の社会を生き抜くには，執行命令に従う以外の選択肢はなかった。

　他方，戦後の疎開跡地整備事業に対する評価は二分している。一つは，「現在の京都の都市基盤となったので建物疎開は仕方なかった」という評価である。空地帯跡地を整備して完成した街路があったために，京都は戦後のモータリゼーションに適応することができたという考えで，疎開跡地整備事業を肯定的に評価する。ある非疎開者は，「誰が考えたのか知らんけど，しかしよう思い切ったことを。将来のことを考えてあれをやった人は偉いと思うけどね。あの五条通，堀川通，御池通っていう広い通りがなかったら京都もほんとせせこましい町になる[89]」と語った。

　戦後の疎開跡地整備事業を評価するのは，非疎開者だけではない。疎開者のなかにも，同じ考え方は見られる。五条通沿いで現在，飲食店を開いている者は「昔のままがよかったのかなんともわからんな。(中略)まあ，ちょうど店の前にバス停ができてバスが止まるようになったし商売としてはまあまあ良かったんじゃないかな[90]」という。また，四条大宮付近で建物疎開にあった者は，疎開跡地整備事業で元所有地が京都市に買収され，交通交差点として役に立っていることを誇らしく語った[91]。

　戦後の疎開跡地整備事業をどう判断するか，店を持つ者にとって，それ

---

88) 著者ヒアリング (2008 年 9 月 29 日)
89) 著者ヒアリング (2008 年 8 月 18 日)
90) 著者ヒアリング (2008 年 8 月 20 日)
91) 著者ヒアリング (2011 年 3 月 28 日)

は営業にどのような影響を及ぼしたかによるだろう。交通の便がよくなった，客が車で買い物に来てくれるというメリットを受ければ，建物疎開は仕方がないが結果的には良かったと考え易いのである。

だが，建物疎開によって商売上不利な環境に一転することもある。京都市内の商店街のなかには，建物疎開で商店街の一体感が失われたケースがある。御池通の建物疎開では，寺町通沿いの商店街が南北で分断され，西堀川通の両側にあった堀川京極も片側だけの商店街となって今に至る。五条坂も，五条通に沿った両側町の機能を失い，北側だけに陶器を売る店が並んでいる。このような地域では，客の流れが変わったり，町全体の活気や勢いがなくなったなどの理由で商売上のやりづらさもあるという。

商売をしているかどうかという条件を抜きにして，「建物疎開は仕方ないけど，自分達の生活の証しが道路の下敷きになって消滅したのはつらい」と感じる疎開者も多い。疎開跡地整備事業を経て一変した町の風景は，疎開者にとって建物疎開のつらい記憶を呼び起こす要因にもなる。

「五条通を見るとつらい感情が湧いてくるので歩きたくはない」という者や，堀川通を走る政府関係者や要人の車を見て，「あの国際会議所へ行く堀川通の道路の土地は中央政府の人は知りませんが，私共の祖父伝来の土地なのです」と苦々しく感じる者もいる[92]。五条寺町で雑貨商を営む家に生まれた者は，建物疎開を経験した父親から「五条の本籍を動かしてはならぬ」と言い聞かされ，現在道路になった土地に本籍地を残したままである[93]。

疎開者が抱く悔しさや怒りなど負の感情は，建物疎開に対する感情だけでなく，被害の実態が社会的な記憶としてほとんど記録されていないことへの悔しさであろう。市内を貫く道路やレクリエーションに寄与している空地，繁華街の大型駐車場のなかには，戦時中に建物疎開を受けた個人の犠牲のうえに整備されたものも少なくない。その事実を戦後社会はどれだけ認知してきただろうか。建物疎開は，戦後社会が戦争の記憶として記録

---

92) 森呉服店提供資料，著者ヒアリング（2008年9月22日）
93) 上野孝司氏提供資料

してこなかった民間人の戦争体験の一つである。
　次章では建物疎開の戦後に注目し，法的にどのように処理されたのか，都市計画と補償の観点から明らかにする。その結果，住民の都市空間や地域に対する意識はどのように変わったのか，掘り下げて考察してみたい。

■コラム２　両側町

　本文でも登場した両側町（りょうがわちょう）とは，京都の町（ちょう）の基本的な空間構造を表す言葉である。現在でも京都市中心部は，通りによって碁盤の目のように区画されており，通りを中央に挟む両側に位置する家々から一つの町が構成される。そのような町の形態的特徴を指して，両側町という。
　京都での両側町の本格的な成立は，一般に応仁・文明の乱後の15世紀後半とされ，その背景には，住民の経済活動の活発化，自己防衛の緊要化，連帯意識の形成などがあった。両側町の形態は，城下町の基本単位としても取り入れられていき，江戸や大坂，仙台の街でも確認できる。
　近世の京都の町は，両側町によって通りの両側に展開する家々が町としての共同体を形成し，地域の一体感を育んできた。このような町を単位とする地縁的結束力は強固で，町の運営上さまざまな側面で発揮されていた。防犯や防火に着目すると，両側町の往来を遮断するため，表通りの両端（町の出入口）には木戸門という言わば町の治安装置が設置されていた。夜間や緊急時には閉じ，逆に火事のときには開けるなど，不審者を監視し町の安全を守るために重要な役割を果たしていたのである。
　両側町は，現在でも町内組織として町内居住者の生活意識に浸透しており，地蔵盆のように町を単位とする行事や活動も多く見られる。
　京都市内中心部の山鉾町（祇園祭の山鉾を維持する町で，八坂神社とともに祇園祭で中心的役割を果たす。）一帯は，このような両側町の形態をよく伝え残している地域である。街区の四辺それぞれに両側町が形成されているため，地域全体でみると町は亀甲状のパターンで連続している（次頁図）。
（参考図書：丸山俊明『京都の町家と町なみ』昭和堂，2007年，鳴海邦碩『都市の自由空間』学芸出版社，2009年）。

コラム2 両側町

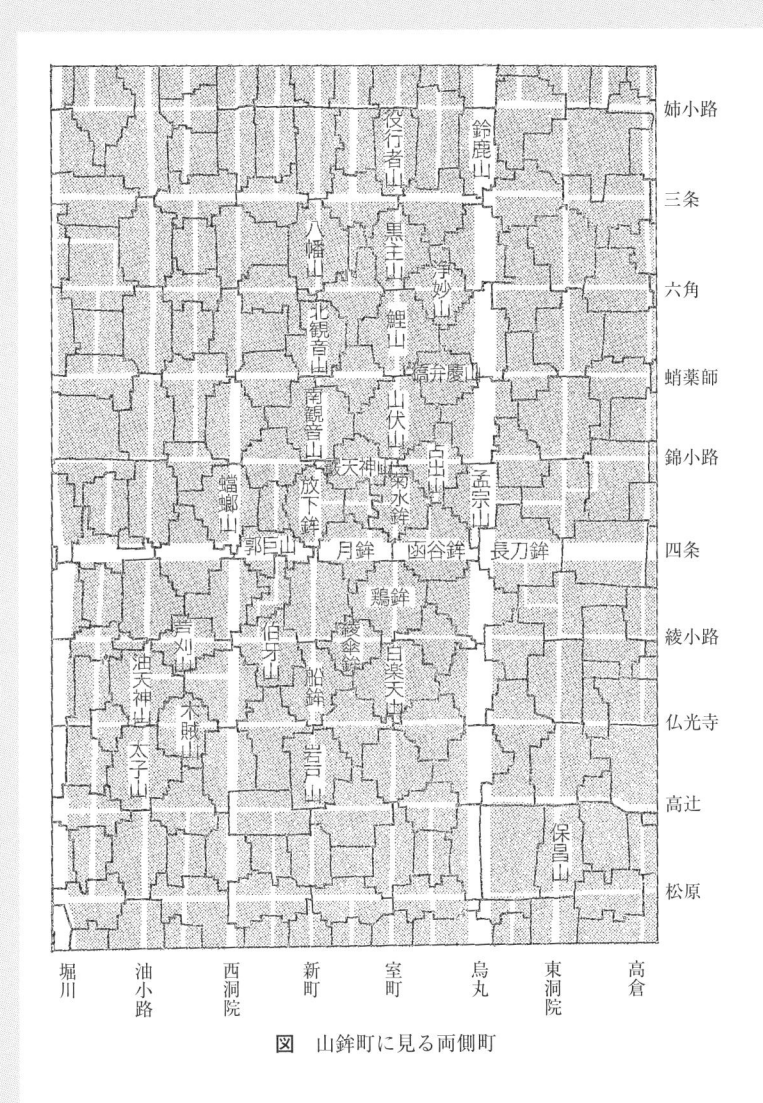

図 山鉾町に見る両側町

■コラム3　学区

　応仁の乱後，町の自治・自衛のために，京都市中の町々は地域の連合組織として町組（ちょうぐみ）を結成した。町組は数か町から十数か町の集合体であったが，明治を迎え新しい行政単位とする際に再編成された。このとき確定した町組が，現在でいう「元学区」の原型となったのである。

　改正された町組を単位として，1869年（明治2）京都市内で日本最初の小学校が発足した。小学校は教育を行う場だけでなく，町組の重要な核として，町の警備や消防，防火，窮民救済事業，衛生事業を担い，それらの経費はすべて町組が負担した。1872年，学制が発布されると教育は国民の義務となり，全国は8大学区になり，各大学区に32中学区，各中学区が210小学区にわけられた。小学校は義務教育となった。

　京都では大・中学校区は学制に従って編成したが，小学校区については町組を単位とするこれまでの方針を継続した。これにともない，区は組，学区へと改称され，第何学区小学校と称するようになった。このように明治以降，学区は独自の財源を持ち教育経費を負担する団体として機能したが，1941（昭和16）年国民学校令の実施により廃止された。戦後は「元学区」として，地域行政で重要な役割を果たし，京都独自の地域住民の自治単位として機能している。

(参考図書：辻ミチ子「町組と小学校」角川書店，1977年)

コラム3　学区

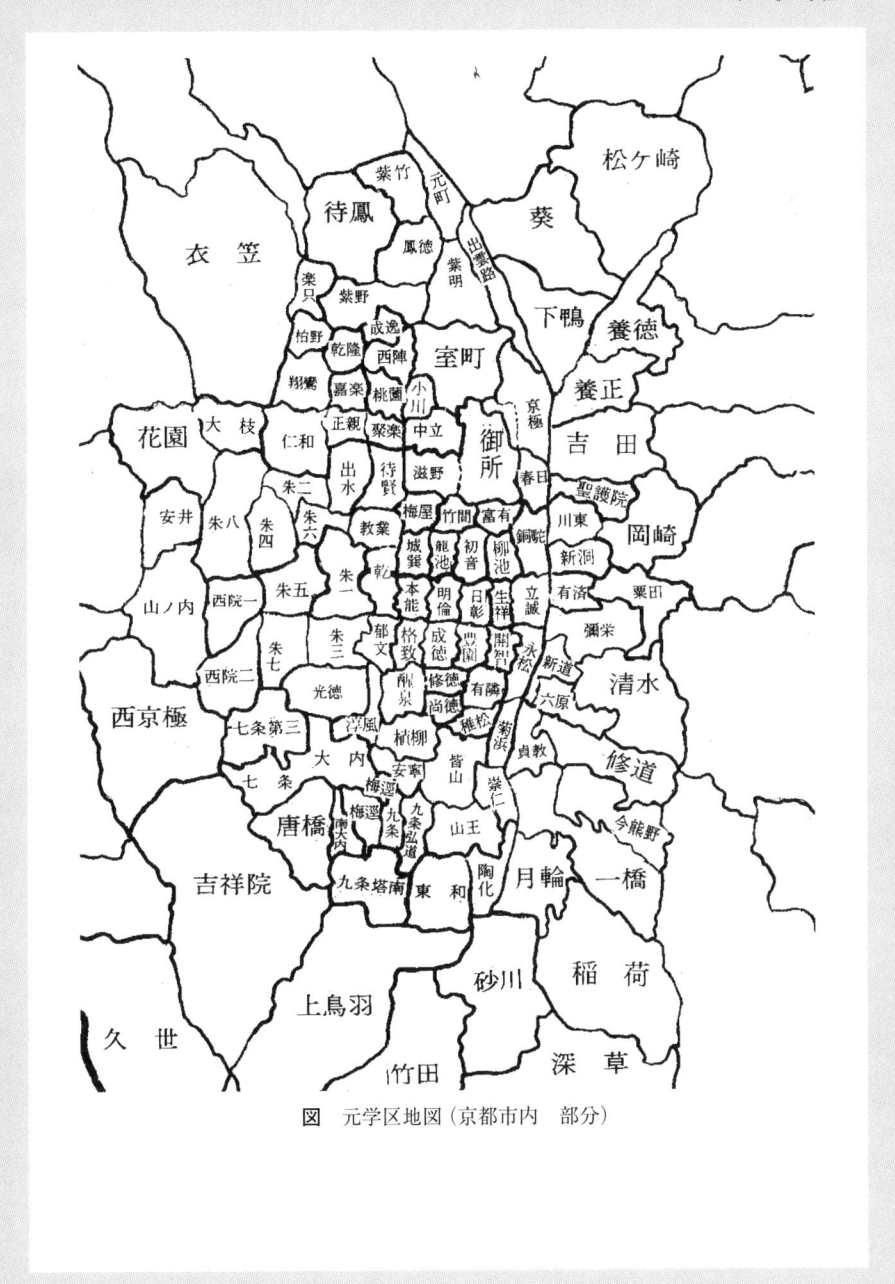

図　元学区地図（京都市内　部分）

第**6**章

建物疎開の戦後処理
—— 都市空間・都市意識への影響

第 6 章　建物疎開の戦後処理

1　京都における建物疎開の戦後

1-1　疎開跡地の都市計画決定

　敗戦後，防空体制が次々と解体されていく一方で，戦時下に未処理だった防空関係の事務は大量に残されていた。建物疎開に関する事務も，その一つである。補償金の支払いや疎開者の生活再建は，主に各府県の都市計画課が担当して進められた。

　建物疎開の実施を指揮していた内務省防空総本部は，1945（昭和 20）年 8 月 31 日に廃止された。建物疎開の残務処理を引き継いだのは，内務省国土局である。国土局は，防空総本部に包含されていた都市計画機構を引き継ぎ，建物疎開の残務処理の計画策定を行った[1]。

　国土局は，8 月 31 日に通牒「建物疎開跡地に関する件」で，疎開跡地処理の方針を明らかにした。通牒によると，「公共団体に於て賃借に係る建物疎開跡地は道路，広場，公園其他将来の都市計画施設の計画上必要ありと認むるもの以外は契約を解除せしむること。但し戦災都市に在りては復興都市計画の決定に至る迄は引続き之を空地として保有せしむること[2]」とある。家屋の取り壊しが行われた当時，疎開跡地は，防空法（第 9 条）に基づき国家が一時的に収用している状態にあったが，通牒は防空体制解体の流れとは逆行していた。

　京都市内の場合，京都市は国庫補助を得ながら，疎開跡地の所有者へ借地料を支払い続けていた。8 月 31 日の国土局通牒は，疎開跡地を都市計画用地（空地）として利用する目的でその保有を指示している。すなわち，道路や広場，公園などの都市計画施設に必要と認められる場合は賃借状態を続け，不必要な場合は賃借契約を解除せよ，ということである。

---

1)　ただし戦災復興の基本方針は 1945 年 7 月に一応の成案を得ていたという（建設省編『戦災復興誌』第 1 巻計画事業編，大空社，1991 年，p. 56）。
2)　京都府行政文書『建物疎開一件（第 4 次疎開関係綴）』「建物疎開跡地ニ関スル件通牒」

そのうえで、国土局は、疎開跡地の都市計画決定を 1946 年 7 月 31 日までに行うことを奨励した。防空法は、同年 1 月 31 日に廃止されたのちも、同法により発生した損害補償・費用の負担など国の債務に関するものや、公共団体が疎開跡地を賃借する権利は、なお効力があるものとする経過的措置がとられていたのである。同年 7 月 31 日は、防空法のこのような経過的効力が喪失する日であった。

同様の通牒は、1945 年 9 月 20 日付の内容でも確認できる。防空法廃止後も、疎開跡地のうち都市計画施設の計画上必要と認められるものは、賃借契約を解除せず、引き続き空地として公共団体が保有するよう指示がなされている[3]。

これらの国土局通牒を受け、京都市内の疎開跡地は利用計画がまだ定まっていなかったこともあり、京都市が疎開跡地の大部分を引き続き賃借することになった。都市計画施設に要する用地（空地）確保という観点からして今日程の好機はないという内務省の意図があったことは明らかである。戦後を迎えた直後に、内務省がこれらの疎開跡地を公共団体に賃借させ都市計画決定を行う方針を掲げたのは、この空地の都市計画的な利用価値に注目したためである。

京都市内の疎開跡地の利用計画が決定したのは、1946 年 3 月 13 日であった。当日、市庁舎内では山田正男（内務省国土局計画課技師）と草野茂（京都府土木部都市計画課長）の指示により、跡地処理計画に関する調書を作成する作業が行われた[4]。都市計画に必要な疎開跡地とそうでない疎開跡地の線引きが行われ、それぞれ買収もしくは賃借するか、賃借契約を解除し所有者へ返還するかが決定した。

「京都市建物疎開後留保予定地表」によると、都市計画用地にする予定の跡地は、主に第 1 次建物疎開の工場周辺の跡地、第 2 次と第 3 次の消防道路、第 3 次の空地帯であり、これらは京都市が買収することが決まった。中止になった第 4 次建物疎開の跡地は、すべて土地所有者に返還され

---

[3] 京都府行政文書『第 3 次建物疎開事業関係書類綴』「建物疎開跡地ニ関スル件通牒」
[4] 同上資料「京都市建物疎開跡地処理（賃借区分）計画図書送付ノ件」

表6-1　建物疎開跡地処理案表

回次	地区数	種別	地積(坪)	買収済 地区数(地積)	%	継続賃借 地区数(地積)	%
第一次	22	小空地	31,593	9 (18,396)	58	14 (11,887)	38
第二次	5	消防道路	5,922			5 (5,922)	100
第三次	4	空地帯	250,400			4 (250,400)	100
第三次	17	消防道路	69,500			17 (69,500)	100
第三次	6	交通道路	18,700			4 (6,800)	36
第三次	113	小空地	116,100			32 (26,600)	23
計	167		492,615	9 (18,396)	4	76 (37,110)	75

備考：買収済，継続賃借以外は賃借契約解除
(『建物疎開一件（第4次疎開関係綴）』「建物疎開跡地処理案」より作成)

ることになった[5]（表6-1）。

　取り壊すことができなかった土蔵やコンクリート建築は，そのままの状態で残存していたが，そのような不燃質建築物は，払い下げ価格の3割で前所有者に払い下げ，撤去することにした[6]。

　疎開跡地の用地買収は，1946年度からただちに始まった。買収費用は1坪あたり120円，買収するまでに支払われる賃借費は，1年間で1坪5円4銭だった。当初，これらの費用には9割から9割5分の国庫補助が与えられたが，京都市にとって，疎開跡地を保有することは財政的に重い負担であった。「非戦災都市」とされた京都市は，用地買収の経費に特別

---

5) 前掲，『建物疎開一件（第4次疎開関係綴）』「府会ニ於ケル知事説明参考資料」「京都市建物疎開跡地留保予定地表」
6) 前掲，『第3次建物疎開事業関係書類綴』「疎開跡地残存建物処理要綱」

都市計画法による国庫補助を得ることができなかったためである。

　さらに，戦後を迎えた京都市は，再建のために実行しなければならない新事業が目白押しで，歳出が急激に膨張し財政難に陥っていた。新事業とは，例えば道路の荒廃や衛生環境の悪化，食糧難，公共交通の混乱などを解決するためのもの，それから戦争関連事業の廃止による機構改革，庁内の行政整理などである。

　1947年3月31日，都市計画京都地方委員会が府庁で開かれ，疎開跡地の都市計画的活用について審議された。御池通・五条通・堀川通の3空地帯は，幅員50メートルの道路として都市計画決定された。そのほか幅員36メートルの八条通，幅員32メートルの押小路通，幅員11メートルの蛸薬師通，花見小路通なども含めた計21路線が決定された。

　疎開跡地の都市計画決定がなされたのを受けて，京都市は同年6月，まず五条通の整備事業を開始した。敗戦を迎えてから2年が経過しようとしていた。都市計画決定後の疎開跡地の買収率をたどると，1947年度末に26パーセントであったが，その後急速に進み1950年度末で64パーセント，1953年度末には93パーセントに達し，1965年度末には96パーセントに至った（図6-1）。1949年度以降は，ドッジ・ラインの公共事業費削減策により国庫補助が打ち切られ，市費単独で疎開跡地の保有費用を負担することになった[7]。

　疎開跡地の買収費用や賃借費用は，京都市財政にとって重い負担であったが，当時の市会では，むしろ疎開跡地の都市計画決定を歓迎する雰囲気があった。八木重太郎議員の発言にあるように，疎開跡地の誕生を「幸ヒニ本市三十年ノ懸案デアツテ而モ着手シ得ナカツタ都市計画ノ大事業ガ御池線，堀川線ノ如キ疎開事業ニ依ツテ一挙ニ出来上ツタノデアリマス[8]」と喜ぶ見方も強かった[9]。

---

[7]　建設局小史編さん委員会編『建設行政のあゆみ―京都市建設局小史―』京都市建設局，1983年，pp. 36〜38

[8]　『昭和20年臨時京都市会会議録』p. 736（京都市役所議会図書室蔵）

[9]　前掲，『昭和20年臨時京都市会会議録』pp. 654〜655。大規模な都市計画用地を確保したことは市にとっては結果論であろう。

第 6 章　建物疎開の戦後処理

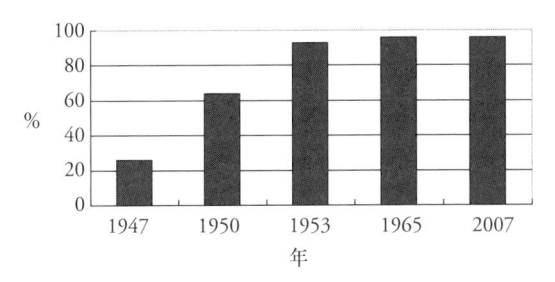

図 6-1　京都市内の疎開跡地買収状況
備考：1947 年 3 月 31 日　都市計画決定

　戦時下，建物疎開を執行した京都府に対して，京都市は跡地の賃借および買収を担当し，除却に伴って必要な上水道給水装置の除却工事を，府の委託で執行するに留まっていた。よって，結果的に疎開跡地を利用して市内の都市計画事業を進められることになり，市会では，都市改造の好機だと喜んだのである。当時の市会では，疎開跡地整備事業は市財政にとって負担が重すぎて非現実的だという意見や，買収費・賃借費が安すぎるために所有者が気の毒だという意見，近代都市に必要な都市改造の好機と捉える意欲的な意見とが交錯していた。

　都市計画決定に伴うしわ寄せを受けたのは，土地を所有していた疎開者たちである。土地所有者に支払われる買収費（1 坪 120 円），賃借費（1 坪 5 円 4 銭 / 年）はわずかなもので，この額では地租付加税を支払うこともできなかった。疎開者たちは「アノ住ミナレタ疎開跡，壊ワレタ涙ノコボレル疎開跡ヲ眺メテ（中略）恨骨髄ニ徹シテ居ル者サヘアル[10]」状況に置かれ，戦後府会でも，疎開者の境遇改善がたびたび深刻な問題とされてきた。

　疎開者にとっては多大な犠牲を払って除却に応じたにもかかわらず，疎開跡地には何ら防空的措置が採られずに放置され，戦後都市計画用地とされた。さらに生活再建のために必要な住宅が不足し，資金不足や食料難など厳しい現実と向き合わねばならなかった。

---

10)『昭和 20 年 7 月京都府臨時府会決議録会議録』p. 49

第 2 部　建物疎開と京都

　五条通に続き，1948 年には堀川通，翌 1949 年には御池通も着手された。五条通は中央に 12 メートルの植樹帯，両側に 6 メートルの歩道も設けられた。整備を進める際には，資材不足だけでなく残存建物が障害となった。土蔵の場合は曳家工法により移動させたが，鉄筋コンクリートは容易に撤去できない。五条通東洞院には，1949 年 2 月現在，第一銀行五条支店が疎開前のままで存在し，市は撤去に苦難している[11]。そのため御池通・堀川通は 1953 年 3 月，五条通は 1949 年 3 月に一応完成したとされるが，道路として全面的に機能するにはさらに時間を要した[12]。

　疎開跡地の買収はその後も続いたが，現在でもすべて完了したわけではない。2007（平成 19）年 6 月，京都市役所道路計画課への問い合わせによると，買収対象跡地の 4 パーセントを現在でも市が賃借し続けている[13]。市は，これらの疎開跡地所有者と契約締結をする予定はなく，今後も賃借料を支払い続けるという。

　疎開跡地所有者にとっては，それらの疎開跡地は単なる土地ではなく，自分たちの家族の生活が確かにそこにあったという証であり，アイデンティティが宿る場所でもあるだろう。自宅跡地を現在まで所有する行為は，家族のアイデンティティを守りたいという固い意志の表れと見ることができる。

　なお，用地買収に応じたことを後になって悔やんだケースもある。堀川京極の疎開跡地は，市が坪当たり一律 3,000 円，角地は 3,600 円で買収し[14]，1950 年 1 月府営住宅の建設が着工した[15]。まず同年 9 月に出水団地の 3 棟が竣工した[16]。鉄筋コンクリートの 1 階には店舗，2 階，3 階は住宅という，当時としては珍しい店舗付公営住宅であった。

11）『京都新聞』1949 年 2 月 2 日
12）前掲，『建設行政のあゆみ―京都市建設局小史―』pp. 39～40
13）京都市役所道路計画課へのヒアリングによるが，当該資料は非公開という。
14）『堀川用地買収資料』「買収地所有者面積地目価格」（京都府住宅供給公社所蔵）。なお，全員が買収に応じたわけではなく現在でも私有地として所有する者もいる。
15）『府政だより』1951 年 11 月 1 日
16）堀川出水団地 1～3 棟，堀川下立売，堀川上長者町，堀川椹木町に建つ 6 棟を指し，通称堀川団地と呼ぶ。堀川商店街協同組合はそのうち 4 棟分の 1 階部分を占めている。

1階店舗部分は堀川商店街協同組合を結成し，全国初の「下駄履き商店街」として，1951年10月1日に営業を開始した。上の階から下駄を履いてちょっと階段を降りればすぐに買い物ができる，ということで，毎日各地から見学者がバスで見に来るほどの話題を集めた[17]。

店舗は，堀川京極時代に居住していた者には「特定入居者」として優先的に入居する権利が認められた[18]。つまり，店舗付府営住宅は建物疎開で失われた商店街の再生だった。一連の事業は，戦後の住宅不足解消，堀川京極の再生，疎開跡地整備という建物疎開の戦後処理問題を一挙に解決するための，全国初のモデルケースでもあった。

その後，1953年9月までに上長者町団地，椹木町団地，下立売団地も建設され，堀川通沿いに団地が建ち並ぶ現在の景観が形成された[19]。

築60年以上が経った現在，当時先駆的だった店舗付公営住宅も，府内の公営賃貸アパートのなかでは最も古い建物となった（図6-2）。設備は老朽化し，構造上，耐震性の問題を抱えている。居住者の高齢化も進んでいる。さらに，商店街の周囲にはコンビニやスーパーも多く存在し，堀川商店街を訪れる客は減少し，後継者も不足している。

団地の建て替え時期が迫っているが，聞き取り調査では，戦後疎開跡地の買収に応じたことを悔やんだ者がいることがわかった。土地所有権を持たない商店街側は，建替えに伴う希望を十分に反映させることができないためだという。

ある店主は，「そのとき府に売った人は，みんな悔いを残してますけどね。土地を賃貸しにしといて，自分たちが入って家賃払ってしてたら，土地は残るさかい，今度建て直しのときに自分たちが建てようか，いうこと

---

17) 堀川商店街協同組合理事会編『堀川商店街50周年記念誌』堀川商店街協同組合，2002年，p. 1

18) 特定入居者は土地の買収価格が非入居者と比較して約3分の1に抑えられた。新参者の多くは権利金を買い取って入居した（前掲，『堀川用地買収資料』所収 「五　土地所有者並に買収価格」）。結果的に，商店街の約半数は元堀川京極の商店主が占めた（著者ヒアリング2008年9月17日）。

19) 建設当初は，4畳半と6畳間に水洗トイレ，ガス，大きなベランダを完備した先端的な団地であり，全国から見学者もあいついだ（前掲，『堀川商店街50周年記念誌』p. 4）。

図 6-2

現在の堀川団地の外観。1階に食料品や日用品などを扱う堀川商店街があり，上階が住居スペース。疎開跡地を整備して建設された堀川団地は，「下駄履き商店街」として全国から注目を集めた。団地の前の道路には，かつて西堀川通を挟んで両側に堀川京極があった。左には堀川が流れている（写真左）。現在，堀川商店街の周囲では活性化をはかり様々なイベントを催している「ほり川まつり」もその一つである（写真右，2008年10月4日撮影）。

ができたけども，今度は府が建てることになりますわな[20]」。商店街が現在抱えている様々な問題を解決できるように，自分達の要望を実現する形で建て直したいという商店街側の意向が，建て替え計画に反映されにくいと感じるという[21]。

2009（平成21）年4月，「京都府住宅供給公社堀川団地まちづくり懇話会」が設置され，堀川商店街の再生や周辺のまちづくりについて，商店街と行政の間で話し合う場が設けられてきた。京都府住宅供給公社と大学の共同研究で堀川団地の再生の可能性を探る取り組みも行われており[22]，商店街再生の道も模索されている。

1-2　長引く残務処理

戦後京都では，戦時下の第3次，第4次建物疎開の膨大な補償関係の

20）著者ヒアリング（2008年10月2日）
21）著者ヒアリング（2009年6月13日，2009年7月8日）
22）桜風舎他編『堀川団地の記憶と未来』京都府住宅供給公社，2012年3月（下前國弘氏提供）

事務処理が続いていた。建物はすでに除却していても，建物の譲渡契約が未締結である場合が多数あり，移転費や営業補償費の交付手続きが，完全には終わっていなかったためである。府は，公報や新聞広告を利用し，京都府土木部都市計画課や所轄の土木工営所で手続きを行うよう，疎開者への周知を試みた[23]。

だが，多くの疎開者の居住形態は流動的で不安定であり，地方への移転者も含めると，疎開者の居場所を把握することは難しく，事務手続きを進めることは容易ではなかった。手続きの期限は，支払いが進まないために度々延期された。後述する戦時補償特別措置法公布後は，申告，つまり建物疎開の補償金に対して請求権を行使するよう，再び新聞広告を出した。申告先は税務署に変わった。

1947（昭和22）年6月，府は補償金を当時の京都司法事務局（現在の京都地方法務局）に供託した[24]。そして，期日までに申告しない場合，建物疎開に関するすべての請求権は，全額国に納付されたと見なす方針を明らかにした[25]。実際は期日を過ぎても支払いは継続されていたが，戦後10年目を迎えた1955年，民法（第167条）に照らし合わせて供託金とその利息金を府の歳入として組み入れた。

ここに，長引いた補償金の支払いを完全に打ち切ったのである。このときの未支払金額は，16万4,940円7銭（現在の金額で約3,100万円）であった[26]。

ここまで手続きが長引き終了しなかった理由は何か。それは，府が疎開者の居場所を把握しておらず連絡が行き届かなかったことが大きい。建物疎開が行われた当時，府は一部の疎開者の移転先を調査したが，それらは

---

23)『京都新聞』1945年12月21日
24) 京都府行政文書『第4次建物疎開（疎開残存建物払下一件，疎開補償金供託一件）』「供託通知書」
25)『京都新聞』1946年11月25日，同年11月27日。なお，1946年11月24日に連合軍の命令により一部支払いが凍結され，1947年1月14日，一部支払いが解除された（前掲，『建物疎開一件（第4次疎開関係綴）』「府政協議会説明資料」）。
26) 前掲，『第4次建物疎開（疎開残存建物払下一件，疎開補償金供託一件）』「建物疎開補償金供託一件」

あくまで仮の移転先であり一時的な居場所に過ぎない[27]。その後の追跡調査はなされなかったため,「行方不明」の疎開者が多数発生したのである。

聞き取り調査では,疎開者が一定期間定住することを想定して住居を探す際に,建物疎開前の人間関係や職業上の都合が強く影響していることがわかった。疎開者が居住地を見つけることが,単に住む家を確保することを意味しないのである。自営業者の場合,移転によって顧客とのネットワークが途絶える可能性があるため,どこに定住するかという場所の選定は,生計を立てていけるかどうかという問題に結びつく重要な問題だった。

そのため,問屋街の近くに店を構えたかったとか,得意先との関係が絶たれてしまうことを恐れたと発言する疎開者は少なくない[28]。問屋街のように,同業者が集中する地域や商店街は商売上有利な環境であると言い,これらの地域から離れた場所に店を構えることは,避ける傾向にある。元あった店の近くに,空家・空き店舗を探し出そうとした者も多いが,従来の土地での営業が叶わなかった者も多かった[29]。幸運な場合は,疎開跡地の残地払い下げに応じることで,元の土地やその近辺に店を構えることができた[30]。

ところで,激しい空襲を受けた都市と京都市を比べた場合,戦後京都には空襲による破壊・焼失をほとんど受けていないという特殊な事情が存在している。疎開者の移転状況から,元の居住地のすぐ近所に避難した疎開者が多かったことをすでに明らかにしたが,それは破壊された後の自宅を疎開者が目にする機会が戦後も日常的に存在した,ということである。聞き取り調査でも,疎開者全員が破壊された自宅跡地を目にしていた。

しかし,戦後疎開者のなかには自宅のあった場所へ戻ることもできない

---

27) 第5章1-4参照
28) 著者ヒアリング,2006年8月30日・9月9日,2007年9月29日(2名),2008年9月22日,2009年9月5日・11月3日・12月3日・12月22日
29) 前掲,『建設行政のあゆみ —— 京都市建設局小史』p. 66
30) 堺町御池南側で商売していた和菓子屋の場合,第3次建物疎開で立ち退きを強いられ商売は中断し転居を繰り返したが,1954年に現在の寺町御池角を買い上げて移転した(著者ヒアリング2009年9月5日)。

者が大勢いた。1945年8月31日の国土局通牒に始まる疎開跡地の都市計画決定へ向けた動きのなかで，京都市が都市計画用地に必要な疎開跡地を保有していたためである。1947年3月末に，都市計画決定と同事業決定がなされたことで，それは決定的になった。

このような京都特有の事情から，建物疎開事業が施行された地域周辺では，疎開者と非疎開者の差が歴然とした状態が数年間続いていたのである。建物疎開は，地域限定的な破壊である。偶然そこに居住していた者のみが被害を受け，地区指定の範囲から外れた向かいの家や隣の家は，破壊されない。疎開跡地は，その理不尽な現実を突き付けていた。

さらに，京都市内は，空襲を受けた都市ほど町並みや風景が破壊されたり，焼失しなかっただけに，戦後疎開跡地を利用した道路や公園などの都市計画施設の存在感が，より際立つ風景が出来上がってしまった。

2　疎開者に対する戦後法的補償

2-1　罹災都市借地借家臨時処理法の改正と争点

国策であった建物疎開に対する国の戦後法的措置，すなわち疎開者や疎開地に対する政府の対応はどのようなものだったのだろうか。さらに言えば，戦後復興の一連の過程において，疎開者の生活支援や補償に関する問題は，どのように処理されたのだろうか。

1946（昭和21）年9月11日，戦災復興事業を進めるために特別都市計画法が制定された。特別都市計画法は，同法に基づいた勅令により土地区画整理事業を軸にした戦災復興事業の実施を目指していたが，そのためには空襲による罹災地や疎開地の権利関係を整備しなければならない。敗戦を迎え，地方へ疎開した者が都市へ復帰しようと転入をはじめ，さらに復員や引揚げが始まると都市の人口が急増し，土地や建物の権利関係をめぐって全国各地で混乱が生じていた。例えば，生活に余裕がある者は地方

へ疎開したまま様子見をしている一方で，都心の土地所有者不在の土地には，別の者がバラックを建て占有する事態が多数発生していたのである[31]。

そこで，第90回帝国議会で，罹災都市における借地借家権の法律関係を調整することを目的とする罹災都市借地借家臨時処理法（以下，罹災法）が成立した[32]。「借地借家権の法律関係を調整する」とは，具体的には戦災地等の恒久的復興対策に対処し，応急的に罹災地または疎開跡地の善後措置を講じることであり，罹災者，疎開者の生活を安定させるための措置である。

罹災法は，1924（大正13）年関東大震災の際に制定された借地借家臨時処理法の精神を継承しているが，関東大震災と戦災による被害の実態は，地域，人口，戸数ともに規模が全く異なっていた[33]。ともあれ，1946（昭和21）年9月15日に施行され，関係地方庁には専門の相談所が設置され[34]，地方裁判所管内には鑑定委員が組織された。

罹災法の規定のうち，借家権と借地権に関する条文をそれぞれ見てみる。まず，第1条において，「空襲その他の今次の戦争による災害のため滅失した建物」を罹災建物，「今次の戦争に際し防空上の必要により除却された建物」を疎開建物と称すると定めている。つまり，罹災建物と疎開建物を区別して定義している。

---

31) 『第一回国会参議院司法委員会会議録第十七号』pp. 2〜3（来馬琢道委員の発言）
32) 戦時下では，罹災者の住宅確保と罹災地の借地関係の調整を目的として，1945年7月21日に戦時罹災土地物件令（以下，物件令）が制定されていた。ただ，物件令はあくまで空襲が今後も継続し，空襲跡地に本建築をすることが適当でないとの前提から，借地上の建物が空襲等により滅失した罹災借地人を保護するための勅令であった。そのため，第2条にある「罹災土地」とは「空襲其ノ他戦争ニ起因スル災害ニ因リ滅失シタル建物ノ敷地ヲ謂ヒ」とあり建物疎開の跡地を含んでおらず，疎開建物居住者は勅令外の対象であり敷地使用権を有しない。敗戦により，物件令の根拠法令である戦時緊急措置法が失効し，物件令の後始末が重要な課題になった（小栁春一郎「罹災都市借地借家臨時処理法についての議会審議」『独協法学』58号，2002年，pp. 23〜27）。
33) 前掲，建設省編『戦災復興誌』第1巻計画事業編，p. 22
34) 最高裁判所事務総局民事局『昭和二十四年五月民事裁判資料第一四号借地借家関係資料（一）』1949年，p. 85

第 6 章　建物疎開の戦後処理

　また罹災法では、空襲によって罹災した場合、借家人は罹災法が施行されてから 1 年以内に申出をすると、相当な対価で優先的に借地権が与えられる（第 2 条・3 条・14 条）。言わば借家権の借地権への昇格であり、罹災法最大の特徴である。

　借家人を強力に保護した理由は、当時都市部にあふれていたバラック生活者の権利保護を見据えていたためである。住居を持てず生活が不安定な者に対し、借地権に基づき自力で建物を築造し、従来の場所に再び居住・営業できるようにしようとした。建物疎開を受けた元借家人の場合は、跡地に最初に築造された建物について賃借の申し出をすれば、優先的に相当な借家条件で建物を賃借することができることになった（第 14 条）。

　次に借地権者に関して、罹災法上は戦災地[35]と疎開地を区別している。戦災地上に存在する借地権は、空襲で地上の建物が滅失しても借地権は冬眠状態にあるとされ[36]、借地人には優先借地権（または優先借地権譲渡の権利）が与えられた。よって、罹災法の施行後 1 年以内に申出をすれば、借地権者として権利を行使できる。他方、疎開地の借地権は、通例、建物疎開事業執行者が行った補償によって一旦消滅したとみなされ、元借地権所有者には請求権のみが認められていた（ただし、公共団体が賃借中もしくは買収した疎開地の借地権者は存在しないとされる（第 2 条・9 条））。

　疎開地の借地権者に認められた権利を整理すると、地主に対して改めて土地を貸してほしいと借地権を申し出る権利であった。ただし、借地権を行使できるとは限らないため、行使するためには地主に借地権の権利金を改めて支払わねばならない場合もあった。

　罹災法が施行されて約 1 年が経過した 1947 年 8 月、衆議院は第 1 回国会に罹災都市借地借家臨時処理法中改正案を提出した。改正案の要点は、

35）罹災法では、罹災地とは「今次の戦争と相当因果関係のある災害のために滅失した建物が存在していた借地」のことであるが実質的には空襲被災地（借地）を意味しており戦災地と同義である（原増司ほか『罹災都市借地借家臨時処理法解説』厳松堂書店、1948 年, p. 7）。よって、本書では罹災地ではなく「戦災地」という言葉を用いることにした。

36）戦時罹災土地物件令では、戦災地の借地権は、建物が空襲等で滅失したときから停止すると規定されていたためである（第 3 条）。

戦災地借地権を申し出る期間を延長することや，罹災法を災害地へも準用すること，そして疎開地借地権者の保護などであった。疎開地借地権者の保護とは，疎開地の借地権について戦災被災者の場合と同様に疎開者にも優遇措置をとることであり，提案者は衆議院議員武藤運十郎であった。

武藤は，全国各地の建物疎開を受けた借地権者から，戦災地の借地権者と同等に扱って欲しいという要望が寄せられたことを受けて，改正案を提出したと証言している[37]。武藤は，罹災法の第9条に注目した。第9条を改正することで，建物疎開を受けた借地権者を空襲を受けた借地権者と同等に保護しようとした。具体的には，罹災法第2条・第3条により当時の疎開建物の借主に借地権を設定し，借地権の譲渡を受けることができる優先権を与えるということである。その理由は「自己の意に反し或いは不可抗力によって借地上の建物を失ったという点において両者とも戦争の犠牲者であり，同意義である。よって，現法律が，戦災借地権者と強制疎開を受けた借地権者の間に明確に区別を設けているのは問題」であるためだという[38]。

司法委員会で付託案を検討した結果，疎開地の借地権を区別する現法の欠点は広く認められた。だが，司法省をはじめ政府としては，復興の混乱のなか借地権をめぐってさらに権利関係が複雑化し，社会全体が大混乱することを懸念した。これを予感させるような事態は，すでに東京都内を中心に各地で発生していた。東京では，罹災法施行後，第9条に関連して，土地賃借申出側と土地所有者側で借地権をめぐり裁判沙汰になる事件が起こっていたことが確認されている[39]。これらの裁判は，申出人は住宅を建

---

37) 前掲，『第一回国会参議院司法委員会会議録第十七号』, p. 2 (武藤運十郎の発言)　なお，戦災都市における土地区画整理事業を定めた特別都市計画法においても，借地権の詳細については罹災法において解決するものとされていた。

38) 両者を区別する理由として，建物疎開の借地権補償は国庫から得ているのに対し，戦災地は得ていないという意見もあったが，武藤はこれを外面的法律論であると反論した。武藤は，戦災者は戦争保険金を受け取っており，これは保険会社を通じてなされた国家補償という見方ができるとし，それに比べて疎開の補償はきわめて小額だという（『第一回国会参議院司法委員会会議録第十四号』pp. 2〜4 (武藤運十郎の発言)）。

39) 建物疎開当時より跡地に借地権を有する者については第10条及び第12条が，建物疎開当

第 6 章　建物疎開の戦後処理

設したり開業することを理由に土地の借地を望んでいるが，土地所有者側はすでに別の者に土地を貸していたり，自宅を建設したり事業所を開設することを希望していて係争したものである。東京の裁判の背景には，東京都が都市計画決定後に土地の権利関係を保護せずに，元の地権者に返還したという事情もある[40]。

戦時下に地主，借地権者，借家人に対して補償金の清算が済んでいた場合でも，混乱が発生した。例えば，戦後のインフレで貨幣価値が低落したため，何か再び事業を興した者が非常な儲けをしたように考えられ，従来の居住権者や借地権者が元の権利を思い起こして大騒ぎをする，というものである[41]。

1946 年度，東京地方裁判所への罹災法に基づく申立ては，疎開跡地の借地権に関するものが 379 件と最も多く，申立総数の約 3 分の 1 を占めていた[42]。また，罹災法施行後の約 1 年間で，最高裁判所が罹災法に関して受理した事件総数は 835 件であったが，そのうち 399 件は未済であった[43]。

このような事情から，司法省としては，補償を受けて現に消滅している借地権を復活させようとする第 9 条の改正は，現在敷地の上に存在する法律関係を崩し，混乱させ，非常に煩雑を来たすとして反対したのである[44]。その結果，衆議院司法委員会では第 9 条改正法案を採用せずに，法案を全文修正したものを議決した[45]。この罹災法中改正法案は両議院で可

　　時から存する借地権については第 11 条がそれぞれ適用され，両者間で争われた（小柳春一郎
　　『震災と借地借家』成文堂，2003 年，pp. 214〜217）。
40）東京都編『東京都戦災誌』明元社，2005 年 8 月，pp. 541〜544
41）前掲，『第一回国会参議院司法委員会会議録第十七号』p. 4（来馬琢道委員の発言）
42）前掲，『昭和二十四年五月民事裁判資料第一四号借地借家関係資料（一）』1949 年，p. 86
43）最高裁判所事務局民事部『民事裁判資料第一号改正罹災都市借地借家臨時処理法について』
　　（出版年不明）p. 80（京都大学法学部図書室所蔵）
44）前掲，『第一回国会参議院司法委員会会議録第十七号』p. 4（奥野健一政府委員の発言）
45）『第一回国家参議院司法委員会会議録第二十号』1947 年 8 月 29 日，pp. 8〜9（松永義雄の
　　発言）　修正案では，借地権取得の延期などが盛り込まれた。原則として 1947 年 9 月 14 日ま
　　でとなっていたものが資材や労務不足の点から延長され，そのほか災害地への準用，適用地
　　区の法律による指定等が改正された。これは，当時の罹災都市における建物築造，都市復興

第 2 部　建物疎開と京都

決され，1947（昭和 22）年 9 月 13 日に法律第 106 号として公布，即日施行された。

　ここまで見てきた罹災法における疎開地借地権の規定をまとめると，疎開者は借地権を申告する権利は保護されていたが，戦災地と同等の扱いは受けなかった。この扱いに問題があることは政府や国会で広く認識されていたものの，権利関係を遡及することによる社会的混乱のほうが強く懸念されたため，是正されなかった（表 6-2）。

　ところで，罹災法の保護の対象そのものから漏れた疎開者も存在する。それは次の場合である。まず，借家人と土地所有者である。持家人の場合，建物疎開執行時に家屋を府県へ譲渡する契約を結び，補償金（家屋の買収代金）を受け取る。補償金は防空法に基づくわずかな額であり，家屋が取り壊されたあとは借家人と同様，居住場所を転々と変える不安定な生活に陥っていた。疎開地は国が防空法に基づき一時的に収用していたが，都市計画決定に向けた買収・賃借が進められた場合は，地主へ買収費と賃借費が支払われる。

　京都の疎開地の買収額と賃借額の少なさについてはすでに述べたが，いずれも生活を再建するには無理な額であった。また，疎開地の土地所有者の場合，その疎開地が都市計画に不要な場合は土地所有権を行使し続けることができる。だが，罹災法が借家人の保護を掲げているため，借地権者が借地権を存続する意思がないことを表明しない限り，これを拒むことはできなかった（第 12 条）。

　次に，第 9 条但書きに該当する者，すなわち都市計画上の必要がありながら未だにその事業決定の手続き等が進んでおらず，公共団体が跡地を賃借している疎開地の借地権者である。京都市の疎開地借地権者の場合，これに該当する。

　そして，政令により罹災法そのものが適用されなかった秋田県，滋賀県，

───────────

の実情から，罹災法の規定を戦争による災害以外の一般の災害によって損害を被った都市にも準用するとしたためである（前掲，『民事裁判資料第一号改正罹災都市借地借家臨時処理法について』pp. 1〜30）。

表6-2 罹災法に規定された建物疎開地の借地権

	借地権に関する規定	第9条改正後の借地権に関する規定
罹災地 戦災地	居住者，借家人には優先借地権または優先借地権譲渡の申し出をする権利がある。（第2条）	
疎開地	借地権は消滅しているため，新たに得るためには改めて借地の申し出をする必要がある。ただし，公共団体が疎開建物の敷地またはその換地を所有し，または賃借している場合はこの限りではない。（第9条）	借地権を遡及的に復活させる。ただし，公共団体が疎開建物の敷地またはその換地を所有し，または賃借している場合はこの限りではない。

奈良県，佐賀県の疎開地借地権者であった。この4県の疎開戸数は，戦後建設省の調査によると順に1,750戸，3,010戸，288戸，1,087戸である。4県の共通点は，奈良のように全く空襲被災を受けなかったか，もしくは県庁所在地のある都市が被災したものの，国から戦災都市に指定されなかった都市である[46]。つまり，建物疎開が小規模であり，空襲被災も少ない「非戦災都市」である。

空襲被災が少ない「非戦災都市」でありながら建物疎開の規模が1,500戸を超え，さらに借地借家人が多い場合は罹災法が適用された。これには京都市のほかに金沢市がある。「非戦災都市」への罹災法適用は，第9条但書きにより，疎開跡地を公共団体が賃借し続けることを法的に規定するという点において重要な意味をなすことは，すでに明らかにした。秋田，滋賀，奈良，佐賀のように罹災法非適用の都市グループと，京都，金沢のように罹災法適用の都市グループの相違は，「非戦災都市」であっても戦災復興に便乗した都市計画事業を進めるかどうかにあったと考えられる。

---

46) 前掲，建設省編『戦災復興誌』第1巻計画事業編，pp. 20～22

2-2 戦時補償特別措置法の改正と争点

　戦時下，政府は戦争により企業が被った損害に対して，様々な補助金や損失補償金の支払いを公約に掲げていた。主な損失補償として，国家総動員法や軍需会社法に基づくもの，防空法による工場疎開などの費用，軍需品の対価，戦時保険金，徴用船舶などをあげることができる。

　戦後，日本政府は，経済再建の観点からこれらの戦時補償が不可欠と考えていたが，戦時補償に否定的であったGHQは，1945（昭和20）年11月24日「戦時利得の除去および国家財政の再編成に関する覚書」を発した。覚書は，戦時利得を排除するため政府戦時補償の支払いを凍結し，戦時利得税と財産税を創設することで戦時補償を吸収することを日本政府へ要請していた。さらに，GHQは戦時補償に全額課税することで実質的には戦時補償を打ち切る方針を定めたが，その根拠法が戦時補償特別措置法（1946（昭和21）年10月19日公布）である。

　同法の戦時補償は，対象者に戦時補償請求権を認め補償を行うが，同時に100パーセントの戦時補償特別税を徴収して全額回収するものであった[47]。つまり，請求権の全額から控除金額を差し引いた残額は，全部課税・徴収の対象となり，形式上は補償金を支払うが実質的には戦争に起因して発生する請求権をすべて打ち切るものであった[48]。

　その理由について，1946（昭和21）年9月18日第90回帝国議会で当時の国務大臣であった吉田茂は，「数百億に及ぶ戦時補償を，此の際全額払ふことは，戦後の経済財政の到底許す所ではないのであります」と述べ，課税の方法により打ち切ることが，我が国の経済再建のためにも，国民生活の安定のためにも最も適切な方法であると考えていた。他方，戦時補償

---

[47] 補償金を支払い，税を徴収するという形をとったのは「此ノ方法ニ依ルコトガ比較的正確ヲ期スルコトガ出来ル」ため最適と考えられたためである（日本銀行金融研究所編『日本金融史資料』昭和続編　第22巻，大蔵省印刷局，1991年，p. 137）。

[48] その理由は，「課税ノ方法ニ依リ之ヲ打チ切ルコトガ，我ガ国経済再建ノ為ニモ，又国民生活安定ノ為ニモ最モ適切デアリ，且ツ永遠ノ福利ヲ齎ス」ためであると，財政面での戦後復興を目的としたからである（前掲，『日本金融史資料』昭和続編第22巻，p. 135）。

の打ち切りによる企業への悪影響も懸念され，金融機関再建整備法案や企業再建整備法案と一括して審議されることとなった。

戦時補償特別措置法案によると，同法が施行された際に戦時補償請求権を有する者は，課税対象者であり納税義務者でもある。原則として，申告期限内に金融機関を通じて政府に納税しなければならない[49]。課税価格は，「本法施行の際，現に有する戦時補償請求権の価格または本法施行前に戦時補償請求権について決済のあった金額」とされた。ここでいう戦時補償請求権を整理すると，以下の2種類がある。

第1は，戦争に起因して発生した政府，地方公共団体，特定機関に対する請求権であって，その支払期日が1945（昭和20）年8月15日以前であるにもかかわらず当日までに支払いの済んでいなかったものである。第2は，その請求権の発生した原因が同年8月15日以前に生じた損害や引き渡した物資，施行された工事等に基づくもので，その支払期日が同年8月16日以後に到来するものである。建物疎開の補償金の場合は前者に該当し，地方公共団体に対する請求権が認められる。当然ながら，請求した補償金は全額納税しなければならないため，結果的に実質的な補償金を受け取ることはできない。

ただし，中小商工業者のように特に影響が懸念される場合は，控除金額を設定し緩和策が採られた。教育団体や医療団体のように，戦時補償特別税審査委員会の答申に基づき課税額の減免措置を受ける場合もあった。こうして，1946（昭和21）年9月28日，一部の例外[50]を除き戦時補償の請求をすべて打ち切る戦時補償特別措置法案が衆議院の委員会に付託されることになった。

---

49) 建物疎開の場合，同一支払者からの受領金額1件の合計が3,000円以上の場合は特殊決済とされていた。そのため特殊預金が開設されたと見られるが，その場合は，特殊預金によって納税しなければならない。
50) 戦時補償請求権の例外として，国債，地方債及び特定機関の発行した債券に関する請求権や，戦争死亡傷害保険の保険金並びにこれと趣旨を同じくする補償金の請求権，さらに軍事扶助等の救恤制度に基づく扶助料その他の請求権などは除かれる（前掲，『日本金融史資料』昭和続編第22巻，pp. 140～141）。

委員会は，9月30日から10月5日まで連日付託案を検討した。その際の重要な検討事項は，課税方法の合理性，税収入の見込み額，請求権の範囲，国民への影響とその平等性であった。

建物疎開により損害を被った場合の戦時補償請求権は，10月11日の衆議院第1回特別委員会で三土忠蔵委員長が問題視している。建物疎開の戦時補償請求権は法案の別表二第五号[51]で認められ，個人は一請求権者ごとに合わせて5万円，法人は一請求権ごとに1万円を課税価格から控除するとされていた（法案第10号）[52]。しかし，三土は，他店の疎開の請求権に課税する行為は「是程無茶なことはない，是程乱暴なことはない」と批判的立場であり，人道的配慮に欠けると強調した[53]。

戦時補償特別措置法は法案第10条を当初のままとし，10月30日に施行され，12月19日に戦時補償特別措置法の一部改正案が第91回帝国議会に提出された。改正案は，建物疎開による請求権についても戦争保険金と同様の減免措置を採るという趣旨であり，各派共同提案だった。

衆議院議員左藤義詮は，提案理由を以下のように説明する。「元来旧防空法による疎開が，当時戦局の不利に血迷つた軍閥の専制抑圧により強行されたことは御承知の通りであります。（中略）しかし当時の情勢上涙を呑んでこれに服従したわけでありますが，爆撃にひと思いにやられてしまつたならまだ諦らめがつきやすいのですが，その方の戦争保険金には法の情けがかけられておりますが，嬲り殺しのような強制疎開の方は何ら考慮が施されていない。これはどうしても不合理，不公平と言わなければならぬと思うのであります。復興するにつきましても，後から焼けてしまつたものよりも，先に疎開せられた方が早く手をつけておる。折角の補償金を頼

---

51) 旧防空法第五条の五第二項の規定により指定された地区内に存する建築物（工事中のものを含む。以下同じ）を除却する場合における補償金及び当該建築物（その存する土地を含む）の売買代金の請求権
52) その一方，地方公共団体には本税は課せられず，また公益法人等に対しては，戦時補償特別税審査委員会の諮問を経て，戦争保険に基づく請求権に対する課税を軽減又は免除することができるようになっているなど配慮がなされていた。
53) 前掲，『日本金融史資料』昭和続編　第22巻，p. 252

第 6 章　建物疎開の戦後処理

りにして建築にかかつたものが，今さら課税されたらどうにも動きがつかない[54]」。

　左藤は，空襲による被災と建物疎開による被害を法的に区別し規定している現行法の問題点を指摘した。両者の区別の是非をめぐる議論は，前述したように罹災法改正案の審議過程でも同様になされていたものである。

　12月24日，貴族院の特別委員会で，建物疎開の補償金に対して一定の優遇措置を採ることを規定した戦時補償特別措置法の改正案が可決された。池田隼人大蔵事務官の説明によると，建物疎開の補償金は課税額相当を還付することを附則に盛り込むことで疎開者を保護することにし，改正前の施行によりすでに納付されたものについては，命令を定め，当該税額に相当する金額を還付することにした。1947（昭和22）年1月9日，戦時補償特別措置法の一部を改正する法律が公布，施行された[55]。

　この優遇措置が疎開者や疎開地借地権者にとってどれほど有効なものであったかを検討することはもはや困難である。けれども，空襲被災と建物疎開の被害の質や度合いを同等なものと見なすのか，建物疎開事業が戦災的性格を帯びるか否かが，法改正をめぐる国会で重要な争点の一つとなったことは，注目すべき事実である。それは，この争点が，国策である建物疎開を国がどのように規定し，責任をとるかという議論にもつながるためである。

---

54) 前掲，『日本金融史資料』昭和続編　第22巻，p. 282
55) 1947年1月9日，戦時補償特別措置法第十二条中に「現に別表二第一号」の下に建物疎開の請求権を示す「及び第五号」を追加する改正案が公布，施行された。第十二条は以下のように改正された。
　　「民法第三十四条の規定により設立した法人その他の営利を目的としない法人又は団体で命令で定めるものが，この法律施行の際現に別表二第一号及び第五号に掲げる請求権を有し，又はこの法律施行前に同号に掲げる請求権については，政府は，命令の定めるところにより，戦時補償特別税審査委員会の諮問を経て，戦時補償特別税を軽減又は免除することができる」また，対象者は，この改正後の第十二条の規程による軽減または免除に関する処分の通知を受けた後，1か月以内に，大蔵大臣の定める事項を記載した還付請求書を，納税地の所轄税務署長を経由して納税地の所轄財務局長に提出することが，1947年1月24日勅令第二十三号により定められた。

255

2-3　建物疎開に対する訴訟と国の規定概念

　現在まで，日本政府は国内外の戦争責任について，軍人・軍属へ手厚い補償を行う一方で，民間人の被害について外地在住・強制抑留者への慰労金，被爆者への医療給付等以外は行っていない[56]。日本政府が掲げる戦争責任は，戦前の国家の責任を問うことはできないという言わば「国家無答責の法理」に基づいている[57]。また，国民は戦争の被害を等しく受忍する義務があるという「戦争被害受忍論」も指摘される。

　これらの論理は，現在でも戦後補償を求める裁判で用いられており，国内外から様々な批判を受けてきた。1980年代以降，名古屋と東京では一般戦災者が国家の法的補償を求めて提訴する動きが見られたが[58]，上記の論理を理由に退けられ，補償が実現したことはない[59]。

　本書で見てきたように，戦後建物疎開によって生じた民間人の犠牲に対しては，戦後補償が検討されつつも実現はしなかった。建物疎開の戦時補償に対する政府の論理とは，どのようなものだろうか。それを明らかにするために，本節では，まず敗戦直後に建物疎開者が戦時補償に関して提訴した裁判例と，その棄却理由の分析を試みる。次に，京都を事例に，建物疎開の戦時補償問題がどのように処理されたのか明らかにする。

　京都での裁判の事例は確認することができなかったため，ここでは一例として，大阪を取りあげる。大阪の場合は，大阪府公文書館において訴訟記録が書かれた複数の行政文書を確認した。いずれも1946（昭和21）年ごろに起こった裁判で，原告は疎開住民（個人），被告は大阪府である。

　起訴理由を詳しく見ると，戦時下の防空法（第13条）や防空法施行令（第

---

56) 石村修「戦争犯罪と戦後補償 ── 戦争犠牲者への補償」『憲法問題』第10号，1999年
57) 藍谷邦雄「戦後補償裁判の現状と課題」『戦争責任研究』第10号，1995年，p.5
58) 1980年代に名古屋と東京で空襲被災者が国家補償を求めて訴えた裁判では，戦争被害受忍論により訴えが棄却された。空襲被災者を援護する法律が制定されていない点は，国会議員の立法不作為とされた。2007年東京空襲訴訟が起こったが2009年12月14日に一審判決があり東京地方裁判所は請求を棄却。2008年大阪空襲訴訟が起こり，2011年12月7日に一審判決が行われ原告の請求は棄却された。
59) 『路傍の空襲被災者　戦後補償の空白』（池谷好治　クリエイティブ21，2010年）参照。

第6章 建物疎開の戦後処理

9条)に基づいて通常支払うべき補償金を受け取っていないというものや,受け取った建物の売買代金が安すぎるというものである[60]。補償金の内容,金額に不満があって裁判に訴えるのは,前述した東京の場合と同じである。

大阪での裁判の結果,補償金に対する原告の訴えはすべて棄却された。ただし,管見の限り棄却理由を示す資料は存在しないため,大阪府ひいては国が建物疎開をどのように規定していたのかは,見えてこない。

しかし,同時期の京都府会における木村惇知事の発言は,その棄却理由を推測するのに十分である。1945年12月の府会では,複数の府会議員が,建物疎開の補償価格が現実的に生活を再建させるためには余りに安すぎると指摘している。当時,府当局へは建物の算定価格の安さ,補償金の支払いが遅れていることに対する市民の非難や陳情の声が寄せられていた[61]。

府会では,京都府としては疎開者の住宅を元どおりに回復させるなど善後策を講じること,建物疎開を戦災の一種と見なすことが必要であり,これらを政府に要請することを知事に求めた[62]。「京都市は戦災を受けて居りませぬけれ共,疎開をしたと言ふ以上,戦災を受けたのと同様な趣旨であろうと私は思ふ[63]」という石田芳之助議員の発言や,中村庄太郎議員の,建物疎開の対象者を「人為的な戦災者[64]」と称する発言も見られる。

これに対する木村知事の回答は,その趣旨を次の2点にまとめることができる。第1は,疎開者が平等に苦痛を負担しなくてはならない。第2は補償金の価格については家屋や土地,生活再建のためのものであるが,防空法や防空法施行令に基づいており,戦時体制下では標準的な価格である。いまさらその価格を変更するという考えは,毛頭持っていない[65]。

つまり,価格は,当時内務省から指示があった標準価格によるものであ

---

60) 『府参事会議案綴　昭和21年』「建物疎開ニヨル補償金増額ヲ求メル民事訴訟ノ件」,「民事訴訟応訴の件」など(大阪府公文書館蔵)
61) 『京都府通常府会会議録』1945年12月5日,p. 49
62) 『京都府通常府会会議録』1945年12月7日,pp. 153～154
63) 『京都府臨時府会議事速記録』1945年12月10日,p. 257
64) 同上,p. 264
65) 『京都府臨時府会議事速記録』1945年12月7日,p. 156

り，空襲の危険があった京都において，必ずしも不当に安い金額ではないとされた。評価や算定が十分にできなかったことは事実であるため，苦情があるならば是正するが，今までの標準価格を変更することは不可能であった。多くの疎開者は補償金を受け取っており，満足とは言えなくとも解決済みの問題である，というのが知事の見解である[66]。支払いの遅れは，疎開者の移転先を把握していないためであり，目下新聞広告等で督励しているという[67]。議員の要請に対して，最終的に補償のあり方が変更されることはなかった。

　建物疎開の戦災的性格を認めるか否かという京都府会の議論は，先に見た国会の法案審議の縮図である。建物疎開の戦災的性格を重視し，補償体制を見直すよう主張する議会と，戦時補償を認めない政府側の意見が対立している。補償金をめぐる大阪の裁判でも，この論理が用いられたと推測できる。そして，現在の戦後補償に対する国の論理である国家無答責の法理，戦争被害受忍論は，建物疎開でも同様に適用されてきたと考えられる。

3 現代京都に見られる建物疎開のひずみ —— 3 地域の事例

　戦後の京都では，建物疎開および疎開跡地整備事業により，形態が大きく変化したままの町や地域がある。空地帯により，京都特有の両側町の形態を喪失した町も少なくない。

　中立学区（「学区」の事例については，3-2 節で詳述）内のある町では，疎開を免れた 2 軒は他の町に合併された。さらに，堀川通では町内全域が道路になり住民が一人も居ない町も発生した。このように，町内の人口や世帯数が大幅に減少したばかりでなく，町民が存在しなくなった町さえある。市内の隣組数が戦直後に集中的に減少した 3 区（上京区，中京区，下京区）

---

66)『京都府臨時府会議事速記録』1945 年 12 月 5 日，pp. 57〜58，1945 年 12 月 7 日，p. 156
67) 同上，1945 年 12 月 1 日，p. 16

表 6-3　京都市内の行政区別隣組数変遷

	昭和 16 年 11 月	昭和 20 年 9 月
上京区	6,381	5,869
左京区	2,895	2,853
中京区	3,629	3,350
東山区	2,753	2,679
下京区	5,324	5,071
右京区	2,147	2,193
伏見区	2,228	2,150
計	25,357	24,165

(出典：上田惟一「京都市における町内会の歴史と現状 (1)」, p. 37)

こそ，建物疎開が集中的に行われた地域であるという指摘もある[68]（表 6-3）。

両側町の崩壊は，市民生活にどのような影響を及ぼしたのであろうか。住民からの聞き取り調査を通じて，五条坂地区（東山区），醒泉学区（下京区），寺町通の商店街（中京区）の 3 つの地区でその影響を検討した。

3-1　陶器の町の激変 —— 五条坂地区

まず，五条坂の建物疎開は，第 5 章 1 節で述べたように敷地割とは無関係に拡幅され，南側には宅地に適さない不整形地が多数発生した。そのため，ある程度土地の集約化が進み，元住人が買い取って戻ってきたケースもある[69]。

町内の構成人員数に目を向けると，五条橋東五丁目では，1935（昭和

---

[68] 上田惟一「京都市における町内会の歴史と現状 (一)」『関西大学法学論集』29(3), 1979 年, pp. 33〜37
[69] 南側で営業していた陶器屋のうち，陶器あずま万古堂と壺屋いかいの 2 軒は，北側に移転し現在でも営業を続けている。

第 2 部　建物疎開と京都

若宮八幡宮

0　10　20m

図 6-3　1980 年代五条坂北側連続立面図

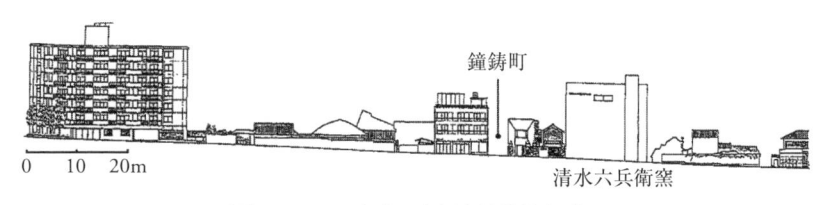

鐘鋳町

0　10　20m

清水六兵衛窯

図 6-4　1980 年代五条坂南側連続立面図
(出典：山崎正史他「五条坂の景観変遷とその保存修景計画」，p. 479)

10)年，町内は 59 世帯，275 人の住民で構成されていたものが[70]，1950 年時点で 30 世帯，人口は半分以下の 128 名に減少している[71]。現在，陶器のれん会や陶雅会，陶磁器卸協同組合など五条坂の陶芸組合組織は北側に集中している。一方で，南側には陶器とは関係の無い住宅やマンションが目立つ。戦前から続く五条坂のコミュニティは，主に北側が担っていると言える。

　1980 年代に五条坂の再生や活性化が試みられた際，南北の景観が不統一であることが指摘されているが (図 6-3, 6-4)，現在でも改善されていない。また，建物疎開でコミュニティが分断された結果，「『南側は五条坂ではない』という意識が一部にみられるようになった」とも指摘された[72]。

---

70) 京都市役所『昭和十年国勢調査京都市結果概要』京都市，1936 年
71) 京都市総務局統計課『昭和二十五年国勢調査　京都市の人口概要』京都市総務局統計課，1951 年
72)『朝日新聞』1982 年 10 月 31 日

国道1号線となった五条通は，交通渋滞や公害問題，騒音などを引き起こし，南北間の住民の交流にとって弊害だと感じる者もいる[73]。町に対する住民の意識を調査したところ，疎開前の五条坂は自動車さえ入れず，陶器屋が密集していた（図6-5）。格子のしっかりした立派な町家の窯元も多く，「五条坂は陶工の町の格調と陶器問屋街の活気とがあのせまい細長い町並に北と南に合い添い列んでいた[74]」。互いに支えあいながら仕事を行い，生活を営んでいた。

聞き取り調査対象者のほとんどが「（建物疎開）前の五条坂が好きだった」「趣があった」「ずっと雰囲気があった」「賑やかで温かかった」と話し，窯元の立派な家の屋根が段々と重なり合う風景は大変美しかった，と懐かしむ声が聞かれた。

現在の五条坂は，「片方になってさびれた」「町の勢いが極端に言えば半分になった」という。また，戦前は陶器を買いたいという人や，東大路通の西大谷（浄土真宗本願寺派（西本願寺）の祖廟．大谷本廟という。）へ墓参りをする人が五条坂を通るため，賑わいがあった。戦後は山科へ抜けるバイパスができ，車が通り過ぎるばかりでものが売れなくなった，という声もある。これらは，疎開前に地域の生活・交流の場であった五条通が，それらの機能を喪失したということである（図6-6）。

このような南北間の都市空間の差異は，毎年8月に行われる「五条坂陶器まつり」で，顕著に現れる。五条坂陶器まつりは，全国でも最大規模の陶器販売イベントである。もともと，盂蘭盆のころになると六道珍皇寺や西大谷へ参詣する人が五条坂を通るため，1920（大正9）年に陶器業者が売れ残りや不合格品を店頭に出して安く売り出したのが発端である[75]。その後，五条大橋から東大路通までの南北両側の歩道に，出店や屋台が並ぶようになった。

現在の陶器まつりを実見したところ，五条坂の北側では歩道の両側に所

---

73) 著者ヒアリング（2008年10月7日）
74) 五条坂陶栄会編『思い出の五条坂』五条坂陶栄会，1981年，p.82
75) 田村喜子『五条坂陶芸のまち今昔』新潮社，1988年，p.95

第 2 部　建物疎開と京都

図 6-5　戦前の五条坂
1934（昭和 9 年）に五条坂で行われた陶器市（陶器祭）の様子。五条坂の陶器祭は現在も毎年 8 月に行われている。五条通を挟んで南北の歩道に出店が並ぶ様子は，戦前この場所が陶器屋が多く軒を連ねた両側町であったことを思い起こさせる。

図 6-6　現在の五条坂
現在五条通は市内でも有数の幹線道路であり交通量が多い。車の騒音は一日中続く。北側の住宅は戦前の街並みを偲ばせる。

狭しと出店が並び，出店者は，通常も北側に店舗を構えている清水焼専門の店や，清水焼を扱う陶器業者が多い。そのため，売られている商品も清水焼の皿や茶碗などが目立つ。

他方，南側の歩道には，若手作家による作品や有田焼，九谷焼，瀬戸焼，唐津焼，信楽焼など京都以外の業者が多く，陶器とは関係のない飲食関係の出店も多いという点で，北側と異なる。それまで清水焼関係の店が多く建ち並んでいた南側の空間は，戦時下の建物疎開により店舗数が激減したためである。

3-2 伝統的市街とコミュニティーの分断 ── 下京区醒泉学区

次は下京区にある醒泉学区の事例である。

先にも触れたが，「学区」は京都の住民にとって特別に重要な概念である。京都の小学校は，日本で最も早く誕生した近代初等学校であるが，当時の設置形態は「組合立」すなわち，住民組織による設置，運営であった。したがって，京都の住民にとって，小学校とその通学区は，出自，所属感といったアイデンティティを強く規定している。古くからの京都市民にとって，ある「学区」内に暮らすと言うことは，その学区内の他の住民との一体感を共有することに他ならない，と言うことさえできる。

さて，醒泉学区とは，市内西部の堀川五条交差点とその周辺地域である。醒泉の名前は，学区内の佐女牛井町に茶の湯の名泉「佐女牛井」(醒井) があることに由来する[76]。

1937 (昭和 12) 年当時，学区の範囲は，東は西洞院通，西は大宮東入，南は六条通北側 (西部は花屋町通)，北は松原通北側に及んだ[77]。堀川を利用した染色業や材木業に携わる者が多く，日用品などの買出しには，市内有数の松原商店街が利用されていた。学区西部は，日蓮宗大本山本圀寺[78]が

---

76) 『京都市の地名』平凡社，1979 年，pp. 926〜935
77) 京都市学区調査会編『京都市学区大観』京都市学区調査会，1937 年，p. 88
78) 1971 年京都市山科区へ移転した。

その大部分を占める。

　著者は，醒泉学区の住民と自治連合会長にも話を聞くことができた。戦前の五条通の様子について尋ねたところ，商店や町家が立ち並ぶ平凡な「普通の通り[79]」だった，という声が多く聞かれた。夜店や売出しで賑わっていた松原通のほうが，子供の頃の記憶としては残りやすく，対して五条通は，これと言った印象に残るものがない通りだったという[80]。そのほか学区内の戦争の記憶として，本圀寺境内で戦勝祈願や清掃奉仕を行ったことや，末寺の空地を周辺住民が借り受けて開墾作業を行った，という証言があった[81]。

　西堀川通（現堀川通）と五条通が交差する醒泉学区内では，第3次建物疎開により堀川空地帯と五条空地帯が登場し，学区内を縦横に貫通した（図6-7）。堀川空地帯は西堀川通に沿って指定されたが，西堀川通は五条通以南は閉塞しており，五条通以南の堀川空地帯は，堀川を挟んだ両側が対象となった。

　五条空地帯は，五条通の南側が指定を受けた。五条空地帯の跡地では，戦後野球をして遊んだことや畑を作ったという思い出話が聞かれ，他の疎開跡地と同じ様子だった。

　堀川通と五条通は，戦後交通量の多い幹線道路となり，現在学区内を縦横に走っている。この状況について，自治連合会長は物理的ならず心理的にも学区が分断されていると話した[82]。

　物理的な分断の例として，五条通や堀川通は高齢者にとっては横断しづらく，幅員の広い二つの通りが行動範囲を制限する壁になってしまっていることがある。五条堀川の交差点には，ロの字型陸橋があるが，特に高齢者にとってはわざわざ陸橋を上るのは億劫であり，嫌だという者もいる。そのため，近場の松原商店街に買い物に行きたくても，五条通より南側に

---

79) 著者ヒアリング（2008年8月20日）
80) 著者ヒアリング（2008年8月18日，8月25日）
81) 著者ヒアリング（2008年8月25日），明徳学園明徳商業高等学校編『明徳学園六十年史』，明徳学園明徳商業高等学校，1980年，p. 66
82) 著者ヒアリング（2008年9月19日）

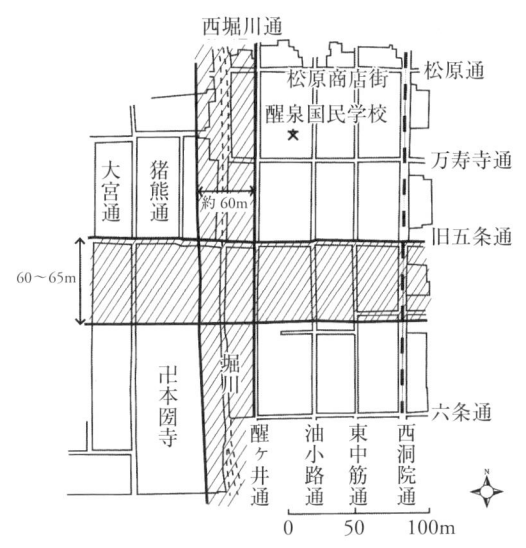

図 6-7　醒泉学区除却状況概念図
※斜線部は除却範囲を示す

図 6-8　現在の堀川五条交差点

住む高齢者は出かけにくいというのである（図 6-8）。

　ただし，五条通は疎開跡地の整備拡張工事が行われた際に設置された植樹帯（幅 12 メートル）が道路中央にある。この植樹帯があることで，横断歩道を渡る最中に信号が変わっても大丈夫という安心感がある，という意見もある。御池通の場合，中央分離帯が無いため，横断に伴う不安が強く，

徒歩では一切横断しないことに決めていると話す者もいた[83]。

心理的分断とは，堀川通より西，東，五条通より上（北），下（南）という意識が，多少なりとも住民の中にあり，「人間の行き来がわずらわしい」「今の広い通りが邪魔」に感じているという。前述したように，「学区」は，古くからの京都市民にとって一体感の基礎になる重要な空間概念である。しかし，建物疎開は，同じ学区のなかに心理的な分断を持ち込んだわけである。

3-3　市内随一の繁華街の衰退 —— 寺町通

第3の事例は，戦前に市内随一の繁華街であった寺町通である（第5章図5-10　207頁参照）。戦前，寺町通は丸太町通から三条通までが商店街を形成しており，そのなかでも丸太町通から二条通までが寺町会，二条通から三条通までが五盛会という商店会を組織していた[84]（図6-9）。市電の停留所が寺町二条（寺町通りと二条通の交差点）にあったため，市電を利用して商店街にやってくる客も多かった。

建物疎開により，御池空地帯は商店街の南北間の連続性を破壊したと言えよう[85]。現在でもそれは変わらない。現在も御池通南側で商売をする者は，それまでの顧客の居場所がわからないまま商売仲間とのネットワークも失い，建物疎開による営業上の影響は大きかったと感じている。客にとっても，五条通や堀川通と同様，御池通を横断してまで買い物を続けることは面倒だろうと言う[86]。

ハード・ソフト両面で，御池通の北と南が分断されたまま現在に至っている。現在の商店街組合は丸太町通から二条通まで（寺町会），二条通から

---

83) 著者ヒアリング（2008年9月6日，10月7日）
84) 近現代資料刊行会編『京都市・府社会調査報告書［Ⅱ］』近現代資料刊行会，2002年，p. 188
85) 商店街の繁栄という観点では，建物疎開よりむしろ戦前の河原町通開通が影響を及ぼしていると推測できるが，本書では商店街の連続性に建物疎開が与えた影響に注目する。
86) 著者ヒアリング（2009年9月5日）

図6-9　1930年代の五盛会（寺町二条）（個人蔵）

御池通まで（京・寺町会），御池通から三条通まで（寺町専門店会）で形成されており[87]，御池通が一つの境になっている。

4　いまも残る，建物疎開の物質的・空間的・精神的影響

以上から，3つの空地帯がハード・ソフト両面において，現在まで地域に影響を与え続けていることが窺えた。戦前の両側町を分断したことによる物理的・精神的なコミュニティの喪失は大きい。

このように住民たちが感じている，建物疎開を主因とする生活上の弊害

---

[87] 京都商店街振興組合連合会『京・寺町会商店街振興組合に於ける問題点と近代化の方向（商店街近代化特別推進委員会報告　昭和58年度）』京都商店街振興組合連合会，1984年

は，通常その地域の住民が一番強く認識してきたはずである。これらの生活感覚は地域内では通用する認識であっても，そこで生活しない他者にとっては気づきにくいものであり，今まで組織的な記録の対象になることがなく，今回のような建物疎開に焦点をあてた聞き取り作業によって抽出することができた。戦前の生活感覚を持つ者が今より多く存在した数十年前であれば，建物疎開によって一変した地域で生活する違和感や身体感覚のずれのようなものを悉皆調査できただろうと思うと，残念でならない。

建物疎開が与えた精神的影響は，生活感覚の異変だけではない。事業の方法や補償の方法，同じ町内でも疎開を免れた者がいることへの不公平感など，建物疎開そのものへの不満は，現在でも疎開者の間にわだかまりとして残っている。

戦後を迎えてから明らかになった「非戦災都市」という事実も，一部の疎開者にとって歯がゆく感じられるものだった。「東京や大阪で空襲にあった方々を見ると気の毒だし，自分たちが空襲で焼け出されたわけではないですよ。けれど，被災者だという意識は強い[88]」という言葉は，疎開者の複雑な心理を表している。凄惨を極めた大空襲を思えば，京都市は確かに「非戦災都市」だと認めながらも，その「非戦災都市」に自分たち「被災者」が存在するという心理的葛藤を抱いてしまうのである。

このような疎開者の不平等意識は，非疎開者との比較により強調される建物疎開事業そのものの理不尽さと，空襲被災者との比較によって生じる，被害の実態が社会的に認知されていないという心理的葛藤に起因していると言ってよいだろう。

市内の一部地域では，現在でも住民による聞き取り調査が行われている。疎開前の様子を知る住民を訪ね，どのような店があったか，誰が住んでいたのか尋ねて，得た情報をもとに戦前の住宅地図を作成する作業である。このような行為を，単に地域の歴史を記録する行為とのみ見ることはできないだろう。親世代や自分たちが経験した苦い経験を，わだかまりを

---

[88] 著者ヒアリング（2009年12月22日）

抱えつつも記憶を語り継ぐことで癒そうとしているのではないか。当事者たちには，記憶を託す者がいなくなることへの強い危機感や焦りがある。先に見た，道路の一部になってしまった疎開跡地を私有地として維持し続ける行為は，言わば都市に建物疎開の記憶を刻み込んだ行為でもある。

京都の戦中・戦後を論じる もう一つの意味
── まとめに代えて ──

　本書の目的は，これまでその詳細が学術的に論じられることのなかった戦時期の建物疎開（強制疎開）について，京都に残された資料と聞き取りを中心に，東京や他都市の事例も考慮しながら，事業の経過や，都市空間・都市住民に与えた影響を明らかにしようというものであった。その過程で，建物疎開の執行組織や決定過程，補償体制が含んでいる問題点を個別に指摘してきたが，これらを日本近現代史の流れのなかでどのように位置づけることができるだろうか。

　簡潔に意味づければ，それは公権力が絶対的なものとして国民に認識され，人権や自治が未発達であった戦時下において，国全体が崩壊へ突き進んだ最終段階に行われた民防空が建物疎開であった，と言える。しかし，戦時下の防空という，建物疎開の一面だけを捉えるのではなく，建物疎開が人々へ与える影響は戦時期で終結しなかった，という視点こそ，建物疎開の事業の性質を理解するには必要である。つまり，建物疎開は社会的構造や生活空間など広範囲にわたる複雑な問題を含んでおり，だからこそ戦後において是正されるべき問題だったはずである。

　敗戦直後，国会や府会は，建物疎開を一種の戦災だと捉え，少なくとも罹災法と戦時補償特別措置法の立法過程において，疎開者への何らかの補償を行うよう政府へ働きかけた。そのため，防空法に基づいて収用していた疎開跡地を所有者へ返還し，戦争補償としての代償を支払い，住宅を用意し，破壊された都市や市民生活を再建するという戦後復興の選択肢も可能性としてはありえただろう。

　しかし，実際の復興事業は違っていた。1945（昭和20）年8月15日を迎えた直後，内務省は疎開跡地を都市計画決定するよう各府県へ通達を

行った．それは防空施設である疎開空地を，都市計画施設の空地と読み替えることである．つまり，我が国の戦後都市計画は，収用方法や補償体制は防空法のまま，都市計画の資源である公共用地を作り出すことに成功したのである．京都における建物疎開の跡地は，広幅員道路となった空地帯以外にも，大規模駐車場，児童公園，駅前の街路広場，庁舎建設のための敷地などに利用され，戦後の都市計画的用途は多岐に渡った．

　このように，戦時体制の崩壊後も，公権力を有する国が私有地を公共用地として無慈悲に収用し，都市計画事業を進める一方で，本来の所有者は，大きな物理的・経済的損失を被っていた．

　損失の対象は，本文中で特に重視した物や権利ばかりではない．第6章で触れたような人間関係の喪失や消失は，建物疎開の影響として特筆すべきことである．大きく様変わりした周辺環境には，自身のライフヒストリーを確認するもの，例えば建造物を含む風景や音，臭いさえも跡形ない．これらの現実を受け入れざるを得なかった疎開者の多くが，未だ苦い記憶を癒せないでいる．

　罹災法第9条に該当した名古屋や広島でも，戦後同様にして広幅員道路を誕生させた．しかし，ここで，京都の建物疎開者が抱える特殊な事情を指摘したい．それは，建物疎開に協力したにもかかわらず結果的に空襲被災は微少だったという，戦後明らかになった事実を認めなければならなかったことである．本書で明らかにしたように，大きな影響を被ったとはいえ，京都は大規模な空襲を受けた他の都市ほどには，町並みや風景が破壊され焼失することはなかった．それゆえ，疎開跡地を利用した都市計画施設の存在感がより際立った都市であり，非疎開者に対するある種の不平等意識を生み出した．建物疎開を行った全国279都市のなかで，京都市は，このような空襲によらない戦時下の傷跡を残す稀有な歴史都市と言える．

　以上から，都市論の分野で言えば，本書は我が国の都市計画史における公共用地取得の方法として，戦争という非常事態に非正規のやり方でそれらを獲得した事例研究と位置付けることができる．我が国は，都市計画の

進展に不可欠な公共用地を戦時下の建物疎開によって獲得し，その結果モータリゼーションに適応した道路整備を可能にした。日本の近代史において，これほど大規模な都市破壊は例がない。

日本の都市計画史において，建物疎開のように私有地が公権力によって収用される現象が起こりうるのは，都市計画事業の場合である。ただし都市計画事業では，私有地を公共用地として収用する場合，土地収用法により元所有者に補償金が支払われ，換地が用意されていた[1]。1919（大正 8）年に施行された旧都市計画法では，行政が公共用地を取得する場合は，土地収用法により，土地補償と地上物件補償の両方を行うことを定めている。

以上の経緯を軽視し，建物疎開を諦念感で処理しようとする見方や，戦後社会が手にした結果のみを重視する見方からは，現在の都市が戦時下の建物疎開による遺産の上に形成されているという事実を当然視する傾向を生み，都市の亀裂を生むだろう。本書の聞き取り調査によってはじめて明らかになった経験者たちの心理的禍根は，事業そのものの性質よりも，戦後社会が疎開者の持つ負の記憶を等閑視してきたことが大きい。

聞き取り調査で著者が感じた，経験者が抱く「語りにくさ」も，京都の戦後を考える際に重要な要素のはずである。疎開者のなかには，現在も疎開前の地域に居住する者が少なくない。住み慣れた地域のコミュニティを

---

1) 一例として，近代京都における平常時の大規模道路拡築事業と補償面を比較する。1900（明治 33）年に制定された土地収用法では，補償の対象は土地と地上物件であり，土地の補償は収容面積と単価により計算する。ある者の地上物件の補償は，木造瓦葺二階建，便所，平屋建物置，浴室，洗場，忍返，竹忍返，木造瓦葺表二階建，同裏平屋建，便所，井戸屋形，井戸，生子差掛，洗場，板塀，竹垣，表竹垣，下水煉瓦，下水土管，叩，築竈，木造瓦葺表二階建，同裏平屋建（二），便所（二），井戸，差掛，板塀，板垣，竹垣，下水煉瓦，下水土管，叩，煉瓦敷，板石敷，無花果，柳，下草，小石に及ぶ。この者は下京区の 100 坪あまりの住宅に居住しており，ある程度の富裕層と見ることができるが，補償の対象となる種類の多さに注目したい。家屋は当然としても，庭の樹木や草，石までもが所有物すべてが対象となっている。移転後の造園費も支払われる。この住民は，補償額を不当とし京都府土地収用審査会に採決を申請し，最終的に土地補償 1,603 円 84 銭，地上物件補償 2,075 円 98 銭を受け取った。市内全線の買収平均額は坪あたり 34 円である（『明治後期産業発達史資料』第 465 巻（京都市三大事業誌　道路拡築編 5 集）龍渓書舎，1999 年，pp. 128～156，p. 210）。

大切にする余りか，非疎開者へ配慮してか，声高に苦労を語るのを避ける傾向にある。逆に，建物疎開を機に他府県に居住し，疎開前の地域との関係が薄れた者は，建物疎開に遭った不運や労苦をはっきりと訴えたのである。このような現在の居住場所による疎開者の語りの違いについては，残念ながら統計的に分析し結論を出すまでには至っていない。だが，戦後京都は，心理的葛藤を抱く疎開者と，建物疎開の難を逃れた非疎開者との差異に焦点を当てることなく築かれた社会である。学区制度のように戦前からの地域コミュニティの形を維持しながらも，コミュニティの内部には戦前にはなかった差異が確かに存在していたのである。

以上から，京都に限らず，また建物疎開に限らず，戦争に関わる事実と記憶をどのように記録し，継承するべきか，人々が抱く苦しみの記憶に対していかなる対処が必要だったのか，史実の継承方法の妥当性を再検討する必要がある。現在，建物疎開の史実を継承する手段は全く確立しておらず，個人的な口伝によるところが大きい。関係者が高齢化するなか，それも時間の問題である。

京都の場合は，例えばモニュメントの建立を提案したい。京都には国内外から観光客が多く訪れるため，街中には石碑や記念碑が多く建立され都市の歴史を伝えている。そのなかに京都の戦争の記憶として，建物疎開の事業碑を建立すべきだろう。記念碑や鎮魂碑は，重層的な都市の記憶を記録するための有用な方法である。歴史都市の名に恥じない史実の継承方法が求められる。

そして，おそらくそれは，戦争の記憶だけではない。東日本大震災や阪神淡路大震災のような，多くの人命が失われ，町が消失する大規模な自然災害においても，その記憶を歴史化していく在り方に，少なからず示唆を与えているのではないだろうか。「苦しみの記憶」という，ものや数字や制度だけでは捉えられない歴史的出来事を，学術的に記録し論じる方法を模索する上でも，京都の戦中・戦後を考える意味は大きいだろう。

略年表

年月	日本の防空および京都の建物疎開	備考
1937. 4	・防空法公布	・日中戦争勃発
7		
10	・防空法,防空法施行令施行 京都府警察部防空課を設置,内務省計画局設置	
1938. 4		・国家総動員法公布
1939. 4	・防空建築規則,警防団令公布,京都府警察部防空課が警防課へ改称	
9		・第2次世界大戦勃発
1940. 7		・奢侈品等製造販売制限規則
9		・日独伊三国同盟締結
		・日本軍,北部仏印進駐
1941. 9	・内務省防空局,国土局設置	
11	・第1次改正防空法公布	
12		・日本軍,真珠湾攻撃
1942. 4	・内務省告示第414号,防火改修規則公布	・日本初空襲
6		・ミッドウェー海戦
1943. 2		・日本軍,ガダルカナル撤退開始
3	・東京・大阪に防空空地・空地帯設定	
5		・アッツ島日本軍全滅
7	・地方行政協議会令公布	
9	・「現情勢下ニ於ケル国政運営要綱」決定	
10	・「帝都及重要都市ニ於ケル工場家屋等ノ疎開及人員ノ地方転出ニ関スル件」決定,第2次改正防空法公布	
11	・帝都防空本部官制	
12	・内務省防空総本部設置,京都市防空総本部設置	
	・「都市疎開実施要綱」決定	
1944. 1	・疎開空地・疎開空地帯地区指定開始により初めての建物疎開開始(東京・大阪・名古屋)	
2	・「都市疎開事業実施要領」発表,内務省から京都府へ建物疎開実施指示	
3	・「一般疎開促進要綱」決定	
4	・新居善太郎第29代京都府知事に就任	
6		・米軍,サイパン島上陸,マリアナ沖海戦

年月	日本の防空および京都の建物疎開	備考
7	・京都府疎開実行本部設置，第1次建物疎開（京都市）	
9	・京都府防空総本部設置	
10		・那覇空襲
11		・マリアナ基地のB29，東京空襲開始
12	・「空家ニ関スル防空強化対策要綱」決定	
1945.1	・「空襲対策緊急強化要綱」決定，馬町空襲（京都市東山区）	
2	・「工場緊急疎開要綱」，「生産強化企業再整備及工場緊急疎開ノ一体的実施機構ニ関スル件」決定，第2次建物疎開（京都市）	・米軍，硫黄島上陸
3	・「大都市ニ於ケル疎開強化要綱」決定，第3次建物疎開（京都市）	・東京・名古屋・大阪など大都市大空襲，建物疎開の性質変化
4	・「現情勢下ニ於ケル疎開応急措置要綱」決定	・米軍，沖縄本島上陸
6	・西陣空襲（京都市上京区）	
7	・「空襲激化ニ供フ緊急防衛対策要綱」決定，第4次建物疎開（京都市）	
8	・建物疎開の中止，防空総本部廃止，「建物疎開跡地ニ関スル通牒」（京都）	・広島・長崎に原子爆弾投下，戦争終結の詔勅を放送
9		・降伏文書に調印
1946.1	・防空法廃止	
8		・罹災都市借地借家臨時処理法公布
10		・戦時補償特別措置法公布
1947.3	・御池通，五条通，堀川通都市計画決定（京都）	
12	・内務省廃止	

引用および参考文献

文書（タイトルは簿冊名のみ記す）

1. 京都府立総合資料館蔵
   『昭和十九年四月　雪沢前知事新居知事事務引継演説書　警防課』
   『七月臨時府会一件』
   『疎開建物除却工事並庁内疎開其他一件綴　昭 19 年 7 月』
   『昭和十九年第一次建物疎開（都市疎開関係書外）』
   『第一次建物疎開総括表（空地）1，2 号　201～220 号』
   『第二次建物疎開事業関係綴』
   『第三次建物疎開事業関係書類綴』
   『第三次建物疎開』
   『第三次建物疎開（中立売）』
   『第三次建物疎開（五条）』
   『第三次建物疎開（七条）』
   『第四次建物疎開（五条）』
   『建物疎開一件（第四次疎開関係綴）』
   『第四次建物疎開（疎開残存建物払下一件，疎開保証金供託一件）』
   『第四次建物疎開事業関係綴附（家屋滅失復活通知控）（第二次）』
   『昭和二十年六月　新居前知事三好知事事務引継演説書　警防課』
2. 京都府住宅供給公社所蔵
   『堀川用地買収資料』
   『京都府住宅協会理事会協議事項　昭和 29 年度の部』
3. 京都市歴史資料館蔵
   『昭和十九，二十年　疎開関係　中原技師』
   『補償関係資料　中原』
4. 京都市役所蔵
   『道路台帳図五条通』（建設局道路課蔵）
   『五条通自東大路至大和大路通用地丈量図』（建設局道路課蔵）
   『五条通自東大路至大和大路通道路拡築平面図』（建設局道路課蔵）
   『昭和 20 年臨時京都市会会議録』（議会図書館蔵）
5. 国立国会図書館憲政資料室蔵

『大霞会旧蔵内政関係者談話録音速記録』
　　　『内政史研究会旧蔵資料　三好重夫氏談話速記録』
　　　『新居善太郎文書』
6. 国立公文書館蔵
　　　『警保局長決裁書類・昭和20年　内務省訓令585号』
7. 東京都公文書館蔵
　　　『火災　其1』
　　　『火災　2』
　　　『火災防備に関する参考資料　其1』
　　　『独仏両国に於ける防空都市計画の展望―消防施設計画・避難施設計画―』
　　　『防空と防火関係原稿』
　　　『木造家屋の防火に関する研究』
　　　『建築学会都市防空調査委員会　其十二』
　　　『破壊消防』
　　　『内務省防空研究所彙報』第1号～第3号
　　　『住宅研究資料』第20集
　　　『住宅研究資料』第22集
8. 東京都立中央図書館蔵
　　　『建物疎開事業関係通牒類其他参考資料［1-1］』
　　　『建物疎開事業関係通牒類其他参考資料［1-2］』
　　　『建物疎開事業関係通牒類其他参考資料［2-1］』
　　　『建物疎開事業関係通牒類其他参考資料［2-2］』
　　　『建物疎開事業関係通牒類其他参考資料［5］』
　　　『建物疎開事業関係通牒類其他参考資料［6］』
　　　『建物疎開事業関係通牒類其他参考資料［7］』
　　　『疎開区域ノ境界確定ニ関スル件：防建疎発第十三号』
　　　『昭和20年3月24日　防空技術懇談会概要』
　　　『下谷建物疎開事業所時代写真』
9. 大阪府公文書館蔵
　　　『経理関係書類綴　昭和18年～19年』
　　　『昭和18年以降疎開地区指定関係書類綴　昭和19年～20年』
　　　『府参事会議案綴　昭和21年』
　　　『米国戦略爆撃調査団報告書（大阪関係部分）』
　　　『空襲資料　Z-1-2』
10. 柊屋旅館蔵（京都市中京区）
　　　『昭和二十年三月建物強制疎開につき記す』

論文

藍谷邦雄「戦後補償裁判の現状と課題」『戦争責任研究』第10号，1995年
浅野英「内務省時代の都市計画―神奈川―」『都市計画』144，1986年
石川栄耀「大都市疎開の理念」『道路』6巻，1944年
石田頼房「京都都市計画道路事業受益者負担金反対運動 (1924～1940) について」『都市計画』別冊 (15)，1980年
石原佳子「大阪の建物疎開―展開と地区指定―」『戦争と平和』14巻，2005年
石丸紀興「建物疎開と戦災復興計画 (1)～(3)」『日本建築学会中国支部研究報告集』8巻 (1)，1980年
石丸紀興「長崎市における建物疎開とその跡地に関する研究」『日本建築学会中国支部研究報告』10巻 (2)，1983年
石丸紀興「建物疎開事業と跡地の戦災復興計画に及ぼした影響に関する研究―広島市の場合―」『第24回日本建築学会学術研究論文集』1989年
石丸紀興「GIS手法を利用した建物疎開区域の抽出方法とその意味に関する研究―被爆直前の広島を対象として―」『都市計画論文集』No. 38-3，2003年
石村修「戦争犯罪と戦後補償―戦争犠牲者への補償」『憲法問題』10号，1999年
伊東五郎「戦時下の欧州を廻りて」『防空事情』第3巻12号，1941年
井上一郎「戦後租税行政史稿 (1)―戦時補償特別措置法および財産税法の成立過程について―」『経営経理研究』15巻，1975年
伊従勉「都市計画史からみた景観―近代京都の都市景観政策の両義―」『京都の都市景観の再生』日本建築学会，2002年
伊従勉「都市の計画と京都イメージの変遷」京都大学人文科学研究所所報『人文』53号，2006年
伊従勉「都市改造の自治喪失の起源―1919年京都市区改正設計騒動の顛末」丸山宏，伊従勉，高木博志編『近代京都研究』思文閣出版，2008年
入山洋子「京都における建物強制疎開について」『京都市政史編さん通信』第12号，2002年
上田惟一「京都市における町内会の歴史と現状 (1)」『関西大学法学論集』29 (3)，関西大学法学会，1979年
氏家康裕「国民保護の視点からの有事法制の史的考察―民防空を中心として―」『戦史研究年報』第8号，2005年
木村英夫「内務省時代の都市計画―本省―」『都市計画』144巻，1986年
京蝶「丸ノ内通信―都市計画界管見―」『都市公論』27(1)，1944年
建築学会都市防空に関する調査委員会「防火改修促進に関する方策　建築物疎開急施方策」『建築雑誌』，1944年
越沢明「戦時期の都市計画　1931～1945年」『都市計画』144巻，1986年

279

越沢明「わが国における都市計画の理論と実践 1930年から1960年にかけて」『新都市』54(5), 2000年
越沢明「都市計画道路の計画思想の展開」『道路』750巻, 2003年
後藤健太郎, 佐藤圭二「名古屋市における防空都市計画に関する研究」『日本建築学会東海支部研究報告』1990年
後藤健太郎, 佐藤圭二「名古屋市における戦中の防空対策が都市計画に及ぼした影響」『第25回日本都市計画学会学術研究論文集』1990年
小宮賢一「防空都市改造案」『建築と社会』25 (11), 1942年
小宮賢一「防空と都市の疎開」『建設設備』18, 1943年
小宮賢一「都市疎開事業の諸問題」『都市問題』38(3), 1944年
小栁春一郎「罹災都市借地借家臨時処理法についての議会審議」『独協法学』58号, 2002年
小山示仁「大阪における空襲と都市」『歴史学研究』612, 1990年
坂義彦「戦時罹災土地物件令第4条第1項の「建物の滅失したる当時その建物に居住したる者」の意義」『民商法雑誌』有斐閣, 第30巻4号, 1955年
浄法寺朝美「防空上道路の重要性に就て」『道路』4巻1号, 1942年
白井和雄「空襲火災に対する建物・人員疎開と防空消防対策など」『防災』東京連合防火協会, Vol. 53, No. 306, 1999年
陣野博明「空地帯と防空空地の設定」『都市問題』36(5), 1943年
鈴木栄樹「防空動員と戦時国内体制の再編—防空態勢から本土決戦態勢へ—」『立命館大学人文科学研究所紀要』52号, 1991年
鈴木新太郎「内務省時代の都市計画—東京—」『都市計画』144巻, 1986年
高橋登一「大都市の疎開方策に就て」『都市問題』37(1), 1943年
竹重貞蔵「都市計画地方委員会の時代を想う」『新都市』40巻, 1986年
竹重貞蔵「内務省時代の都市計画の回想」『都市計画』144巻, 1986年
田辺平學「ドイツ・イタリーに於ける防空事情」『都市問題』34巻1号, 1942年
谷口成之「決戦下に於ける大都市疎開と疎開道路の問題」『道路』5巻11号, 1943年
谷口成之「帝都の空地計画に就て」『道路』6巻, 1944年
中島時雄「大阪の疎開」『道路』6巻, 1944年
長谷川栄三「敵前疎開の現場を覗く」『道路』6巻, 1944年
服部雅徳「「防空法」制定に至る経緯—日本における民間防空制度発足—」『新防衛論集』11巻4号, 1984年
久下勝次「独逸国民防空の組織」『防空事情』第3巻12号, 1941年
牧野雅楽之丞「京都市における道路現状と将来」『道路』2巻, 1940年
牧野邦雄「防空都市構造としての防空区画に就て」『道路』4巻10号, 1942年
牧野邦雄「建物疎開の再検討と今後の方策」『道路』6巻, 1944年
町田保「民防空計画の展望」『道路』4巻1号, 1942年

引用および参考文献

町田保「消防道路整備事業に就て」『道路』6巻，1944年
松井達夫「街路と防空」『道路』3巻10号，1941年
宮崎生「都市疎開に就て」『平安』1944年
山崎正史他「五条坂の景観変遷とその保存修景計画」『日本建築学会近畿支部研究報告集』1983年
山崎正史他「五条坂保存修景計画」その1 景観の変遷，その2 現状と保存修景計画『日本建築学会大会学術講演梗概集』1983年
山田正男「防空的都市計画の進路」『道路』4巻10号，1942年
山田正男「大阪市の都市疎開に就いて」『道路』6巻，1944年
山本唯一「学知の生まれる場所　東京大空襲・戦災資料センターの試みから」『オーラルヒストリー研究』第8号，2012年
弓家七郎「都市疎開問題の発展」『都市問題』38(3)，1944年
吉田守男「京都小空襲論」『日本史研究』251，1983年
陸軍築城部本部「伊太利の防護室」『防空事情』第3巻10号，1941年
渡邊孝夫「防空と緑地」『道路』5巻11号，1943年

図書

愛知県議会事務局編『愛知県議会史』第8巻，愛知県議会，1971年
愛知県史編さん委員会編『愛知県史　資料編27』(近代4，政治・行政4)，愛知県，2006年
愛知県編『愛知県昭和史』愛知県，1972年
赤坂憲雄，玉野井麻利子，三砂ちづる『歴史と記憶　場所・身体・時間』藤原書店，2008年
明石照男，鈴木憲久『日本金融史』第3巻，東洋経済新報社，1958年
天川晃他『GHQ日本占領史　第27巻　日本人財産の管理』日本図書センター，1997年
イアン・ブルマ『戦争の記憶』筑摩書房，2003年
飯野一『西陣機業と西陣地域に於ける商業との相互依存関係』京都市立第二商業学校，1940年
池田一郎，鈴木哲也『京都の「戦争遺跡」をめぐる』機関紙共同出版，1991年
石井桂『防空指導全書　防空建築と待避施設』東和出版社，1944年
石田頼房『日本近代都市計画史研究』柏書房，1992年
石田頼房『日本近代都市計画の展開1868-2003』自治体研究社，2004年
磯村英一『防空都市の研究』萬里閣，1940年
伊藤之雄『近代京都の改造』ミネルヴァ書房，2006年
稲津近太郎，川村秀三郎『京都市及接続町地籍図附録第一編上京区之部』付録地籍図，

京都地籍図編纂所，1912 年
今村嗣夫，鈴木五十三，高木喜孝『戦後補償法：その思想と立法』明石書店，1999 年
上田誠吉『ある内務官僚の軌跡』大月書店，1980 年
宇賀克也『国家補償法』有斐閣，1997 年
大阪市役所『大阪市戦災復興誌』大阪市役所，1958 年
太田嘉三『醒泉学区強制疎開の記録』太田嘉三，1987 年
岡光夫編『辛酸　戦中戦後・京の一庶民の日記　田村恒次郎』ミネルヴァ書房，1980 年
語りつぐ京都の戦争出版委員会編『語りつぐ京都の戦争　空襲・疎開・動員と子どもたち』語りつぐ京都の戦争出版委員会，1982 年
神奈川県議会事務局編『神奈川県会史』第 6 巻，神奈川県議会，1959 年
神奈川県県民部県史編集室『神奈川県史　通史 5』近代・現代 (2)，財団法人神奈川県弘済会，1982 年
上京老人クラブ連合『京都文化の中心地　上京今昔物語』上京老人クラブ連合会，1890 年
金城正篤他『県民 100 年史　沖縄県の百年』山川出版社，1995 年
京都空襲を記録する会『かくされていた空襲』汐文社，1974 年
『京都市の地名』平凡社，1979 年
京都市『京都の歴史』第 9 巻　世界の京都，京都市史編纂所，1980 年
京都市会編『京都市会議事録』第 8 巻，京都市会，明治 32 年
京都市会編『京都市会議事録』第 16 巻，京都市会，明治 33 年
京都市会事務局調査課編『京都市会史』京都市会事務局調査課，1959 年
京都市学区調査会編『京都市学区大観』京都市学区調査会，1937 年
京都市教育委員会編『柳池輝ける 134 年のあゆみ』京都市教育委員会，2007 年
京都市交通局総務課他編『さよなら京都市電』京都市交通局，1978 年
京都市市政史編さん委員会編『京都市政史』第 5 巻，京都市，2006 年
京都市総務局企画調整室 100 周年事業推進課編『写真でつづる京都の 100 年』京都市総務局企画調整室 100 周年事業推進課，1989 年
京都市総務局統計課『昭和二十五年国勢調査　京都市の人口概要』京都市総務局統計課，1951 年
京都市都市計画局都市企画部都市計画課『京都市の都市計画』京都市都市計画局都市企画部都市計画課，1997 年
京都市東山区役所『東山区誕生 70 周年ひととまちの歩み』京都市東山区役所，1999 年
京都市防衛部防護課編『防火基本要領附小型腕用ポンプ操法』京都市防衛部防護課，1943 年
京都市役所『昭和十年国勢調査京都市結果概要』京都市，1936 年
京都市立醒泉小学校『子ども風土記　せいせん』京都市立醒泉小学校，1970 年

引用および参考文献

京都市立待賢小学校『待賢子ども風土記』京都市立待賢小学校, 1991 年
京都市立柳池中学校編・柳池校百周年記念行事委員会編『柳池校百年史』京都市立柳池中学校, 1969 年
京都市連合防護団編『近畿防空演習京都市記録』京都市役所, 1935 年
京都商店街振興組合連合会『京・寺町会商店街振興組合に於ける問題点と近代化の方向（商店街近代化特別推進委員会報告　昭和 58 年度）』京都商店街振興組合連合会, 1984 年
京都府『昭和九年近畿防空演習京都府記録』京都府, 1935 年
京都府住宅供給公社編『20 年のあゆみ』京都府住宅供給公社, 1970 年
京都府会『京都府通常府会決議録　昭和 19 年』京都府会, 1945 年
京都府会『京都府通常府会会議録　昭和 20 年』京都府会, 1946 年
京都府会事務局編『京都府会史』昭和時代総説, 京都府会, 1953 年
京都府議会『昭和 19 年 7 月 10 月京都府臨時府会決議録会議録』京都府議会, 1944 年
京都府議会『昭和 20 年 7 月京都府臨時府会決議録会議録』京都府議会, 1945 年
京都府議会史編さん委員会編『京都府議会史』昭和 20 年-昭和 30 年, 京都府議会, 1971 年
京都府議会史編さん委員会編『京都府議会史』資料編意見書：昭和 20 年 8 月-昭和 46 年 3 月, 京都府議会, 1971 年
京都府警察史編集委員会編『京都府警察史』第 1 巻～第 4 巻, 京都府警察本部, 1971 年
京都府警察部編『防火基本要領』京都府警察部, 1942 年
京都府総務部人事課『京都府職員録　昭和 16 年』京都府総務部人事課, 1941 年
京都府総務部人事課『京都府職員録　昭和 17 年』京都府知事官房秘書課, 1942 年
京都府知事官房秘書課『京都府職員録　昭和 18 年』京都府知事官房秘書課, 1943 年
京都府内政部人事課『京都府職員録　昭和 19 年』京都府内政部人事課, 1944 年
京都府総務部人事課『京都府職員録　昭和 22 年』京都府総務部人事課, 1947 年
京都府総務部人事課『京都府職員録　昭和 23 年』京都府総務部人事課, 1949 年
京都府編『近畿防空演習京都府記録』京都府, 1935 年
京都府編『昭和十一年京都府防衛訓練演習記録』京都府, 1937 年
京都府立総合資料館『京都府百年の年表』1　政治・行政, 京都府, 1971 年
京都府立総合資料館『京都府百年の年表』7　建設・交通・通信編, 京都府, 1970 年
近現代資料刊行会編『京都市・府社会調査報告書Ⅱ（大正 7 年～昭和 18 年）』近現代資料刊行会, 2002 年
クニツファー他『独逸民間防空』陸軍航空本部他訳, 陸軍省, 1937 年
桑原公徳『歴史景観の復原：地籍図利用の歴史地理』古今書院, 1992 年
桑原公徳『歴史地理学と地籍図』ナカニシヤ出版, 1999 年
黒松巌『西陣機業の研究』ミネルヴァ書房, 1965 年

建設局小史編さん委員会編『建設行政のあゆみ―京都市建設局小史―』京都市建設局，1983 年
建設省編『戦災復興誌』第一巻　計画事業編，大空社，1991 年
建設省編『戦災復興誌』第三巻　法制編，大空社，1991 年
建設省編『戦災復興誌』第六編　都市編，大空社，1991 年
越沢明『東京都市計画物語』日本経済評論社，1991 年
越沢明『東京の都市計画』岩波書店，1991 年
越沢明『復興計画』中央公論新社，2005 年
五条坂陶栄会編『思い出の五条坂』五条坂陶栄会，1981 年
小葉田淳『堺市史』続編第二巻，堺市役所，1971 年
小林啓治，鈴木哲也『かくされた空襲と原爆』機関紙共同出版，1993 年
小栁春一郎『震災と借地借家』成文堂，2003 年
堺市史編纂部『堺市史』清文堂，1966 年
佐上信一『道路法概要』帝国地方行政学会，1922 年
島津製作所『島津製作所史』島津製作所，1967 年
島津製作所『科学とともに 100 年』島津製作所，1975 年
浄法寺朝美『日本防空史』原書房，1981 年
新修大阪市史編纂委員会編『新修大阪市史』第 7 巻，大阪市，1994 年
新修名古屋市史編集委員会編『新修名古屋市史』第 6 巻，名古屋市，2000 年
新日本婦人の会京都北支部『ぼうくうずきん第 4 集』京都府立総合資料館蔵，1982 年
『醒泉校百年の歩み』(京都市立醒泉小学校蔵)
大霞会編『内務省史』第 1 巻～第 4 巻，原書房，1980 年
待賢小学校創立百二十周年記念誌編集委員会編『待賢校百二十年史』待賢小学校創立百二十年誌記念事業実行委員会，1989 年
田岡良一『空襲と国際法』巌松堂書店，1937 年
高橋康夫，中川理編『京・まちづくり史』昭和堂，2003 年
高橋泰隆『中島飛行機の研究』日本経済評論社，1988 年
竹前栄治，中村隆英『GHQ 日本占領史 27』日本図書センター，1997 年
田中清志『京都都市計画概要』京都市役所，1944 年
田中緑紅『京のおもかげ』上，郷土趣味社，1931 年
田村喜子『五条坂陶芸のまち今昔』新潮社，1988 年
田辺平學『ドイツ　防空・科学　国民生活』相模書房，1942 年
茶園義男『終戦後の法令制定・改正・廃止経過一覧』不二出版，2004 年
辻清明『日本官僚制の研究』弘文堂，1952 年
土田宏成『近代日本の「国民防空」体制』神田外語大学出版局，2010 年
『帝都に於ける建物疎開事業の概要』東京都，1944 年（東京都立中央図書館蔵）
東京大学史史料室編『内田祥三史料目録』東京大学史史料室，2008 年

『東京大空襲・戦災誌』編集委員会編『東京大空襲・戦災誌』第三巻，第五巻，東京空襲を記録する会，1973年
東京都編『東京都戦災誌』明元社，2005年
東京都企画審議室調査部編『東京都政五十年史』事業史Ⅲ，東京都企画審議室調査部，1994年
東京都企画審議室調査部編『東京都政五十年史』通史，東京都企画審議室調査部，1994年
東京都企画審議室調査部編『東京都政五十年史』年表・資料，東京都企画審議室調査部，1994年
東京都議会議会局法制部編『東京都議会史』東京都議会議会局，1951年
都市デザイン研究体『日本の都市空間』彰国社，1984年
冨山一郎編『記憶が語りはじめる』東京大学出版会，2006年
友次英樹『土地台帳の沿革と読み方』日本加除出版，2007年
内政史研究会『新居善太郎氏談話速記録』第九回，内政史研究会，1975年
『内務省人事総覧』第3巻，日本図書センター，1990年
内務省都市計画局『都市計画法釈義』内務省都市計画局，1922年
中島直人『都市計画家石川栄耀：都市探求の軌跡』鹿島出版会，2009年
中澤宇三郎『防空大鑑』皇国報恩会・大日本義勇飛行会・防護国協会図書部，1938年（京都大学附属図書館蔵）
中西宏次『戦争のなかの京都』岩波ジュニア新書，2009年
中村良夫他『文化遺産としての街路—近代街路計画の思想と手法—』財団法人国際交通安全学会，1989年
難波三十四『国防科学叢書22　防空』ダイヤモンド社，1942年
日本の空襲編集委員会編『日本の空襲』三　東京，三省堂，1980年
日本の空襲編集委員会編『日本の空襲』六　近畿編，三省堂，1980年
日本の空襲編集委員会編『日本の空襲』九　沖縄編，三省堂，1981年
日本の空襲編集委員会編『日本の空襲』十　補完・資料編，三省堂，1981年
西山夘三『地域空間論』勁草書房，1968年
日本銀行金融研究所編『日本金融史資料』昭和続編　第22巻，大蔵省印刷局，1991年
日本銀行調査局編『日本金融史資料』昭和編第32巻，大蔵省印刷局，1972年
日本財政経済研究所編『日本金融財政史』日本財政経済研究所，1957年
日本建築学会『近代日本建築学発達史』上，文生書院，2001年
日本電池株式会社『日本電池100年』日本電池株式会社，1995年
秦郁彦『戦前期日本官僚制の制度・組織・人事』東京大学出版会，1981年
濱田稔『ナチス独逸の防空』理化書院，1942年
林田庄治『本籍京都市　昭和ひと桁』京都新聞出版センター，2004年
原増司，青木義人，豊水道祐『罹災都市借地借家臨時処理法解説』巌松堂書店，1948

年
「ハンドブック戦後補償」編集委員会『ハンドブック戦後補償』梨の木舎，1992 年
久津間保治『京都空襲』かもがわ出版，1996 年
藤田義光『大東亜戦と国民防空　防空法解説』朝日新聞社，1942 年
藤平長一『五条坂陶工物語』晶文社，1982 年
平和と民主主義をすすめる左京懇談会，井出幸喜編『京都・左京の十五年戦争：戦時下を生きた人々』かもがわ出版，1995 年
防衛庁防衛研修所戦史室『戦史叢書本土防空作戦』朝雲新聞社，1968 年
堀川商店街協同組合理事会編『堀川商店街 50 周年記念誌』堀川商店街協同組合，2002 年
松原靖夫編『醒泉小学校創立一三〇周年記念　泉のほとり』醒泉同窓会，1999 年
丸山宏，伊従勉，高木博志編『みやこの近代』思文閣出版，2008 年
丸山宏，伊従勉，高木博志編『近代京都研究』思文閣出版，2008 年
三谷孝編『戦争と民衆　戦争体験を問い直す』（一橋大学社会学研究科先端課題研究叢書 3）旬報社，2008 年
武藤運十郎『日本不動産利用権史論』巌松堂，1947 年
『明治後期産業発達史資料』第 463 巻（京都市三大事業誌　道路拡築編 3 集）龍渓書舎，1999 年
『明治後期産業発達史資料』第 465 巻（京都市三大事業誌　道路拡築編 5 集）龍渓書舎，1999 年
明徳学園明徳商業高等学校編『明徳学園六十年史』明徳学園明徳商業高等学校，1980 年
山形県警察史編さん委員会編『山形県警察史』下巻，山形県警察本部，1971 年
吉川秀造他『大正昭和名古屋市史』名古屋市，1954 年
吉田裕『日本人の戦争観：戦後史のなかの変容』岩波書店，2005 年
吉田裕『シリーズ日本近現代史⑥アジア・太平洋戦争』岩波新書，2007 年
吉見義明『草の根のファシズム：日本民衆の戦争体験』東京大学出版会，1987 年
米山リサ著『広島・記憶のポリティクス』岩波書店，2005 年
立命館大学鈴木良ゼミナール『原爆投下と京都の文化財　資料集』文理閣，1988 年
立命館大学鈴木良ゼミナール『占領下の京都』文理閣，1991 年
歴史学研究会編『オーラルヒストリーと体験史―本多勝一の仕事をめぐって―』青木書店，1988 年
ロジャー・ムーアハウス『戦時下のベルリン：空襲と窮乏の生活 1939-45』白水社，2012 年

公報等

『官報』
『京都府公報』
『都政週報』

新聞

『都新聞』
『京都日出新聞』・『京都新聞』
『朝日新聞』
『毎日新聞』

その他資料

旧土地台帳（京都法務局蔵）
米軍撮影航空写真（米国国立公文書館所蔵（財）日本地図センター）
『NHK戦争証言アーカイブス』（http://www.nhk.or.jp/shogenarchives/）

資　料

資料1　防空法（一部抜粋）

・一九三七年四月公布

第一条
「本法ニ於テ防空ト称スルハ戦時又ハ事変ニ際シ航空機ノ来襲ニ因リ生ズベキ危害ヲ防止シ又ハ之ニ因ル被害ヲ軽減スル為陸海軍ノ行フ防衛ニ則応シテ陸海軍以外ノ者ノ行フ燈火管制、消防、防毒、避難及救護並ニ此等ニ関シ必要ナル監視、通信及警報ヲ、防空計画ト称スルハ防空ノ実施及之ニ関シ必要ナル設備又ハ資材ノ整備ニ関スル計画ヲ謂フ」

第二条
「防空計画ハ勅令ノ定ムル所ニ依リ地方長官（東京府ニ在リテハ警視総監ヲ含ム以下之ニ同ジ）又ハ地方長官ノ指定スル市町村長防空委員会ノ意見ヲ徴シ之ヲ設定シ主務大臣又ハ地方長官ノ認可ヲ受クベシ」

第三条
「主務大臣ハ勅令ノ定ムル所ニ依リ規模大ナル事業又ハ施設ニシテ防空上特ニ必要アルモノニ付行政庁ニ非ザル者ヲ指定シテ防空計画ヲ設定セシムルコトヲ得
前項ノ防空計画ハ主務大臣ノ認可ヲ受クベシ」

第四条
「防空計画ノ設定者ハ其ノ防空計画ニ基キ防空ヲ実施シ又ハ防空ノ実施ニ関シ必要ナル設備若ハ資材ノ整備ヲ為スベシ」

第五条
「地方長官ハ勅令ノ定ムル所ニ依リ防空計画ニ基キ特殊施設ノ管理者又ハ所有者ヲシテ防空ノ実施ニ関シ必要ナル設備若ハ資材ノ整備ヲ為サシメ又ハ防空ノ実施ニ際シ必要ナル設備若ハ資材ヲ供用セシムルコトヲ得」

・一九四一年十一月公布（第一次改正）

第五条
「主務大臣ハ勅令ノ定ムル所ニ依リ防空計画ニ基キ特殊施設ノ管理者又ハ所有者ヲシテ防空ノ実施ニ関シ必要ナル設備又ハ資材ノ整備ヲ為サシムルコトヲ得
地方長官ハ命令ノ定ムル所ニ依リ防空計画ニ基キ特殊施設ノ管理者又ハ所有者ヲシテ防空ノ実施ニ際シ必要ナル設備又ハ資材ヲ供用セシムルコトヲ得」

第五条ノ二
「地方長官防空上必要アルトキハ一定ノ区域ヲ指定シ其ノ区域内ニ於ケル木造建築物ノ所有者ニ対シ期限ヲ附シテ其ノ建築物ノ防火改修ヲ命ズルコトヲ得
前項ノ木造建築物ノ範囲並ニ防火改修ノ程度及方法ハ命令ヲ以テ之ヲ定ム」
第五条ノ三
「前条第一項ノ規定ニ依ル命令アリタル場合ニ於テ期限内ニ工事完了セザルトキハ若ハ工事完了ノ見込ナシト認メラルルトキ又ハ建築物ノ所有者ノ申請アリタルトキハ地方長官ハ市長村長ヲシテ建築物ノ所有者ニ代リテ前条ノ防火改修ノ工事ヲ施行セシムルコトヲ得」
第五条ノ四
「主務大臣ハ防空上必要アルトキハ命令ノ定ムル所ニ依リ空襲ニ因ル危害ヲ著シク増大スルノ処アル建築物ニ付其ノ建築ヲ禁止若ハ制限シ又ハ其ノ建築物（工事中ノモノヲ含ム）ノ除却、改築其ノ他防空上必要ナル措置ヲ命ズルコトヲ得」
第五条ノ五
「主務大臣ハ防空上工場其ノ他ノ特殊建築物ノ分散ヲ図ル為必要アルトキハ命令ノ定ムル所ニ依リ一定ノ区域ヲ指定シ其ノ区域内ニ於ケル特殊建築物ノ建築ヲ禁止又ハ制限スルコトヲ得
主務大臣ハ防空上空地ヲ設クル為必要アルトキハ命令ノ定ムル所ニ依リ一定ノ地区ヲ指定シ其ノ地区内ニ於ケル建築物ノ建築ヲ禁止又ハ制限スルコトヲ得」
第五条ノ六
「前条ノ規定ニ依ル区域又ハ地区ノ指定ノ場合ニ於テ従来存シタル建築物（工事中ノモノヲ含ム）ニシテ其ノ後新ニ建築セラレタリトセバ同条ノ規定ニ依リ其ノ建築ヲ禁止又ハ制限セラルベキモノニ付テハ地方長官ハ之ガ除却、改築其ノ他防空上必要ナル措置ヲ命ズルコトヲ得」
第五条ノ七
「地方長官防空上必要アルトキハ命令ヲ以テ定ムル物件ノ管理者又ハ所有者ニ対シ其ノ物件ノ移転ヲ命ズルコトヲ得」

・一九四三年十月公布（第二次改正）
「第五条ノ四中「主務大臣」ヲ「地方長官」ニ改ム」
「第五条ノ五第一項中「工場其ノ他ノ特殊建築物ノ分散」ヲ「建築物ノ分散疎開」ニ、「特殊建築物」ヲ「建築物」ニ改ム」
第五条ノ六
「前条ノ規定ニ依ル区域又ハ地区ノ指定アリタルトキハ地方長官ハ其ノ区域又ハ地区内ニ存スル建築物（工事中ノモノヲ含ム）ニ付其ノ管理者又ハ所有者ニ対シ之ガ除却、改築其ノ他防空上必要ナル措置ヲ命ズルコトヲ得」

第五条ノ七
「主務大臣又ハ地方長官ハ防空上必要アルトキハ勅令ノ定ムル所ニ依リ物件、施設又ハ事業ニ付其ノ管理者、所有者又ハ事業主ニ対シ其ノ移転、分散疎開又ハ転換ニ関シ必要ナル命令ヲ為スコトヲ得」
第五条ノ八
「地方長官ハ防空ノ実施ニ関シ必要ナル設備ノ整備ノ為必要アルトキハ勅令ノ定ムル所ニ依リ土地、工作物又ハ物件ヲ収用又ハ使用スルコトヲ得」
第五条ノ九
「主務大臣ハ防空上必要アルトキハ勅令ノ定ムル所ニ依リ一定ノ区域ヲ指定シ其ノ区域内ヘノ転居若ハ営業所其ノ他ノ業務ノ場所ノ移転又ハ其ノ区域内ニ於ケル営業所其ノ他ノ業務ノ場所ノ新設ヲ禁止又ハ制限シ及其ノ区域外ヘノ転居又ハ営業所其ノ他ノ業務ノ場所ノ移転ヲ命ズルコトヲ得」
第五条ノ十
「第五条ノ五又ハ前条ノ規定ニ依ル区域又ハ地区ノ指定アリタルトキハ地方長官ハ勅令ノ定ムル所ニ依リ其ノ区域又ハ地区内ニ存スル建築物ニ付其ノ使用又ハ譲渡其ノ他ノ処分ニ関シ必要ナル命令ヲ為スコトヲ得」

資料2　都市疎開実施要綱

一九四三年十二月二十一日　閣議決定

第一　方針
　九月二十一日閣議決定「現情勢下ニ於ケル国政運営要綱」ノ趣旨ニ基キ帝都其ノ他ノ重要都市ニ付強力ナル防空都市ヲ達成スル如ク人員、施設及建築物ノ疎開ヲ実施ス
第二　要領
　一、疎開区域
　　疎開区域ハ京浜、阪神、名古屋及北九州地域ニ属スル左ノ重要都市トス
　　京浜地域・・・東京都区部、横浜市、川崎市
　　阪神地域・・・大阪市、神戸市、尼崎市
　　名古屋地域・・・名古屋市
　　北九州地域・・・門司市、小倉市、戸畑市、若松市、八幡市
　　前項ノ区域外ニ於テモ情況ニ依リ必要ト認ムル都市ニ於テハ疎開ノ勧奨、建築物ノ除却ヲ行フ
　二、人員ノ疎開
　　（一）疎開セシムベキ人員ハ建築物ノ疎開又ハ施設ノ疎開ニ伴フ者ノ外左ニ掲グル者及其ノ家族トス但シ特ニ疎開区域内ニ居住スルヲ必要トスル者ヲ除ク
　　　　（イ）疎開区域外ニ職場ヲ有スル者
　　　　（ロ）企業整備等ニ依リ転廃業スル者

　　　　（ハ）其ノ他疎開区域内ニ居住スルノ要少キ者
　　　適当ナル時期ニ疎開人員ニ関スル実情調査ヲ実施ス
　　（二）疎開ノ勧奨
　　　（1）人員ノ疎開ハ原則トシテ勧奨ニ依ルモノトシ其ノ目標程度ハ時期及情勢ニ依リ之ヲ定ム
　　　（2）疎開ノ勧奨ニ当リテハ総合戦力増強ノ為ニスル国民ノ戦時配備ニ積極的ニ寄与スル所以ナルコトヲ徹底セシム
　　　（3）疎開ノ推奨ニ当リテハ成ル可ク世帯単位ノ地方転出ヲ図ル等家族主義ノ精神ニ悖ラザル如ク指導ス
　　　（4）人員ノ転出先ハ疎開区域及軍事上ノ重要都市ノ地域ヲ避クル如ク指導ス
　　（三）移転奨励金ノ交付
　　　左ニ掲グルモノニシテ世帯ヲ単位トシテ転出スル者ニ対シ移転奨励金ヲ交付ス
　　　（イ）都市民税一定額以下ノ者及都市民税免除者
　　　（ロ）入営、応召軍人ノ遺家族
　　　（ハ）被徴用者ノ遺家族
　　　（ニ）其ノ他必要ト認ムル者
三、施設ノ疎開
　　（一）左ニ掲グルモノノ施設又ハ事業ニ関シ統合整理又ハ地方移転等ノ計画ヲ樹立実施ス
　　　（イ）学校
　　　（ロ）公共団体、各種外郭団体
　　　（ハ）各種統制機関
　　　（ニ）会社、工場等
　　（二）疎開区域内ニ於テハ店舗、工場等ノ疎開ニ資スル如ク企業整備ヲ特ニ強化促進ス
四、建築物ノ疎開
　　（一）都市疎開事業トシテ左ニ掲グル地区内ノ建築物ヲ除却ス
　　　　（イ）疎開空地帯
　　　　（ロ）疎開空地
　　　　　　ⅰ重要施設疎開空地
　　　　　　ⅱ交通疎開空地
　　　　　　ⅲ疎開小空地
　　（二）建築物ノ除却ハ防空法第五条ノ六ニ依ル
　　　測量、評価、除却等ノ施行ハ徹底シタル戦時的方式ニ拠ル
　　（三）建築物ノ除却ニ因リ移転スル人員ハ能フ限リ疎開区域外ニ転出セシム
　　（四）移転者ニ対シテハ防空法第十二条ノ二ニ依リ移転費ヲ支給ス
　　（五）除却建築物ノ古材等ノ利用ハ之ヲ統制ス

（六）交付スベキ補償金等ニ付テハ之ガ浮動化防止ノ措置ヲ講ズ
五、輸送ニ関スル措置
　（一）疎開ニ関スル輸送ハ鉄道及自動車輸送其ノ他ノ小運搬、荷造作業等ヲ通ジ統合的ニ処理シ得ル如ク措置ス
　（二）疎開輸送ヲ迅速且円滑ナラシムル為各種資材ノ確保ヲ図リ之ガ配分ニ関シテハ前項ノ統合的ノ輸送ニ適合スル如ク措置ス
　（三）荷造所要資材ニ関シテハ極力故品ノ利用ヲ図リ且之ガ回収ヲ強力ニ実施ス
　（四）運賃、料金其ノ他諸費用ニ関スル特別取扱ヲ行フト共ニ其ノ簡明単純化ヲ図ル
　（五）荷造及小運搬ノ労務ニ関シテハ極力余剰労力ヲ動員スル等ノ措置ヲ講ズ
六、移転先家屋ノ斡旋供給其ノ他便宜供与
　（一）移転先ノ家屋ニ付テハ各自ノ縁故先ニ之ヲ求ムルノ外家屋空間ノ提供慫慂及店舗等ノ住宅化ヲ強力ニ実施ス
　（二）移転先ニ於ケル転就職ノ斡旋又ハ転入学ノ特別取扱、土地家屋家財ノ受託管理又ハ売買斡旋等ニ関シテハ極力便宜供与ノ措置ヲ講ズ
七、其ノ他疎開ニ伴フ措置
　（一）建築ノ規制
　　（1）建築規制区域ハ疎開区域トシ防空法第五条ノ五第一項ニ依リ指定ス
　　（2）建築規制区域内ノ建築ハ原則トシテ之ヲ禁止ス
　（二）転入ノ規制
　　（1）転入規制区域ハ疎開区域トシ防空法第五条ノ九ニ依リ指定ス
　　（2）転入ノ規制ハ転入ヲ必要トスル証明書ノ発給又ハ地方長官ノ許可ニ依リ之ヲ行フ
　　（3）業務ノ場所ノ新設及転入ハ極力抑制ス
　（三）建築物ノ利用規制
　　建築物ノ除却ニ伴フ人員ニシテ疎開区域内ニ居住ヲ要スルモノニ対シ住居ヲ確保スル等ノ目的ヲ以テ疎開区域内ニ於テハ防空法第五条ノ十ノ規定ニ基キ建築物ノ利用統制ヲ行フ
八、疎開事務担当機関
　（一）疎開区域ニ関係アル都府県庁ニハ疎開事務ノ総合連絡調整並ニ都市疎開事業ノ円滑ナル執行ヲ図ル為必要ナル組織ヲ設ク
　（二）各庁連絡ニ関シテハ地方行政協議会ノ活動等ニ依ルモノトス
　（三）区役所等ニ疎開指導所ヲ設置シ疎開ニ関スル勧奨、指導、斡旋ニ任ゼシム

備考　本件ニ関シ必要ナル事項ニ付関係各庁ハ具体策ヲ樹立シ防空総本部ニ連絡ノ上実施スルコト

資料3　都市疎開事業実施要領

　　　　　　　（出典：京都府行政文書『昭和十九年第一次建物疎開（都市疎開関係書外）』）
一、建築物ノ除却
　　（一）地方長官ハ疎開空地又ハ疎開空地帯ニ指定セラルベキ予定地区ニ付図面、場所、地積等ヲ具シ内務大臣ニ内申スルコト
　　（二）内務大臣地区ノ指定ヲ為シタルトキハ地方長官ハ其ノ地区内ノ建築物ニ付其ノ管理者又ハ所有者ニ対シ期限ヲ付シテ除却ヲ命ズルコト
　　（三）除却ノ実施ハ左ノ各号ニ依ルコト
　　　（イ）原則トシテ都府県ニ於テ建築物ヲ買収シ除却スルコト
　　　（ロ）住宅営団等ヲシテ建築物ヲ買収シ除却セラルルコト
　　　（ハ）前二号ノ為要スレバ防空法施行令第三条ノ十一ニ依リ当該建築物ニ付譲渡命令ヲ発動スルコト
　　　（ニ）前三号ニ依リ建築物ノ譲渡アリタル場合ハ新所有者ニ対シ除却命令ヲ発スルコト
　　　（ホ）特別ノ事情アル場合ニ於テハ防空法第五条ノ六ニ依リ除却命令ヲ発シ所有者ヲシテ除却セラルルコトヲ得ルコト
二、建築物除却ノ跡地ノ処理
　　（一）建築物除却ノ跡地ノ処理ハ別紙ニ都市疎開事業補助要項五ニ依ルコト
　　（二）前号ニ依ル跡地処理区分ハ概ネ左表ヲ目途トスルコト

区分	公共団体		軍又ハ工場	
	買収	賃借	買収	賃借
	％	％	％	％
重要施設疎開空地				
軍工場	一〇	五〇	四〇	
民間工場	二〇	二〇	三〇	三〇
疎開空地帯	五〇	五〇		
疎開小空地	五〇	五〇		
交通疎開空地	一〇〇			

三、除却建築物ノ移築
　　（一）除却建築物ノ移築ハ除却ニ依ル要移転ノ居住ニ充ツル為已ムヲ得ザル場合ノ外努メテ之ヲ行ハザルコト
　　（二）所有者ニ於テ除却スル場合ニ於テ事情已ムヲ得ズト認ムルトキハ適当ノ場所ニ其ノ移築ヲ認ムルコト
四、損失補償
　都市疎開事業ノ実施ニ伴ヒ関係者ニ対シテ為ス損失補償ハ防総十九発第二四号防空総本部総務局長通牒ノ趣旨ニ基キ其ノ評価ノ適正且迅速ヲ期スル為損失補償委員会ノ儀ヲ経テ左ノ各号ニ依リ之ヲ為スコト

（一）補償関係者ノ受ケタル通常生ズベキ損失ニ対シテ之ヲ為スベキモ具シ平均額ハ査定基準額ヲ目途トスルコト
　　（二）営業ニ対スル補償ニシテ転廃業者ニ対スルモノニ付テハ一般企業整備ノ場合ノ補償ト均衡ヲ失セザル様特ニ留意スルコト
五、移転費ノ支給
建築物除却ニ因ル移転者ニ対シ交付スベキ移転費ニ付テハ別途改正防空法施行規則ノ規定ニ依ルコト
六、便宜ノ供与
建築物除却ニ因ル移転者ニ対シテハ其ノ移転先ガ疎開区域内ノ場合ニ於テモ人員疎開ノ場合ニ準ジ便宜を供与スルコト
七、都市疎開事業ノ実施目標
都市疎開事業ノ実施目標ハ別紙ノ三ノ通リニシテ右ノ内第一次目標タル十八、十九年度分ハ別途各年度予算ニ計上セルモノニシテ□□年度ニ於テ之ガ完成ニ期スル要アルハ勿論ナルモ更ニ事業ノ進捗ニ応ジ実施目標（予算外国庫補助契約分）ニ依リ計画ヲ樹立シ実施スルコト
八、都市疎開事業執行区分
　　（一）都市疎開事業実施ニ関シテハ概ネ用地関係ヲ除ク其ノ他ノ事業ニテ関係府県ニ於テ用地関係ノ関係市ニ於テ執行スルヲ目途トシ関係府県ニ於テ協議スルコト
　　（二）前号ニ依リ用地関係ヲ市ニ於テ執行セシメラルル場合之ニ附属スル事業費ノ配分ハ別紙ニ都市疎開事業補助要領ニ依リ算出シタル事務費ノ四分ノ一以内トスルコト
九、都市疎開事業ニ対スル予算並ニ国庫補助
　　（一）都市疎開事業ニ対スル予算ニ関シテハ目下第八十四帝国議会ニ提案中ナルモ大体別紙四ノ通決定可相成見込ニ付右ニ依リ予算ノ計上ヲナスコト
　　（二）都市疎開事業ニ対スル国庫補助ニ付テハ別紙ニ都市疎開事業補助要領ニ依ルコト
　　（三）前項ニ依ル国庫補助ハ内務大臣ノ査定ニ係ル支出生産額ニ付交付セラルルコトトナルモ予算単価ハ左ノ通ナルヲ以テ概ネ左額ヲ目途トシテ事業ノ実施ニ当ルコト
　　　　（イ）用地費
　　　　　　買収分　　　　坪当リ　　一二〇円
　　　　　　賃借分　　　　年時価ノ四分ノ二厘ニ相当スル額
　　　　（ロ）建物除却工事費　　坪当リ　六〇円
　　　　（ハ）建物買収又ハ移築補償費　坪当り一五〇円
　　　　（ニ）営業等補償費　一戸当り　六〇〇円
　　　　　　右営業等補償費一戸当単価ノ算出内訳左ノ如シ

295

                (1) 営業補償費　　　　四二〇円
                    一、営業者ニ対スル営業補償費四二〇〇円（純益一ヶ月一七五円ノ
                    二年分）ヲ見込ミ総戸数ノ一割ヲ営業者ト推定ス
                (2) 其ノ他ノ立退料的補償費　一八〇円
                    家賃推定平均三〇円ノ六ヶ月分ヲ見込ム
        （ホ）移転費　　一戸当り　　五〇〇円
    （四）前項ニ依ル補助金中用地買収費、建物買収費及営業補助費ニ対スル分ニ付テ
        ハ「十、補助金等ノ浮動化防止」ニ依ル特殊決済額ニ相当スル額ハ現金ヲ以
        テ交付セズ政府ノ特殊借入金証書ヲ以テ交付スル予定ナルコト
    （五）右、（三）、（四）ニ依ル国庫補助予算ニ付テハ昭和十八、十九両年度ニ区分シ
        右記書類ヲ添付至急内務大臣宛交付申請書ヲ提出スルコト尚用地関係ヲ市ニ
        於テ執行セシメラルル場合ノ当該市ニ於ケル用地関係国庫補助交付申請書ハ
        貴庁ヲ経由提出セシメルコト
            記
        （イ）国庫補助算出明細書（様式別紙五）
        （ロ）事業費費途明細書
        （ハ）事業計画書茲ニ関係一般図
        （ニ）都府県市議決予算書
    （六）前号ニ依ル国庫補助交付申請ニ対シ補助指令アリタル時ハ一定ノ期間ニ限リ
        右補助予算ヲ概算ニ依リ交付シ得ル見込ナルコト
十、補助金等ノ浮動化防止
都市疎開事業ノ実施ニ伴ヒ関係者ニ対シテ交付スル補償金等ノ浮動化防止ニ関シテハ
其ノ決済ヲ企業整備資金措置法ノ規定スル方法ニ依ルベシ目下第八十四議会ニ臨時資
金調整法中改正法律案提出セラレ居リ右ニ依ル特殊決済取扱要領ニ付テハ近々別途通
牒可有之モ概ネ建物ニ対スル補償金並ニ営業補償金（但シ建物ニ対スル補償金中建物
除却工事費、移転費及立退料等現金支出ヲ要スルモノヲ除ク）及建築物並ニ用地ノ買
収代金ノ支払ハ受領者一人ニ付同一支払人ヨリノ受領金額一件ノ合計三千円ヲ超ユル
場合其ノ超過額ニ付テハ現金ヲ以テ之ヲ交付セズ特定銀行ノ特殊預金証書ヲ以テ交付
スルコトナルベキヲ以テ右改正法律施行以前ニ於ケル支払ニシテ特殊決済ヲ為スベキ
場合ニ該当スルモノニ付テハ特殊決済取扱ニ準ジ現金ヲ以テ交付セズ特定銀行ニ之
ヲ預入セシメ法律施行ノ際直ニ特殊預金ニ切替ヘセラル等適当ノ方法ヲ講ズルコト
十一、古材等ノ処分
    （一）都府県ニ於テ建築物ヲ買収除却スル場合ニ於ケル古材ノ処分ハ概ネ左ノ各号
        ニ依ルコト
        （イ）疎開ニ因ル要移転費ノ移転用資材、収容施設ノ建築又ハ要移転者ノ住宅ニ
            充テル為ノ建築物ノ改造ニ充テルコト
        （ロ）防火改修等防空施設ノ用ニ振向クルコト

(ハ) 労務者住宅ノ建築其ノ他必要ナル用途ニ充テルコト
(ニ) 受託営団等ニ譲渡シテ其ノ利用ヲ図ルコト
(二) 住宅営団等ニ於テ建物ヲ買収除却スル場合ニ於テモ労務者住宅其ノ他必要ナル建物ニ充テル等其ノ利用ヲ図ルコト
(三) 電線、鉛管、鉄管類ニ関シテハ極力其ノ利用又ハ回収ヲ図リ特ニ所有者ヲシテ除却セラルル場合其ノ自由処分ヲ避クル如ク指導スルコト
(四) 右ニ依リ都府県ハ適切ナル処分計画ヲ樹立シ報告スルコト

資料4　一般疎開促進要綱

一九四四年三月三日　　閣議決定

決戦非常措置要綱ニ基キ一般疎開ハ左記ニ依リ之ヲ強度ニ促進スルモノトス
　　記
一、建築物疎開ハ本年中期ヲ目途トシ目標量ヲ最大限繰上ゲ施行スル方針ノ下ニ戦時非常措置ニ適合スル手段ニ依リ事業執行ノ迅速化ヲ図ル
二、人員疎開ハ建築物疎開ノ繰上ゲ施行ニ依ル輸送事情等ヲ考慮シ最有効ナル遂行ヲ期スル為重点的計画的ニ指導スルモノトス
三、前二項ニ基ク帝都疎開促進要目別紙ノ如シ他ノ疎開区域ニ於テモ各区域ノ実情ヲ加味シツツ概ネ之ニ準ジ措置スルモノトス
四、施設疎開ハ所管各省ニ於テ三月二十日迄ニ具体案ヲ樹立シ防空総本部ニ提出スルモノトス

帝都疎開促進要目
第一　建築物疎開
　　　概ネ七月末日迄ニ約五五〇〇〇戸ノ除却ヲ完了セシムルヲ目途トシ強度ノ促進ヲ図ルモノトス
一、建物補償ノ迅速決定
　　補償額ノ迅速決定ヲ図ル為最モ闡明ナル評価規準ヲ採リ評価員充足ノ為内務、大蔵、運通各省、庁府県、金融機関、住宅営団等ヨリ応援セシム
二、居住者ノ立退キ移転
　(一) 疎開区域外ニ転出又ハ縁故先其ノ他家屋空間ノ斡旋供給ニ依リ移転セシムルヲ本旨トスルモ特ニ左ノ措置ヲ講ズ
　　　イ　世帯員ヲ疎開区域外ニ転出セシメ業務ノ必要上残留スル者ニ関シテハ適当ナル合宿等ノ施設ヲ講ゼシムルコト
　　　ロ　居住者ノ一時収容ヲ図ル為一定期間ヲ限リ寺院、公会堂、休業料理店、待合又ハ旅館、下宿屋、空店舗等ヲ割当ツルコト必要ニ応ジ家財ハ都ニ於テ買収シ学校校舎、寺院、休業劇場、刑務所等ヲ一時ノ蔵置書ニ開

　　　　放スルコト
　　（二）収容家屋ノ斡旋供給ニ関シテハ家屋空間ノ供出強化、店舗、料理店、待合等ノ改造住宅化ヲ実施スルト共ニ相当数ノ応急住宅ヲ建設ス
　　（三）移転輸送ニ関シテハ学生生徒等ノ勤労動員ヲ最高度ニ活用スルト共ニ牛馬車荷車等ノ徹底利用ヲ図ル
　　（四）家屋ノ斡旋供給及移転輸送ニ付テハ建築物疎開ニ依ル転出者ヲ優先取扱フモノトス
　三、除却作業
　　（一）最短期間内完了ヲ目途トスル工法ニ依ルモノトシ之ガ為古材利用ノ目的ヲ犠牲トスルモ已ムヲ得ザルモノトシテ作業ノ進捗ヲ図ル
　　（二）大工、鳶、人夫等専門労務者ハ之ヲ統制シ計画配置スルノ外学生生徒、一般勤労報国隊、力士等ノ動員ニ依リ充足ス

資料5　第一次建物疎開事業実施状況（京都市内）

　　　　　　　　（出典：新居善太郎文書『地方長官会議参考』R128 国立国会図書館憲政資料室蔵）
当府ニ於ケル建築疎開事業ハ防空総本部通牒ニ基キ計画内申ノ結果七月十八日内務省告第四百十六号ヲ以テ京都市内ニ於ケル防空空地ノ指定アリタルヲ以テ直チニ実施ニ着手シタル次第ナルガ其ノ概況左ノ如シ
　一、疎開事業実施計画
　　（一）計画ノ経過
　　　　政府ハ先ニ防空緊急施策トシテ都市疎開ノ方針ヲ闡明シ京浜、阪神、名古屋及北九州ノ四地域ニ疎開区域ヲ指定シ帝都其ノ他ノ重要都市ニ付キ人員施設及建築物ノ疎開ヲ実施中ノ所其ノ後ノ情勢ニヨリ京都市ニ於テモ建築物疎開必要ナリト認メ二月十七日之ガ実施方ノ指示アリタルヲ以テ之ニ基キ其ノ実施ノ計画ヲ進メタリ
　　（二）計画ノ方針
　　　　計画ニ当リテハ重要ナル工場周辺ノ疎開並ニ防空小空地ヲ造設スルノ基本方針ヲ定メ種々勘案ノ結果工場周辺疎開二ヶ所、防空小空地二〇ヶ所ヲ決定シタルガ之ガ位置規格ノ選定ニ当リテハ特ニ左ノ諸点ヲ考慮セリ
　　　　　一、待避及緊急避難用地ノ獲得
　　　　　二、貯水槽用地ノ獲得
　　　　　三、消防道路ノ強化
　　　　　四、河川ニ至ル道路ノ開設
　　　　　五、袋露地ノ除去
　　（三）疎開事業ノ予算化
　　　　右ノ計画ノ決定ヲ見ルヤ計画ヲ内申スルト共ニ其ノ実施ノ予算六百二十二万一

千余円ヲ編成シ七月十七日臨時府会ヲ召集其ノ議ニ付シタルガ何等ノ異論ナク之ガ成立ヲ見タリ
二、指定
先ニ内申中ノ実施案ニ基キ七月十八日中央ヨリ防空空地ノ指定アリタルヲ以テ直ニ実施ニ移リタリ
三、疎開事業実施
(一) 組織機構ノ整備
七月二十二日京都府疎開委員会規程、京都府疎開実行本部規程、京都府疎開事業補償委員会規定、京都府疎開相談所規程ノ四規程ヲ別添ノ通リ制定スルト共ニ直チニ之ニ基ク各組織ヲ整備シタリ
(二) 疎開者指導啓蒙
七月十九日市内警察署長ヲ召集疎開区内居住者ノ実情調査ト之ガ転出ニ関スル指導勧奨方ヲ指示シ特別事情ナキ限リニ於テ七月中ニ転出ヲ完了セシムルノ方針ヲ採リ翌二十日ヨリ之ガ実施ニ移リタリ
(三) 実行本部、相談所ノ事務開始疎開委員会開催
1、実行本部ハ七月二十二日疎開事務ヲ開始シ指導部ニ於テハ関係各機関ト連絡疎開諸手続、地区居住者ノ転出等ノ事務処理ニ当リ事業部ハ疎開転出者ニ対スル補償並ニ転出後ニ於ケル除却、跡地整理ノ具体的実行ノ計画並ニ実地調査ヲ開始セリ
2、疎開相談所規程ニ基キ京都府疎開相談所ヲ京都府産業報国会館ニ設ケ関係警察署ニハ方面相談所ヲ置キテ実行本部及各警察署ニ於ケル疎開事務進展ト表裏一体的関係ニ於テ諸手続、住宅輸送資材等ノ相談ニ応ジ之ガ斡旋ヲ為スコトトシ七月二十二日其ノ事務ヲ開始シタリ、尚七月二十八日、八月十日、八月十五日各期ニ於テ相談受付状況別表ノ通リ
3、疎開ノ円滑ナル進捗ヲ図ル為七月二十七日疎開委員会ヲ開催シ諸方策ヲ審議スルト共ニ関係方面ヘノ協力方ヲ依頼セリ
四、進捗状況
(一) 空地内居住者ノ立退状況
各地区内疎開者ハ疎開ノ示達ヲ受クルヨリ関係警察署ノ第一線活動ニヨル指導啓蒙ト相談所ノ相談斡旋ニヨリ何等ノ不平不満ナク疎開転出ニ積極的ノ態度ヲ示シ七月末日ニ至リテハ四二九世帯即チ四割七分ノ移転完了ヲ見其ノ残余ノモノ三九八世帯ノ移転先確定ヲ見ルニ至リ、僅カニ七〇世帯ガ移転先未確定トシテ残ルノ進展ヲ見本月十七日全部ノ転出完了セリ、尚七月末、八月十日、八月十五日各期ニ於ケル立退進捗状況別表ノ通リ
(二) 補償状況
1、移転料前渡
疎開地域内ニ於ケル全世帯ニ対シ居住者ノ急速ナル転出ヲ期スル為能フ限リ

便宜供与ヲ為ス一面七月二十八日ヨリ三日間ニ於テ移転料ノ前渡払ヲナシ転出ノ促進ヲ計リタルガ移転料前渡払件数九百十四件ニ及ビタリ
2、補償委員会開催
委員会規程ニ基キ官民経験者ヲ以テ補償委員会ヲ設置シ八月七日委員会ヲ開催左ノ議案ノ審議ヲ了シタリ
一、移転買収価格評価標準案
一、移転費算定標準案
一、営業補償費算定標準案
一、一般補償費算定標準案
(三) 除却工事着手並進捗状況
1、建物譲渡令書交付
居住者ノ転出ニ伴ヒ移転完了ノ空地毎ニ建物所有者ヲ召集シ譲渡令書ヲ手交シ尚事業ノ急速ナル完成ヲ期スル為不取敢建物売渡及取毀工事着手ニ付キ異議ナキ旨ノ承諾書ヲ徴シタル処何等ノ紛議ヲ生スルコトナク全部ノ調印ヲ了シタリ
2、除却工事着手
八月五日現在八三六世帯ノ移転完了ヲ見残リ六一世帯モ移転先確定シタルガ同日既ニ地区内全居住者ノ移転完了セル第二〇八号、第二一五号地区ノ除却ヲ開始シ本月十三日迄ニ有姿譲渡地区ヲ除キ全部除却ニ着手シタリ
3、除却工事ノ進捗状況
労務報国団ヲシテ疎開挺身隊ヲ組織セシメ之ヲシテ除却工事ヲ担当セシメ跡地整理ニハ警防団ヲ以テ当ラシメ総戸数九五〇戸中海軍其ノ他ニ有姿譲渡スルモノ一〇二戸ヲ除キ他ハ何レモ極メテ順調ニ工事進捗シ本月中ニ概ネ完了ノ見込ニシテ本月十七日現在ノ状況別表ノ通リナリ
五、古資材ノ統制利用状況
疎開ニ依ル古資材ハ別添要綱ニヨリ其ノ利用ヲ統制スルコトトシ其ノ利用計画内容附表ノ通リナリ

資料6 「抗議文」

(出典:『第三次建物疎開事業関係書類綴』)

権の行使に依り官物破棄の罪を以て囹圄苦しめらるるは瞭らかなる処に御座候ことは、民間人よりも一層よく御承知有之筈の事に存候。然るに相手が人民共の所有権に関することにより放任し置怠慢なる官庁手続の未了に籍口して差支なき様思眼招さるるが如きは、旧時代の官僚万能主義の時代と雖とも法的には不合理の事と存じ候故貴方の御見解の程御高答に接し度候。時代は既に軍閥官僚主義を過ぎ居候上単純なる私法的行為なることに十分御留意相成候て御考慮相煩はし度候。

300

次に、取壊作業が所有者に通告する暇なき程早急迅速に行はれしに反しその報償行為の何故斯く緩慢遅延致し居り候や伺度く貴方より何等の指示すら無き為め当方より乗車不便の程再三再四に捗り貴庁へ出頭問合せ候も一向要領を得ず六ヶ月余を経過せる十月十九日に到り漸く報償金額の決定を見るに至り候。
　是とて印鑑証明持参せよ等の面倒臭き手続を当方のみに負はせその価額も貴方独断のものにて若し仮りに取壊ちを免れ居りとせば時価は少く共十万円以上の価値あり。而も、即金売却出来得るものを九ヶ月経過するも代金の受領も出来ずその価額の如き拾分之壱にすら及ぼさるは如何に国家的事業と云ひ乍ら少しは人民共の身になり御考慮願度く、当方としては目的が公共の為めになされし事にて、その犠牲とりし為め取壊ち並に価額の点に就き、今更ら異議を申述ぶる所存は無之候も、せめて報償金の支払のみは迅速に願度く、価額決定の折には十月末位には支払ふとの事に候らいしも其事なく其後催促致候らへば十二月中旬迄には支払ふ旨の由係□より承知仕候も是亦何等の通知もなく今日に至り候。何故斯く決定せる金額の支払にすら七、八十日も要するものに候や、官界温床に生活せらるる方には御承知もなく又直接生活に脅威無き事とは存居候も世間にては目下悪性インフレーションの為め物価の狂騰物すごく拙者等の如き低収入の者にては到底その収入のみにては生活困難にて、配給品にのみ頼り兼ね候故不足分を闇にて買入るには従来の収入にて賄い切れずせめて報償金にても補助致し度「アテ」に致し居候に再度之違約に遭ひ全く閉口仕居候。貴方の御手続の遅延は決して当方の腹の足しにならず日々飢餓に迫られ居候点御諒察の上猶新聞紙を御熟覧被下世間の斯かる迷惑苦労を御覧察有之一日も早く御善処方希望仕候。
　猶一昨五日新聞紙上に掲載有之如く小額戦時賠償資金凍結解除の記事も発表され居ることとて一層早急に御支払相成度候。
　以上当方の事情及経過申上候が若し満足なる御回答に接せざる時は不本意には候らへ共進駐軍に依頼致し解決の善処方申出すべく候間予め申入れ置候。

あとがき

　本書は，2011年に京都大学に提出した博士学位申請論文に加筆・修正を施したものである。本研究は多くの方の御指導と御協力に支えられた。
　まず，経験談や個人資料を提供して下さった市民の皆様，地域のネットワークを紹介し世話して頂いた方々に感謝申し上げたい。御本人の希望もあり全員の名前を記すことはできないが，調査を通して出会った全ての方々に深く感謝する。御池通の調査では，居戸氏，稲子氏，井山氏，上野氏，佐藤氏，里村氏，下邑氏，西村氏，平路氏，野田氏，野村氏，福田建二氏，福田国彌氏から話を伺った。調査の際には下前氏に随分お世話になった。五条坂および五条通の調査では，薦野氏，清水氏の紹介を頼りに一音院，伊豆本時計店，伊吹氏，上村氏，宇佐美氏，大野氏，柏徳うどん店，河井氏，河崎氏，金光院，桑原氏，西念寺，鷲氏，谷口氏，竹虎堂，堀尾氏，東氏，松井氏，松本氏，向畑田氏に話を聞かせて頂いた。堀川通の調査では堀川商店街のネットワークに助けられ，貴田氏，キョートケアハウスの皆様，西村氏，森氏に話を伺った（五十音順）。
　当初，聞き取り調査は雲を掴むようなものだったが，場数を重ね調査数を増やすうちに，建物疎開は戦時末期の強権事業という枠だけでは捉えられない問題を帯びていると感じ始めた。調査中，体験を記録しようとした個人的試みを何度も確認してきた。現在も道路上に私有地を残す行為は何を意味しているのか。また，この数年間，一般向けに建物疎開について講演する機会を何度か頂いたが，会場では必ず体験者が自分の経験を語り始め，周囲がまた自分の経験を語り合う状況が自然に生まれるのが印象的だった。戦後公的な救済や顕彰を経ず，社会的，学問的認識が不十分なまま現在に至る事実こそ建物疎開の本質的問題ではないか，と強く意識し始めた。文献調査に基づく実証を踏まえた歴史研究は手堅いものだが，本書の研究においてはフィールドで観察と記録を続ける調査方法もまた非常に

有効であった。

　そして，このような研究の過程では，修士課程から一貫して伊従勉先生（京都大学人間・環境学研究科教授）に御指導頂いた。先生の厳しくも温かい御指導により，なんとかここまで辿り着くことができた。心から感謝申し上げたい。中嶋節子先生（京都大学人間・環境学研究科准教授）にもいつも力強い励ましと御指導を頂いたことに感謝申し上げたい。両先生に加え，西垣安比古先生（京都大学人間・環境学研究科教授）には博士論文の審査委員として，貴重な御意見を頂いた。

　分野の先輩，院生たちにも感謝したい。文学部で歴史学を学んだ私にとって，大学院で選んだ研究室は都市史・建築史であり当初は戸惑いもあった。研究室の友人には建築学出身者が多かったが，自由を基調とし互いの意見を尊重する雰囲気のなか，ゼミや研究室活動を通してともに同じ時間を過ごす過程で自分の研究の視野を広げることができた。

　そして，伊従先生と高木博志先生（京都大学人文科学研究所教授）の御厚意で，2006年から近代古都研究班（班長高木先生）に参加させて頂き，日本各地で行われた実地調査にも同行を許された。鈴木栄樹先生（京都薬科大学教授），長志珠絵先生（神戸大学教授）をはじめ御指導頂いた諸先生方に深く感謝申し上げたい。専門の異なる研究者が集い共同研究を進める場は，院生の自分には貴重な耳学問の場でもあった。また，鈴木先生には，杉本秀太郎先生とその御友人の加藤氏から建物疎開の話を伺えるように配慮して頂き，さらに本書第1章も詳細に添削して頂いた。

　なお，高木先生には卒業論文で口頭試問をして頂いたが，先生との出会いが大学院へ進むきっかけとなった。大学卒業後しばらくは企業に勤めていたが，卒業研究を続けたくなり，「大学院を出ても就職難だよ」という先生の助言を聞き入れず会社を辞めてしまった。しかし，研究室と研究活動を軸とした大学院の生活は苦しくも総じて幸福であった。

　京都市歴史資料館では，京都市政史編纂委員会（代表伊藤之雄先生（京都大学教授））の助手として，歴史資料の収集・整理，地域史の編纂作業に携わることができた。このような貴重な経験を与えて頂いたことに感謝申

あとがき

し上げたい。

　工藤泰子先生（島根県立大学短期大学准教授），吉住恭子氏（京都市歴史資料館）にも励ましや様々な助言を頂いた。

　本書のもとになった研究は竹中育英会建築研究助成（建築歴史・意匠部門），松下幸之助記念財団研究助成を受け，本書の刊行にあたっては，京都大学の「平成25年度総長裁量経費　若手研究者に係る出版助成事業」による助成を受けた。そして，京都大学学術出版会の鈴木哲也氏の適切な御助言と大変丁寧な編集作業があってこそ，本という形にまとめることができた。このような機会を与えお力添えを頂いた方々に，深く感謝申し上げる。

　最後に，静かに見守り応援してくれた郷里の両親，そして夫の理解と協力に心から感謝したい。

2014年2月28日

川口朋子

索　引

空家　122
一般疎開促進要綱　111
馬町空襲　85, 184, 197-198
厭戦思想　81
大阪大空襲　152-153

学区　51, コラム3
切符制度　67
京都市疎開事業補償審議会　217
京都市防空総本部　77
京都府警察部　51, 56-57, 64, 140
京都府疎開委員会　131, 217
京都府疎開事業事務所　217, 220-221
京都府疎開事業補償委員会　131
京都府疎開実行本部　131-133, 138-139, 175, 181, 207, 217-218
京都府疎開相談所　181
京都府防空総本部　83
近畿防空演習　50, 52
空地帯　153, 154　→防空空地
空襲対策緊急強化要綱　118, 143-144
軍需会社法　141, 252
軍防空　1, 4, 19, 24, 28, 33, 49, 118
警防団　58, 135, 138, 140

施設疎開　106
奢侈品等製造販売制限規則（七・七禁令）　73
住宅営団　138
消防用道路　144-146, 153-155

人員疎開　102-103, 105-106, 122, 144, 172
戦時補償請求権　252-254
戦時補償特別措置法　252-255, 271
疎開
　──空地　100-101, 104　→空地帯
　──跡地整備事業　225, 239
　──相談所　196
　施設──　106

第十六師団　50, 55, 126
待避　78, 83, 89
建物売渡契約書　134, 137
地方行政協議会　95
　地方行政協議会令　77
諦念感　192, 220, 273
ドイツ防空協会　22
ドイツ防空法　24
灯火管制　1, 25-26, 28, 38, 51-52, 55-56, 74
東京大空襲　33
特設防護団　122
特別都市計画法　9
都市計画京都地方委員会　238
都市疎開事業実施要領　136, 141, 215
都市疎開実施要綱　106, 131, 136, 161
都市疎開専門委員会　104, 109

内務省計画局　61
内務省国土局　93, 175, 235

307

内務省防空局　93, 95, 98
内務省防空研究所　67, 93
内務省防空総本部　→防空総本部
中島飛行機　32, 143
七・七禁令　→奢侈品等製造販売制限規則
那覇空襲　33

破壊消防　125, 140, 158
避難　38, 70
物資疎開　121, 144
防火改修規則　76
防空
　——空地　97-99
　——委員会　57
　——訓練　39, 64-65
　——計画　7, 39, 41, 43, 49, 57, 64, 68-69, 72, 80, 86, 90
　——建築規則　65, 67
　——壕　1, 69, 70, 74, 87, 135
　——総本部　93-94, 103-104, 109, 116, 118, 121, 136, 144, 170-171, 173, 175, 235
　——法　1, 37, 38, 40-43, 100, 104, 176, 187, 215, 252
防護室　27-29, 62, 74
防毒マスク　72, 75

間引疎開　108, 122, 173
民防空　1, 4-5, 18-21, 24, 28-29, 39, 49, 56, 68, 74

罹災都市借地借家臨時処理法　245-247, 249-250, 271-272
両側町　258-259, 267, コラム 2
ルメイ，カーチス・E.　33

[著者紹介]

川口朋子（かわぐち　ともこ）

1980年熊本県生まれ。立命館大学文学部史学科卒，京都大学人間・環境学研究科博士後期課程修了。博士（人間・環境学）。専攻は都市史，日本近代史。現在，京都府立総合資料館勤務。京都外国語短期大学非常勤講師。
主要論文に「戦時下建物疎開の執行目的と経過の変容―京都の疎開事業に関する考察―」（『日本建築学会計画系論文集』666，2011年），「「非戦災都市」京都における建物疎開の戦後処理と法的規定」（『人文学報』104，2013年）など。

（プリミエ・コレクション　41）
建物疎開と都市防空
――「非戦災都市」京都の戦中・戦後　　　　　©Tomoko Kawaguchi 2014

2014年3月30日　初版第一刷発行

著者		川口朋子
発行人		檜山爲次郎
発行所		京都大学学術出版会

京都市左京区吉田近衛町69番地
京都大学吉田南構内（〒606-8315）
電話（075）761-6182
FAX（075）761-6190
URL http://www.kyoto-up.or.jp
振替 01000-8-64677

ISBN978-4-87698-480-0
Printed in Japan

印刷・製本　㈱クイックス
定価はカバーに表示してあります

本書のコピー，スキャン，デジタル化等の無断複製は著作権法上での例外を除き禁じられています。本書を代行業者等の第三者に依頼してスキャンやデジタル化することは，たとえ個人や家庭内での利用でも著作権法違反です。